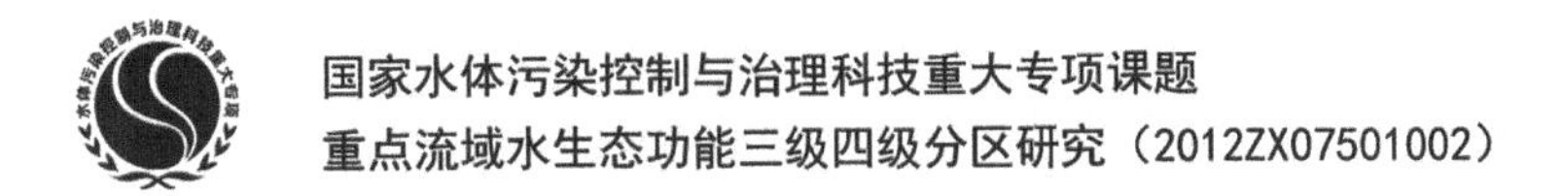

国家水体污染控制与治理科技重大专项课题
重点流域水生态功能三级四级分区研究（2012ZX07501002）

东江河流
生态健康评价研究

江　源　廖剑宇　刘全儒　康慕谊●等著

科学出版社
北京

内 容 简 介

《东江河流生态健康评价研究》以亚热带区典型河流东江为研究对象，通过全面调查东江及其不同支流的水生态特征，在充分认识东江水生态系统特征的基础上，参考国内外现有评估方法，开展了河流生态健康评估。鉴于流域内自然条件和社会经济条件的区域差异，也鉴于河流生态系统自身特点的不尽相同，本书不仅仅对东江水系进行了水生态健康评估，同时也根据流域水生态功能分区和河段生态分类，尝试开展了分区评估和按照不同河段类型的水生态健康分类评估，以期揭示东江水生态健康的区域差异，为河流生态恢复与保护和流域生态管理提供科学依据。

本书可以作为高等院校、科研院所以及相关人才培养单位流域生态学、水生生物学、环境科学以及环境规划与管理等相关专业的教学参考书，也能够为环保、水利以及东江流域和香港行政区等相关管理机构人员，制定东江流域管理措施提供参考。

图书在版编目(CIP)数据

东江河流生态健康评价研究 / 江源等著. —北京：科学出版社，2015.9
ISBN 978-7-03-045567-3

Ⅰ.①东… Ⅱ.①江… Ⅲ.①东江-环境生态评价-研究 Ⅳ.①X522.02

中国版本图书馆 CIP 数据核字（2015）第 207760 号

责任编辑：刘 超 / 责任校对：张凤琴
责任印制：徐晓晨 / 封面设计：李姗姗

科学出版社出版
北京东黄城根北街 16 号
邮政编码：100717
http://www.sciencep.com

北京建宏印刷有限公司 印刷

科学出版社发行 各地新华书店经销

*

2016 年 1 月第 一 版 开本：787×1092 1/16
2017 年 4 月第二次印刷 印张：10 3/4
字数：250 000

定价：98.00 元

（如有印装质量问题，我社负责调换）

前　言

根据中国环境状况公报数据显示，近年来全国地表水，尤其是十大流域的水质已不断改善。但全国水环境的形势仍然非常严峻。一方面就整个地表水而言，受到严重污染的劣Ⅴ类水体所占比例较高，全国约10%，有些流域甚至大大超过这个数值，如海河流域劣Ⅴ类水体的比例高达39.1%；另一方面，即使是整体污染程度相对较轻的河流，在流经城镇的一些河段、城乡结合部的一些沟渠塘坝污染普遍比较重，并且由于受到有机物污染，黑臭水体较多，受影响群众多，公众不满意度高。

河流是地球表面的重要生态系统，不仅为人类生存提供着宝贵的淡水资源，而且发挥着一系列重要的生态功能。河流生态系统健康与否直接影响着人类福祉。中国环境状况公报数据以水质参数为主，但水质仅仅是表征河流生态系统的一类参数，从生态学和生态保护的视角看，水质变化对河流生态系统中的各类生物物种及其生境质量都会产生影响。因此水质特征和水生生物对水质及其他人类干扰活动的响应方式正在引起广泛关注。20世纪80年代以来，人们对河流生态系统的作用与意义的认识更加明确和深刻，主张对河流生态系统的保护和管理，不仅仅只关注由物理和化学数据所反映的河流水质状况，更应该关注河流生态健康，强调关注河流生态系统的生境特点和自身结构的完整性，以便于河流在自身发展过程中，能够有效服务于人类、服务于地球生态系统的持续稳定，同时也能够具备较强的抵御外界干扰的能力。因此，近年来各国纷纷阐述各自的河流生态健康管理理念，并不断付诸实践。

河流生态健康评估是河流可持续管理的重要科学依据之一，最近十余年中，国际上发展了多套评估方法，采用理想河段或样板河段，或者采用一定的水质指标和生物指标作为评估基准值，对不同地区的河流进行评估，并提出相应的管理措施和管理目标，促进河流生态系统向良性方向发展。我国河流生态系统面临诸多问题，许多河段退化显著，国家相关部门也已充分认识到开展河流健康评估对我国河流可持续管理的紧迫性和必要性，有关河流生态健康评估的案例不断涌现。尽管如此，如何开展河流生态健康评估，指导河流生态系统向良性方向恢复，促进江河休养生息，仍然存在着一些亟待解决的重要问题。我国疆域辽阔，自然条件分异规律清晰，社会经济条件区域差异显著，在河流生态健康评估中难以制定全国范围内的统一标准，也不能完全沿用国外的方法和标准。以自然和社会经济条件分异规律为指导，在充分认识不同地区河流生态系统特征的基础上，分区、分类开展河流生态健康评估，制定相应的管理措施和标准，正在成为我国河流水环境管理的新思路。

本书以东江为研究对象，通过全面调查东江及其不同支流的水生态特征，在充分认识东江水生态系统特征的基础上，参考国内外现有评估方法，开展了河流生态健康评价。鉴于流域内自然条件和社会经济条件的区域差异，也鉴于河流生态系统自身特点的不尽相同，本研究不仅仅对东江水系进行了水生态健康评价，同时也根据流域水生态功能分区和河段生态分类，尝试开展了分区评价和按照不同河段类型的水生态健康分类评价，以期揭示东江水生态健康的区域差异，为河流生态恢复与保护和流域生态管理提供科学依据。

作者所在的北京师范大学地表过程与资源生态国家重点实验室中的景观过程与资源生态研究团队长期以来致力于人类活动与生态响应方面的科学研究，在“十一五”和“十二五”期间，先后承担了国家水体污染控制与治理科技重大专项课题“重点流域水生态功能一级二级分区研究”和“重点流域水生态功能三级四级分区研究”课题，同时还承担着国家自然科学基金相关研究课题。东江河流生态健康的分区、分类评估正是在已经取得的水生态功能分区和河流生态分类的基础上才能得以顺利开展。

东江河流生态健康评价工作历时将近两年，评价以获得的第一手调查数据为基础，力求全面客观反映东江及其支流各类河段的生态健康状况，并基于评价结果提出流域管理建议。需要说明的是，本书所采用的水质和水生生物数据不仅来自于东江干流，也来自于支流调查，与以往发表的研究成果相比，具有覆盖河流类型全面、采样生境多样等特点。此外，我们在开展河流生态健康评价的同时，也重视对评价中发现的相关问题的探讨。本书的研究目的在于期望通过东江河流生态健康评价，不仅为区域性生态保护提供客观而全面的评价结果，也能够为在全国范围内分区、分类开展水生态健康评价提供提供经验和借鉴，为我国开展水生态系统保护、推进江河生态恢复和休养生息、实现河流资源可持续利用提供科学依据。

本书由北京师范大学资源学院江源教授主持写作，主要参加人员及其所负责的章节如下：第1章：廖剑宇、付岚、江源；第2章：吕乐婷、彭秋志、康慕谊；第3章：刘琦、廖剑宇、付岚、江源；第4章：廖剑宇、彭秋志、付岚、吕乐婷、康慕谊；第5章：丁佼、付岚、刘琦、江源；第6章：丁佼、刘琦、付岚、彭秋志、刘全儒；第7章：彭秋志、丁佼、刘琦、付岚、江源、刘全儒；第8章：江源、廖剑宇。全书由江源、廖剑宇统编定稿。

本书在研究和撰写过程中，受到了来自多方面的支持与关心。中国环境科学院孟伟院士对于我们的研究工作自始至终给予了热情的鼓励和指导，中国环境监测总站王业耀研究员、中国环境科学院张远研究员和中国水利水电科学研究院水环境研究所渠晓东研究员对本研究工作的指导和期许，使我们的工作推进得更加顺利。北京师范大学周云龙教授和衡水学院武大勇教授在藻类物种鉴定和底栖动物鉴定方面给予了大力帮助，没有你们在显微镜下的辛勤工作，本项工作便不能顺利完成。北京师范大学伍永秋教授参与了许多野外调查工作和项目研究与讨论，这种无私的参与为东江研究团队带来了地理学人的智慧和敬业风范。北京师范大学董满宇博士、朱文泉、周丁杨和田育红副教授，深圳大学张永夏副教授的参与和奉献，让项目团队更加充实和富有活力。水体污染控制与治理科技重大专项办公室对课题的精细化管理和督促检查等为研究工作顺利推进提供了保障。

本书的写作和出版受到以下项目资助：国家水体污染控制与治理科技重大专项课题“重点流域水生态功能三级四级分区研究（2012ZX07526-002）；”国家自然科学基金项目（41271104）。

在此，谨向参与本研究工作的专家学者和研究生、为本研究工作提供过帮助和指导的朋友与同事，以及对本研究给予热情支持的单位与个人，表示衷心感谢！东江水生态健康评估工作向前推进的每一步，都与你们的关心、支持和参与密不可分。

本书涉及内容较为广泛，限于我们的理论水平和实践经验，错误和不足之处在所难免，敬请各位读者批评指正。

作 者

2014 年 12 月

于北京师范大学

目　　录

第1章　河流健康评估国内外进展

20世纪60年代以来，随着世界人口急剧增长和经济迅速发展，世界各国的河流都经受了不同程度的干扰和损害，各地河流频频爆出水质污染事件，区域生境退化、河流断流及生物多样性减少等种种生态环境问题突出。在这一背景下，河流水生态系统的保护及可持续管理引起了各国政府的广泛关注（Boon et al.，1997；Brookes and Shields，2001）。

河流生态健康评价是河流可持续管理的重要依据，早期的河流水生态健康评价是通过对河流水环境的物理、化学指标分析来判断河流水生态系统所处的生态环境状况，对有关水生态系统中水生生物特征对水环境影响的综合反应特征关注不足。20世纪后期以来，水生生物对水物理和水化学特征变化的响应受到重视，能够反映水生生物特征的各类指标也随之成为一种不可或缺的河流生态健康评估参数，并在河流环境风险的生物预警和长期监测中逐渐获得应用。

长期以来，我国许多地区出现水资源过度利用、水质下降或者恶化，水生态系统健康状况令人担忧。从20世纪80年代以来，我国政府对水污染防治和水环境保护的重视程度不断提高，并建立了以污染物总量控制为主要手段的水生态保护和管理体系，各地形成了不同级别的水质监测网络和污染物总量控制标准。然而，与发达国家水生态系统管理相比，我国缺乏针对水生生物的常规监测与评价体系。我国于2008年启动了国家水体污染控制与治理科技重大专项（简称水专项），其中设立了多个与水生态管理密切相关的研究项目和课题，并明确指出了通过广泛的流域水生态调查，构建我国水生生物监测与评价的技术标准和规范的现实要求，这对于提高我国流域水生态系统可持续管理水平具有重要意义。

东江是珠江三大支流水系之一，也是我国南方湿润地区最早出现整体水资源供需矛盾的流域之一。其下游地区位于珠江三角洲中心地带，经济高速发展、城市化进程迅猛、人口数量急剧增加，工业废水和城市生活污水排放导致河流污染范围不断扩展，局部河流污染十分严重，水质安全保障压力很大。此外，东江流域自然条件差异显著，流域内各地经济发展水平也不均衡，流域水质空间性变化明显。因此，对东江流域开展水生态健康评估，对保护区域河流生态安全具有重要实践指导价值，对推动我国水生态健康评估具有典型示范意义。

1.1　基于浮游藻类特征的水生态健康评估

在河流水生境与水生生物关系的研究中，常用的指示生物包括藻类、底栖动物和鱼类等。浮游藻类是水生态系统的重要初级生产者，具有在河流水生态系统中分布广泛及对生境变化敏感等特征，其物种结构与数量组成是衡量水环境状况的重要标准。利用浮游藻类群落对水环境变化所产生的反应来监测水生态系统状况，是河流水生态系统健康评估的重要手段之一。国际上已开展了广泛的水生生物调查与监测工作，并通过基础数据分析建立了基于水生生物特征的生态健康评价体系和标准，在这些体系和标准中浮游藻类指标都是重要的组成部分。例如，美国国家环境保护局（USEPA）于1977年发布了基于生物完整性的生物调查规范与评价基准，并在后续修订中加入了基于藻类完整性的评估体系；澳大利亚于1992年启动国家河流健康计划（National River Health Program，NRHP），致力于通过对重点流域水生生物的监测，预测和评价河流水生态状况，并且形成了全国性的藻类监测和评价网络（CEPA，1994）；欧洲联盟（简称欧盟）于2000年颁布了《水框架指令》，确定了各类水体（河流、湖泊、河口、水库等）的生态状态等级标准，并将“良好”的生态状态或生态潜力作为最终管理目标，为实现指令要求，各成员国开展了广泛的水生态和生物监测体系研究，并颁布了藻类监测与评价的技术规范和标准（European Commission，2000）。

1.1.1 浮游藻类群落与藻类功能群

浮游藻类指水体中营浮游生活的小型藻类植物，是河湖水生态系统中主要的初级生产者，对河湖水生态系统中的其他生物产生重要影响，在河流与湖泊等水生态系统中发挥着重要生态功能。浮游藻类群落是指同一时间、区域出现的藻类集合（Reynolds，1980），浮游藻类群落组成和数量对水生态系统的理化指标敏感，其种类组成和功能群特征会随着水质理化成分而改变，因此常被用作水环境监测和评价的重要指标，是河湖水生态系统健康与否的重要生物指示指标之一（Airoldi，2001；Rott et al.，2006；吴波，2006）。

有藻类学者（Reynolds et al.，2002）提出了浮游藻类功能群分类（phytoplank- ton functional classification）的概念。由于藻类细胞营养物质摄取和能量利用等行为与自身生理生态特征存在一定关系，其自身形态特点和生理特性等决定了藻类对特定生境条件的喜好与否，因此，生境条件的改变必然导致藻类群落结构的变化。基于以上认识，以营养物质浓度、水体扰动程度、水体下层光照强度、水体温度、二氧化碳浓度、浮游动物觅食特征等特征为参数，划分生境类型，将对特定生境类型具有相似适应性或响应机制的分类类群归为一个具有相同或相似生态属性的功能群（functional group），功能群以英文字母命名。自藻类功能群划分提出以来，得到了众多学者的重视，Kruk 等（2002）着重从功能群有效性验证方面进行了研究，Borics 等（2007）、Ngearnpat 和 Peerapornpisal（2007）则分别对菱形藻属（*Nitzschia*）和鼓藻属（*Cosmarium*）等特定藻类进行了细化分析，完善了功能群的分类体系，Reynolds 等（2002）起初确定了31个功能群，后经过补充和完善，现已确定39个不同属性的功能类群（Padisak et al.，2006；2009）。目前，功能受到了很多学者的肯定并群已经在一些领域获得应用。Salmaso（2002）应用浮游藻类功能群对意大利 Garda 湖浮游藻类群落演替与空间分异规律进行了研究，Abonyi 等学者应用功能类群分析了欧洲大型河流的生态现状，发现了藻类功能群组成与人类活动影响密切相关（Abonyi et al.，2012；Devercelli.，2010；Stankovi et al.，2012）。

1.1.2 影响浮游藻群落特征的主要因子

河湖水生态中的环境因子，如光照、水温、电导率、营养盐浓度和水体动力条件等都能影响浮游藻类群落组成和种群的动态变化（Negro et al.，2000）。通常认为浮游藻类的种类组成和数量特征与水体中营养盐含量关系密切，就湖泊水体而言这一结论已被广泛认可（Pasztaleniec and Poniewozik，2010；Lynam et al.，2010），对于河流水体而言，近年来也发现了类似现象。Thomas（2000）对美国Yakima river盆地的25条河流进行调查研究，利用浮游藻类等指标就农业用地对水质的影响进行研究，结果表明浮游藻类群落结构与水质特征之间存在有显著的相关关系；Harry等（2002）在对加利福尼亚州San Joaquln河水体进行调查之后发现，浮游藻类的分布和群落结构与水环境中的理化因子相关；在加拿大安大略省东南部河流和魁北克西部河流的研究中，有学者证实了水体中磷与叶绿素a的正相关关系（Hudon et al.，1996；Basu and Pick，1996；Nieuwenhuyse and Jones，1996；Phillips et al.，2008）。

此外，也有较多的研究结果表明，浮游藻类的数量和组成对河流中营养物质的敏感性，还取决于河流形态、河流深度、水体透明度、河岸带植被遮蔽状况、流域面积、人类活动影响等因素（Phillips et al.，2008），如Lweis（1988）对Orinoco河的研究表明，级别较低的溪流小河藻类群落复杂多变，而下游大河区域则相对稳定，受水质影响较大，对水体透明度与河岸带植被遮蔽的响应主要反映了藻类在光和营养物需求特征方面的差异，Köhler等（2002）曾发现当水体透明度较低时，无论水体营养元素和水动力条件如何变化，水体中藻类生物量均偏低，人类活动的影响主要体现在水电站与闸坝建设、农业灌溉、内河航运、防洪抗旱等活动的干扰，这些干扰活动导致了河流联通以及水动力条件的改变，通过水温、流速、流量的改变而影响群落特征的变化，同时这些干扰活动还加强了河流上游对于中下游河段的影响，即上下游关系对于藻类群落特征起到了重要作用（Lange and Rada，1993）。江源等（2013）提出河流是一个复杂的生态系统，不同的河流生境特征均对于浮游藻类特征变化产生一定影响，所以建议应开展不同河流生境的浮游藻类特征调查研究，通过不同生境浮游藻类特征分析，揭示其与水环境内在关系，从而为评估河流水生态健康提供科学依据。

1.1.3 基于浮游藻类的水质生物学评价

1.1.3.1 浮游藻类水质生物学监测与评价

研究浮游藻类特征是开展河流水生态系统监测和健康评估的重要手段，藻类水质生物学监测与评价的发展历程，大致可归纳为由指示物种评价到指示群落评价、由与单纯的水质因子关联分析到与水生态系统特征综合分析的过程。在水生生物监测的最初阶段，Kolwilz和Marsson（1909）根据指示物种提出了“生物指示污水”系统，并将水生生物物种分成能够适应多污带、α-中污带、β-中污带、寡污带等水域的类群，这个方法一经提出便得到了广泛的运用。Palmer（1969）对前人研究进行总结归纳，总结了100多名作者发表的近300篇的相关报道，其中提到的藻类就有240属725种，另有125种变种和变型，Pantle和Buck（1955）在前人研究基础加入了定量化的描述，并根据不同区带藻类物种指示值和出现频率分别给予分值，构建了污生指数，从此污生指数评价开始被广泛运用于基于藻类特征的水质评价。

20世纪60年代以来，许多学者提出了应用藻类群落结构特征监测水质污染的可能性，认为这比单用指示生物或物种更为全面。为此，群落多样性指数评价，如 Shannon-Wiener 指数、Simposon 指数、Margalef 指数等逐渐获得应用。群落多样性指数评价方法主要根据藻类细胞密度和群落结构的变化来评价水体的污染程度，它一方面较系统地显示生物群落的结构组成，另一方面又反映了生物群落与水污染的关系，被认为是监测和评价水体污染的较好方法。随着指示群落评价法的兴起，研究人员开始关注藻类群落中的特定类群，并予以赋值法进行定量化评估。目前认为，藻类群落中的硅藻能够很好地反映它们所在水体的水环境特征，如小环藻属（*Cyclotella*）和针杆藻属（*Synedra*）多出现在贫营养水体中，曲壳藻属（*Achnanthes*）、等片藻属（*Diatoma*）出现在受到一定污染的河流生境中，而直链藻属（*Aulacoseira*）和冠盘藻属（*Stephanodiscus*）则是营养物质极丰富水体中的典型代表。硅藻的定量研究始于湖泊酸沉降的研究，其目的是了解湖泊酸化的动态过程以及酸化引起的水体环境的变化，揭示水生态系统对人类活动的响应（Frindlay and Shearer，1992），目前硅藻生物监测研究在欧洲不同水体中应用广泛。其中法国以溶解氧、营养元素含量、水体腐殖化程度等对硅藻的生态类群进行划分，持续 30 多年研究形成了一套江河水质硅藻监测与评价体系（Eppley，1977；Vittousek，1997）。随着对硅藻研究工作的深入，研究者利用野外实测数据将硅藻群落特征与环境因子的关系，建立了一系列辨别硅藻群落特征的函数和数学模型，并以此为基础构建硅藻指数，进而在水质监测评价中获得广泛应用（Cemagref，1982；Descy and Coste，1991；Wu and Kow，2002；Coste et al.，2009）。

21 世纪以来，许多研究者开始重点关注浮游藻类与生境的关系，并尝试通过浮游藻类与生境的响应关系对藻类群落进行重新分类和组合，浮游藻类功能群的研究开始兴起（Padisak and Reynolds，1998；Reynolds，2006），在此基础上，根据浮游藻类群落与生境的关系的长期研究积累，以功能类群赋值法为基础的评价指数也开始运用于河湖水质评价（Padisak et al.，2006），Luciane 等（2008）和 Becker 等（2009）分别对温带水库浮游藻类功能群进行了研究，通过功能类群评价指数（Q）① 与富营养化指数（TSI）及叶绿素 a 的关系研究，验证了基于温带湖泊类型指示值的 Q 值评价适用于该地区水库水体，而 Piirsoo 等（2010）对 Narva 河连续监测研究发现 Q 值对河流水质评价也具有较好的适用性。

1.1.3.2 基于多指标体系的生物完整性（IBI）评价

生物完整性是生物群落具有保持群落结构完整性、维持自身物质能量平衡和适应环境条件变化的综合能力，生物完整性包括一个生物群落在区域生物栖息地中所有物种组成、群落多样性和功能结构特征，是个体、种群和群落生态特征的综合体现，也是对生物所处生境质量的一种响应（Karr，1981）。生物完整性指数（index biotic integrity，IBI）是对所研究生态系统的完整性进行表征，由生物群落组成、物种丰富度、多样性指数等多个生物指标构成，通过比较各指标参数值与系统参考体系的标准值，衡量被评价水生态系统的健康程度。生物完整性指数可定量描述人类活动干扰下，环境变化与受胁迫下生物群落变化之间的关系，客观反映了水生态系统受到的影响程度（Karr et al.，1986）。

生物完整性评价研究源于 Karr（1981）在 20 世纪 80 年代对美国中西部河流进行健康

① Q 值：phytoplankton assemblage mdex Q，藻类集群指数，来源于 WFD 水生态评价体系。

评估的实践，该方法以鱼类为研究对象，主要通过对鱼类群落的组成与分布、种属多度、营养类型及土著物种、外来物种、敏感物种等 12 项指标数据变化的分析，预测评估了水生态系统的健康状态并取得较好的效果。后来该方法逐渐推广到对其他生物类群的研究，并广泛应用于鱼类、底栖动物、大型水生维管植物、着生藻类和浮游生物等水生生物类群（Oberdorff and Hughes，1992；Weisberg et al.，1997；Diaz et al.，2003；Silveira et al.，2005；Schmitter-Soto et al.，2011）。与鱼类、大型底栖无脊椎动物相比，藻类生物完整性指数（P-IBI）的应用还存在许多需要探索的问题，其主要原因是藻类群落的物种数量巨大，并且对指标的分析和鉴定专业技能要求较高。Stevenson（1998）以着生硅藻作为研究对象，应用群落结构、多样性等 5 个指标研究了溪流和湿地水生态健康状况，评价结果为河流风险管理规划的提供了支持和参考；Hill 等（2000）根据中部阿巴拉契亚流域支流不同年份 200 多个样点的藻类数据，构建了由 10 个指标组成的 P-IBI 指数体系，通过研究发现流域地形地貌特征是影响 P-IBI 的主要因素，同时 P-IBI 与总磷、电导率等化学指标也具有一定的相关性。浮游藻类生物完整性评价起初运用于湖泊和河口水体的研究，Lacouture 等（2006）运用物种丰富度、多样性指数等 12 个指标对 Chesapeake 湾水质状况进行了评价，并对比了季节差异，之后 Williams 等（2009）研究发现 P-IBI 指数与 Chesapeake 湾河口盐度和营养盐浓度密切相关；Kane 等（2009）在前人研究的基础上加入了浮游动物指标，并分别应用在美国 Erie 湖和伊朗南部湿地的研究，研究结果表明浮游藻类的 P-IBI 指数评价结果具有一定的参考意义，在河流水体方面，Wu（2012）构建了适用于德国平原河流的浮游生物完整性评价体系，评价应用的结果表明人类活动是影响该区域水生态健康状况的主要因素。

众多研究表明，不同生物类群指标所构建的生物完整性评价体系在不同地区和不同类型的河流评价中均具有一定的可行性（Simon，1995）。与单一的水质生物学指标相比，生物完整性指标考虑的要素更全面、更综合，因此在河流生态健康研究与管理中的应用十分广泛（Karr and Chu，1999）。但 Karr（1999）也指出，没有任何一个评价体系是完全适用于所有地区或者不同类型水体的，如美国各州都提出了适用于本地区的完整性评价体系（Ohio EPA，1988；Barbour et al.，1996）。然而，要发展适用于某一个地区的评价体系，就需要对本地区河流中的水生生物进行全面的了解和详细的数据分析。此外，流域尺度上建立的评价指标体系也仍然需要随着数据的不断丰富和对流域水系认识的不断深入而逐步改进（Karr and Chu，2000；周上博，2013）。例如，Southerland 等（2007）在美国马里兰州生物溪流调查计划中（Maryland biological stream survey，MBSS）研究了基于鱼类和大型无脊椎动物的 IBI 体系，针对不同地理条件（如平原、山地、高原等）改进并完善了河流生态健康评估的生物完整性指标体系。

1.1.4　我国河流浮游藻类群落生态学研究及其在生态评价中的应用

1.1.4.1　河流浮游藻类特征早期研究

有关河流浮游藻类与水环境关系的早期报道，来自于对不同地区河段藻类的考察结果。例如，有关东北黑龙江河段和图们江河段的研究（章宗涉和沈国华 1959；章宗涉等，

1983），集中讨论了浮游藻类与径流的关系，以及其在水污染监测中的作用；又如，来自西藏的考察报告，揭示了西藏南部地区和珠穆朗玛峰地区的藻类特征（饶钦止，1964；饶钦止等，1973）。1991 年，章宗涉和黄祥飞出版了《淡水浮游生物研究方法》一书，之后有关河流浮游藻类研究的报道逐渐增多，对于河流浮游藻类的基本特征进行了较为广泛的分析与总结。例如，肖慧等（1992）对流经宜昌境内的黄柏河口水域浮游藻类及其初级生产力进行了调查研究，田家怡（1995）、陈椽等（1996）分别报道了有关山东小清河、贵州㵲阳河浮游藻类的调查结果。

进入 21 世纪以来，由于我国水环境污染和水生态问题日益加重，有关河流浮游藻类的研究进展加快，对河流浮游藻类规律与特征方面的研究开始涉及不同地区的多条大河。例如，在我国西北内陆黑河流域，有学者研究了黑河流经地区水体中浮游藻类的组成及其地理分布特征（李鹏等，2001），指出黑河流域浮游藻类的地理分布具有与河水水文分带相对应的垂直地理分异，但同时也受到水环境特征的影响。又如，洪松和陈静生（2002）通过对黑龙江、松花江、海河、黄河、长江、汉江、赣江、湘江和珠江等地已有研究结果的对比分析，表明几乎在所有河流中，硅藻的密度都是最高的，只有个别河流以绿藻密度最高。从东北到华北，河流中各类水生生物密度均趋于降低，至黄河达最低值，再向南又趋于升高，到华南浮游藻类密度重新上升到与东北河流属同一数量级。河流从上游到下游，其浮游藻类表现出种类减少的趋势，上游多为喜净水、急流的种类，中下游平原区多为喜缓流的种类，在河口则常见一些咸淡水种类。

1.1.4.2 不同河流浮游藻类特征的初步对比分析

近几年来，国家加大了对水环境保护和水生态改善研究的支持力度，涌现出一批有关河流浮游藻类与生境关系的研究成果，特别是针对浮游藻类时空变化特征的研究大大增加，研究的系统性和完整性亦显著提高。新近发表的赣江流域浮游藻类群落结构与功能类群划分（刘足根等，2012），通过赣江流域 60 个采样点的数据，基于生境、耐受性和敏感性分析，尝试了对大型河流中的浮游藻类进行功能群划分。同时期，来自于东江流域 47 个样点数据的研究结果，揭示了东江干流夏季浮游藻类与生境的关系，研究表明，东江干流出现频率最高的藻类植物依次是隐藻门、蓝藻门、硅藻门和绿藻门物种，细胞密度最大的是绿藻门和硅藻门植物，溶解氧、电导率、COD_{Mn} 和总磷等是影响浮游藻类生存与分布的主要因子（江源等，2011）。白明和张萍（2010）通过对 9 个点位浮游藻类群落的反复调查和分析，揭示了浮游藻类丰度和生物量在 5 ~ 9 月的变化特征，同时指出了绿藻和蓝藻的优势地位。刘明典等（2007）通过对沅水 9 个河流生境不同季节的调查数据，揭示了浮游藻类的季节变化特征，秋季和春季分别是物种丰度最高和最低的季节，除一个采样点外，硅藻是物种数量最多的类群，且浮游藻类种类丰度从上游至下游大体呈递增趋势。此外，黑龙江黑河段浮游藻类群落的年季动态研究（孙春梅和范亚文，2009）、澜沧江囊谦段夏秋浮游藻类群落结构初步研究（陈燕琴等 2012）、淮河支流沂河等河段中不同季节浮游藻类组成的变化（高远等，2009）、新疆霍尔果斯河浮游藻类的调查分析（蔡林钢等，2008）等，均为我国浮游藻类特征及其与生境关系的研究提供了丰富的基础数据和科学研究案例。

通过对来自不同河流的浮游藻类调查数据的对比分析，可以看出（表 1-1），我国河流中

表 1-1　我国河流浮游藻类群落特征

河流名称	生境	河段经纬度	海拔（m）	调查时间（年）	浮游藻类特征				引用文献
					种类最多的前三个门类	生物量最多的前三个门类	前三个优势属种	平均密度（10^4 cells/L）	
英德西南旅游区溪流	山区河流	24°09′N，112°55′E	100 ~ 300	2004	绿藻门（49.0%）、蓝藻门（15.2%）、硅藻门（8.5%）	蓝藻门、绿藻门、硅藻门	实球藻（*Pandorina morum* sp.）、柔软腔球藻（*Goelorpherium rutzirgranum*）、伪鱼腥藻（*Psuedanabaena* sp.）	0.02 ~ 1.95	邱绍扬等（2005）；黄报远等（2009）；陈椓等（1996）；况琪军等（2004）；吴乃成等（2007）；孙春梅和范亚文（2009）；陈燕琴等（2012）；饶钦止（1964）；饶钦止等（1973）；李鹏等（2001）；蔡林钢等（2008）；周永兴和李伟（2009）；陈锦萍（1992）；田家怡（1995）；禹娜等（2010）；宋金伟等（2007）；白晓慧等（2008）；付贵萍（2008）；冯佳（2011）；张才学等（2010）；高远等（2009）；刘明典等（2007）；刘足根等（2012）；白明和张萍（2010）；计勇（2012）；邓星明和吴生桂（1988）；张桂华（2011）；章宗涉和沈国华（1959）；洪松和陈静生（2002）；
连江	山区河流	24°31′N，112°37′E	60 ~ 90	2008	硅藻门（45.2%）、绿藻门（25.0%）、蓝藻门（22.1%）	—	—	0.35 ~ 1.42	
溧阳河	山区河流	27°02′N，108°04′E	1800	1992	硅藻门（49.6%）、绿藻门（24.5%）、蓝藻门（14.2%）	硅藻门、甲藻门、蓝藻门	小环藻属（*Cyclotella*）、盘星藻属（*Pediastraceae*）、甲藻属（*Pyrrophyta*）	—	
香溪河	山区河流	30°57′N，110°25′E	60 ~ 125	1996	硅藻门（48.0%）、绿藻门（23.5%）、蓝藻门（9.9%）	—	—	507.00	
香溪河	山区河流	30°57′N，110°25′E	60 ~ 125	2005	硅藻门、绿藻门、蓝藻门	硅藻门（95.5%）、绿藻门、蓝藻门	线性曲壳藻（*Achnanthes linearis*）、披胅曲壳藻（*Achnanthes linearis*）、扁圆卵形藻（*Cocconeis placentula*）	62.90	
黑龙江黑河段	山区河流	41° ~ 53°N，108° ~ 141°E	200	2007	硅藻门（72.6%）、绿藻门（15.8%）、蓝藻门（4.8%）	硅藻门、绿藻门、蓝藻门	—	—	
澜沧江	山区河流	32°11′N，96°30′E	3600	2011	硅藻门（57.9%）、绿藻门（22.8%）、蓝藻门（17.5%）	硅藻门（61.2%）、绿藻门（38.4%）、蓝藻门（0.1%）	普通等片藻（*Diatoma vulgara*）、尖针杆藻（*Synedra acus*）、曲翘藻（*Achnanthes* sp.）	99.36	

续表

河流名称	生境	河段经纬度	海拔（m）	调查时间（年）	浮游藻类特征				引用文献
					种类最多的前三个门类	生物量最多的前三个门类	前三个优势属种	平均密度（10^4 cells/L）	
西藏南部	高原河流	28°N，87°E	5000	1966	硅藻门、绿藻门、蓝藻门	—	—	—	邱绍扬等（2005）； 黄报远等（2009）； 陈椓等（1996）； 况琪军等（2004）； 吴乃成等（2007）； 孙春梅和范亚文（2009）； 陈燕琴等（2012）； 饶钦止（1964）； 饶钦止等（1973）； 李鹏等（2001）； 蔡林钢等（2008）； 周永兴和李伟（2009）； 陈锦萍（1992）； 田家怡（1995）； 禹娜等（2010）； 宋金伟等（2007）； 白晓慧等（2008）； 付贵萍（2008）； 冯佳（2011）； 张才学等（2010）； 高远等（2009）； 刘明典等（2007）； 刘足根等（2012）； 白明和张萍（2010）； 计勇（2012）； 邓星明和吴生桂（1988）； 张桂华（2011）； 章宗涉和沈国华（1959）； 洪松和陈静生（2002）；
珠穆朗玛地区	高原河流	30°N 以南，86°～91°E	5000	1961	硅藻门、绿藻门、蓝藻门	—	—	—	
黑河	内陆河流	38°～40°N，99°～102°E	1200～4000	1997	绿藻门（33%）、硅藻门（31%）、蓝藻门（15%）	绿藻门、硅藻门、蓝藻门	—	—	
霍尔果斯河	西北内陆	43°30″N，80°15″E	1200	2007	硅藻门（55%）、绿藻门（24%）、蓝藻门（13%）	硅藻门、蓝藻门、蓝藻门	颤藻（*Oscillatoria* sp）、普通等片藻（*Diatoma vulgara*）、脆杆藻属（*Fragilaria*）	—	
滇池宝象河	城市河段	24°57′N，122°45′E	1850～2000	2004	—	—	—	398.35	
福州城区内河	城市河段	26°04′N，119°18′E	<20	1989	绿藻门（44.6%）、硅藻门（23.6%）、裸藻门（12.4%）	绿藻门（50.2%）、蓝藻门（26.6%）、硅藻门（16.0%）	栅藻属（*Scenedesmus*）、舟型藻属（*Navicula*）、十字藻属（*Crocigenia*）	6.30～99.70	
山东小清河	城市河段	36°39′N，119°01′E	<20	1990	绿藻门（46.0%）、硅藻门（32.0%）、裸藻门（9.0%）	—	—	—	
上海城区河道	城市河段	31°05′N，121°21′E	<10	2007	绿藻门（41.0%）、裸藻门（19.0%）、硅藻门（19.0%）	—	棒条藻属（*Rhabdoderma* sp.）、扭曲小环藻（*Cyclotella comta*）、小球藻属（*Chlorellavulgaris* sp.）	—	

续表

河流名称	生境	河段经纬度	海拔(m)	调查时间(年)	浮游藻类特征				引用文献
					种类最多的前三个门类	生物量最多的前三个门类	前三个优势属种	平均密度(10^4 cells/L)	
内江	城市河段	32°17′N, 119°30′E	<10	—	绿藻门(33.3%)、硅藻门(29.8%)、蓝藻门(20.2%)	蓝藻门(85.6%)、绿藻门(6.1%)、硅藻门(3.4%)	颤藻属(*Oscillatoria*)、隐藻属(*Cryptomonas*)、星球藻属(*Asterocapsa*)	0.06～1.17	邱绍扬等(2005);黄报远等(2009);陈椽等(1996);况琪军等(2004);吴乃成等(2007);孙春梅和范亚文(2009);陈燕琴等(2012);饶钦止(1964);饶钦止等(1973);李鹏等(2001);蔡林钢等(2008);周永兴和李伟(2009);陈锦萍(1992);田家怡(1995);禹娜等(2010);宋金伟等(2007);白晓慧等(2008);付贵萍(2008);冯佳(2011);张才学等(2010);高远等(2009);刘明典等(2007);刘足根等(2012);白明和张萍(2010);计勇(2012);邓星明和吴生桂(1988);张桂华(2011);章宗涉和沈国华(1959);洪松和陈静生(2002);
上海交通大学大闵行校区河道	城市河段	31°05′N, 121°21′E	<10	2006	蓝藻门(38%)、绿藻门(27%)、硅藻门(23%)	—	—	—	
深圳观澜河	城市河段	22°41′N, 114°2′E	50	2006	蓝藻门(33.3%)、绿藻门(29.1%)、硅藻门(29.1%)	蓝藻门、硅藻门、绿藻门	泽丝藻(*Limnothix redekei*)、假鱼腥藻(*Pseudanabaena limnetica*)、银灰平裂藻(*Merismopedia glauca*)	—	
汾河太原段	城市河段	37°52′N, 112°31′E	800	2009	蓝藻门(46%)、绿藻门(34%)、硅藻门(16%)	蓝藻门(92%)、绿藻门、硅藻门	小席藻(*Phormidium tenue*)、银灰平裂藻(*Merismopedia glauca*)、尖针杆藻	875～59 653	
小东江茂名段	平原河道	21°36′N, 110°50′E	<20	2007	绿藻门(42.6%)、蓝藻门(27.9%)、硅藻门(21.3)	蓝藻门(49.3%)、绿藻门(38.6%)、硅藻门(10.2%)	颤藻属(*Oscillatoria*)、栅藻属(*Scenedesmus*)、菱形藻属(*Nitzschia*)	11.40～19.50	
沂河	平原河道	35°′N, 118°′E	<20	2006～2007	绿藻门(36.0%)、硅藻门(35.9%)、蓝藻门(16.4%)	蓝藻门(39.9%)、硅藻门(26.0%)、绿藻门(24.0%)	—	1 909～6 273	
沅水	大河干流	27°～29°N, 109°～112°E	100	2005	硅藻门(43.5%)、绿藻门(36.7%)、蓝藻门(15.0%)	蓝藻门(60.2%)、硅藻门(29.4%)、绿藻门(5.0%)	巴豆叶脆杆藻(*Fragilaria crotonensis*)、颗粒直链硅藻(*Melosira granulata*)、铜绿微囊藻(*Microcystsis aeruginosa*)	22.10	

续表

河流名称	生境	河段经纬度	海拔（m）	调查时间（年）	浮游藻类特征				引用文献
					种类最多的前三个门类	生物量最多的前三个门类	前三个优势属种	平均密度（10^4 cells/L）	
赣江	大河干流	25°～29°N，114°～117°E	10～1200	2009	硅藻门（39.1%）、绿藻门（38.5%）、蓝藻门（7.8%）	硅藻门（35.1%）、绿藻门（27.2%）、蓝藻门（24.0%）	直链藻属（*Melosira*）、菱形藻属（*Nitzschia*）、桥弯藻属（*Cymbella*）	83.86	邱绍扬等（2005）； 黄报远等（2009）； 陈椽（1996）； 况琪军等（2004）； 吴乃成等（2007）； 孙春梅和范亚文（2009）； 陈燕琴等（2012）； 饶钦止（1964）； 饶钦止等（1973）； 李鹏等（2001）； 蔡林钢等（2008）； 周永兴和李伟（2009）； 陈锦萍（1992）； 田家怡（1995）； 禹娜等（2010）； 宋金伟等（2007）； 白晓慧等（2008）； 付贵萍（2008）； 冯佳（2011）； 张才学等（2010）； 高远等（2009）； 刘明典等（2007）； 刘足根等（2012）； 白明和张萍（2010）； 计勇（2012）； 邓星明和吴生桂（1988）； 张桂华（2011）； 章宗涉和沈国华（1959）； 洪松和陈静生（2002）；
海河干流	大河干流	38°59′N，117°11′E	<20	2009	绿藻门（47.5%）、蓝藻门（22.5%）、硅藻门（12.5%）	绿藻门（49%）、蓝藻门（34%）、硅藻门（10%）	梅尼小环藻（*Cyclotella meneghiniana*）、尖尾蓝隐藻（*Chroomonas acuta*）、颤藻（*Oscillatoria* sp.）	1 345.54～8 742.02	
赣江中下游	大河干流	27°40′N，115°21′E	15～40	2010	绿藻门（42.2%）、硅藻门（28.4%）、蓝藻门（17.6%）	绿藻门、硅藻门、蓝藻门	衣藻属（*Chlamydomonas*）、团藻属（*Volvocales*）、栅藻属（*Scenedesmaceae*）	63.90	
东江	大河干流	22°51′N，113°38′E	<100	1985	硅藻门（56.8%）、蓝藻门（27.8%）、绿藻门（5.8%）	—	—	—	
东江干流惠州段	大河干流	23°08′N，114°21′E	<20	2006	绿藻门、硅藻门、藻门	绿藻门、硅藻门、蓝藻门	—	—	
东江	大河干流	—	—	1981	硅藻门、绿藻门、蓝藻门	硅藻门、绿藻门、蓝藻门	—	11.20	
黑龙江	大河干流	—	—	1957	硅藻门、绿藻门、蓝藻门	硅藻门、绿藻门、蓝藻门	—	8.60～419.25	
黑龙江	大河干流	—	—	1981	硅藻门、绿藻门、蓝藻门	硅藻门、绿藻门、蓝藻门	—	69.14	
松花江	大河干流	—	—	1983	硅藻门、绿藻门、蓝藻门	硅藻门、绿藻门、蓝藻门	直链藻属（*Melosira*）、小环藻属（*Cyclotella*）、针杆藻属（*Synedra*）	13.56	

续表

河流名称	生境	河段经纬度	海拔(m)	调查时间(年)	浮游藻类特征 种类最多的前三个门类	生物量最多的前三个门类	前三个优势属种	平均密度(10^4cells/L)	引用文献
海河	大河干流	—	—	1980~1987	绿藻门、硅藻门、蓝藻门	绿藻门、硅藻门、蓝藻门	等片藻属(*Diatoma*)、空星藻属(*Coelastrum*)、小环藻属(*Cyclotella*)	20.34	邱绍扬等(2005);黄报远等(2009);陈椽等(1996);况琪军等(2004);吴乃成等(2007);孙春梅和范亚文(2009);陈燕琴等(2012);饶钦止(1964);饶钦止等(1973);李鹏等(2001);蔡林钢等(2008);周永兴和李伟(2009);陈锦萍(1992);田家怡(1995);禹娜等(2010);宋金伟等(2007);白晓慧等(2008);付贵萍(2008);冯佳(2011);张才学等(2010);高远等(2009);刘明典等(2007);刘足根等(2012);白明和张萍(2010);计勇(2012);邓星明和吴生桂(1988);张桂华(2011);章宗涉和沈国华(1959);洪松和陈静生(2002)
黄河	大河干流	—	—	1979~1982	硅藻门、绿藻门、蓝藻门	硅藻门、绿藻门、蓝藻门	直链藻属(*Melosira*)、针杆藻属(*Synedra*)、舟形藻属(*Navicula*)	1.17	
长江	大河干流	—	—	1980	硅藻门、绿藻门、蓝藻门	硅藻门、绿藻门、蓝藻门	直链藻属(*Melosira*)、菱形藻属(*Nitzschia*)	2.63	
汉江	大河干流	—	—	1980	硅藻门、绿藻门、蓝藻门	硅藻门、绿藻门、蓝藻门	直链藻属(*Melosira*)、针杆藻属(*Synedra*)	1.50	
赣江	大河干流	—	—	1980	硅藻门、绿藻门、蓝藻门	硅藻门、绿藻门、蓝藻门	直链藻属(*Melosira*)、脆杆藻属(*Fragilaria*)、双菱藻属(*Surirella*)	7.05	
湘江	大河干流	—	—	1980~1981	硅藻门、绿藻门、蓝藻门	硅藻门、绿藻门、蓝藻门	—	4.35	
珠江	大河干流	—	—	1981	硅藻门、绿藻门、蓝藻门	硅藻门、绿藻门、蓝藻门	脆杆藻属(*Fragilaria*)、直链藻属(*Melosira*)、双菱藻属(*Surirella*)	36.00	

浮游藻类的优势门类组成差异并不显著，多数河流的优势门类构成依次为硅藻门、绿藻门和蓝藻门；而个别来自严重污染河流的数据，则表现出优势门类构成依次为蓝藻门、绿藻们和硅藻门的特征。黑龙江、澜沧江和霍尔果斯河中硅藻种类所占比例高达55%以上，究其原因可能是这些河流水质受到污染较少。另外，优势藻类的属种构成差别较大，其中早期的研究数据显示出直链藻（*Melosira*）和针杆藻（*Synedra*）是较为常见的属，而近期的研究数据则没有呈现出明显的规律性。若从平均生物量看，除了北方的海河干流、汾河部分河段出现较高的数量外，大部分河流的平均生物量均处于相对较低的水平，通常小于 100×10^4 cells/L，来自流速较快的山区河流及早期的水量丰富的大河干流数据，甚至显示出该指标不超过 10×10^4 cells/L。

1.1.4.3 河流水环境变化对浮游藻类影响与河流生态评价

除了揭示河流中浮游藻类群落的基本特征之外，大多数研究关注更多的是河流水质环境对浮游藻类的影响。况琪军等（2004）报道了三峡水库湖北库区内第一大支流香溪河下游的浮游藻类研究结果，通过对8个站点连续2年的采样分析，指出该流域的水质营养等级为中—富营养状态，与6年前相比，水质有所下降。吴乃成等（2007）在香溪河中上游研究了梯级电站建设对浮游藻类影响，认为梯级电站修建导致的流速变化和断流引起了浮游藻类数量和生活型组成的变化，指出硅藻百分含量可以用来指示水体特征变化，揭示水电开发对浮游藻类存在潜在影响。在东江流域，也有有关大坝和水电站建设对浮游藻类影响的研究报道。邓星明和吴生桂（1988）探讨了东江梯级水库群建成后对水体富营养化状况的影响，结果表明，由于水利枢纽的建设，一些江段的浮游藻类组成的优势种从金藻门和隐藻门变为裸藻门、硅藻门和蓝藻门植物。张桂华（2011）研究了剑潭大坝对东江惠州河段浮游藻类的影响，认为大坝蓄水前后，作为优势类群的绿藻、蓝藻和硅藻相对优势变化不明显，但蓝藻和绿藻的种类组成发生了变化，而叶绿素 a 的浓度与营养盐的关系则相对复杂。鉴于浮游藻类特征与河流环境变化之间存在一定关系，浮游藻类特征也被应用于一些河流生态修复工程的效果评价中（陈锦萍，1992；孟东平等，2006；周永兴和李伟，2009）。

浮游藻类处于河流生态系统的食物链始端，生活周期短，对水体环境变化敏感。随着国际上河流生态特征生物学评价方法的发展和完善，我国近年来也开始对各种水体进行广泛的浮游藻类生物学调查与评价。然而，正如许多学者所指出的，浮游藻类评价指标目前仍主要用于湖泊生态系统的生态健康评估，在河流生态系统生态健康评价中的应用较少（李国忱等，2012；邓培雁等，2012；陈向等，2012；李钟群等，2012）。现有的研究大多仍然仅注重于分析各类河流生境中浮游藻类的基本组成，部分研究进行过浮游藻类多样性指数与河流污染状况的关系分析，这些研究所得出的结果表明，多样性指数在河流生态系统健康评价中的应用不及在湖泊中有效。究其原因，主要是浮游藻类多样性指数对河流水质特征的响应并非总呈单调函数（江源等，2011；张桂华 2011；吴乃成等，2007）。

随着我国河流水生态系统保护与管理需求的增加，基于浮游藻类生物完整性指数的河流生态健康评价正在逐步兴起，沈强等（2012）应用藻类密度、藻类生物多样性指数、浮游植物潜在产毒藻类丰度及不可食藻类密度比等指标构建了浮游生物完整性评价体系，评价结果显示能够较好地反映浙江省水源地的水生态健康状况；殷旭旺（2011；2012；2013）应用藻类P-IBI指标体系分别对浑河、太子河和渭河进行了河流水生态系统健康评估，段梦（2012）基于辽河和太湖的浮游藻类调查数据，尝试将蓝藻、绿藻和硅藻个体百分含量，以及多样性指数等指标一起纳入评估体系构建基于浮游生物的完整性指数，并计算其生态基准值，该值用以表征辽河水生态系统健康状况得到了较好的验证。

1.2　基于底栖动物的水生态健康评估

淡水底栖无脊椎动物是指生活史的全部或大部分时间在河流或者湖泊底部石块与砾石间隙中、淤泥内和附着在水生植物之间的、肉眼可见的水生生物类群，他们是生态系统食物链的重要组成者，具有加速分解水底碎屑、调节泥水界面的物质交换、促进水体自净等生态作用。对维持水生态系统，尤其是溪流生态系统功能的完整性发挥着至关重要的作用（Wallace，1996）。底栖动物在水生态系统中具有种类多、分布范围广、生命周期长、迁徙能力弱等特征，其中一些类群对水质变化十分敏感，将其作为指示生物对水生态系统进行快速生态评价，对流域水环境保护和管理具有重要的指导作用（王备新等，2005；王艳杰等，2012）。此外，底栖动物群落结构与水体中的生境特征具有响应关系，群落健康与否，在很大程度上反映了整个水生生态系统的健康程度。2002年，Genito等研究了大型底栖无脊椎动物群落构成与流域土地使用状况之间的关系，发现采样点上游农业用地面积大于40%时，底栖动物群落中的敏感类群的种类数明显降低，揭示了农业生产活动对水生态系统的健康影响。

1.2.1　底栖动物指数及水生态健康评价

底栖动物很早就被美国、英国、加拿大和澳大利亚等国家的环保部门广泛应用于水质环境监测和评价。与其他水生生物类群相比，底栖动物作为指示物种在水生态健康评价中具有明显优势：首先，底栖动物具有较大的分布范围，无论河流大小，都有底栖动物分布；其次，相对浮游植物和浮游动物而言，底栖动物体形较大，易于采集和鉴定，只需少量人力和简易工具即可完成，采样成本较低，且采集底栖动物不会对采样区域内生活的其他生物群落造成大的不利影响；第三，大部分底栖动物有较长的生活周期，如某些蜻蜓目稚虫需要在水中生活3年以上，蜉蝣目稚虫也需要1～3年的时间，才能成长为亚成虫。第四，底栖动物迁徙能力较弱，活动场所相对固定，因此可较好地检测较长时间尺度内河流生态条件的时空变化信息；第五，底栖动物对外界干扰具有较高敏感性，而且反应较为迅速，响应特征较为稳定，其群落结构变化能反映短期环境变化的影响。鉴于这些优势，底栖动物被认为是可用于河流生态健康评价和生境特征生物监测的重要生物类群，也被称为“水下哨兵”。

早在1931年，Farrell就曾指出，底栖动物的种群能指示环境条件的时间变化。在北美，底栖动物水质生物评价的发展经历了以下几个主要发展阶段。20世纪60年代之前，底栖动物的水质生物学评价，主要根据特定指示生物（群）的出现与否，以及其出现的个体数量，定性判定河流或者湖泊水质优劣等级。随着底栖动物与生境关系研究的不断深入，一些学者发现基于定量数据的多样性指数，对水体水质特征具有较好指示作用（Whilhln & Dorris 1968；Staub 1970），进入20世纪80年代之后，多种底栖动物指数被普遍用于河流和湖泊生境特征的综合、快速评价，并且成为监测水质长期变化的重要依据之一。

20世纪后期，Karr（1986）提出了底栖动物生物完整性指数（benthic index of biological integrity，B-IBI），之后进一步提出了可用于水体质量评价的标准体系（Karr，2000）。由于该指数的获取、计算和评价体系的标准化程度较好，因此获得了广泛应用。例如，美国所有州都运用该方法进行水质生物评价，美国国家环境保护局对其境内的马里兰州、佛罗里达州、密苏里州等16个州建立B-IBI操作规范，进行河流生态健康评价（Barbour et al.，1999）。此外，应用较多的底栖动物评价指数还有佛罗里达州建立的河流状态指数（stream condition index，SCI）（Barbour，1996）和沿大西洋中部海岸平原地区的海岸带平原大型底栖动物指数（costal plain macroinvertebrate index，CPMI）等（Maxted，2000）。

在欧洲，水质生物评价是由德国科学家Kolkwitz和Marsson（1909）提出的污水生物系统评价开始的，它是根据特定的、单一生物指示种的出现与否评价水体受有机污染的轻、重程度。在随后的发展过程中，以指示生物为主的定性评价逐渐转向定量评价，常用的生物指数有：Trent指数（Woodiwiss，1964）、苏格兰的Chandler记分系统（Chandler's score system）（Chandler，1970）、BMWP记分系统（biological monitoring working party score）（Armitage et al.，1983）和底栖动物敏感性计分器SIGNAL（stream invertebrate grade number average level）（Chessman，2003）。

此外，英国和澳大利亚等国家，还通过建立多变量预测模型进行评价。目前主要使用的两个预测模型是英国的BEAST（benthic assessment of sediment）模型和澳大利亚的AusRivas（Australian river assessment scheme）模型（Reynoldson et al.，1995；Smith et al.，1999）。两者均需以大量未受污染样点的底栖无脊椎动物群落和栖境资料为基础，根据种类组成相似性，用聚类分析建立参照点群，并用逐步判别功能分析法筛选出与各参照点群底栖动物群落组成有密切相关的变量（如受人类活动影响较小的纬度、经度、海拔、河流级别、底质组成、流速和碱度等非生物学参数），建立判别函数。评价时，将监测点的非生物学性状数据输入模型，选择合适的参照点群，以监测点与参照点群之间的种类相似性程度判定水质级别。AusRivas模型的每个参照点群都有一个期望的种类组成系列（E，taxa expected），根据参照点群中各点实际种类组成（O，taxa observed）与期望种类组成之间比值（O/E）反映被评价河流的健康状况，比值越接近1表明该河流越接近自然状态，其健康状况也就越好（Davies et al.，2000；Simpson et al.，2000；Poquet et al.，2009）。

总之，利用水生生物评价河流健康的指标颇多，其中底栖动物评价指标使用得最为广泛，目前已统计到该类指标多达50余种，大约是其他类群水生生物评价指标数量的5倍，其中基于耐污值构建的底栖动物评价指标的使用尤为普遍（Mandaville，2002）。

1.2.2　我国底栖动物生物学评价研究进展

20世纪八九十年代，随着我国水环境保护工作的全面开展，国内学者开始努力探索水体生物监测的有效方法。底栖动物因其自身的特点，而成为当时的研究热点之一。1980年，颜京松发表了利用Trent指数、Chandler指数、Shannon-Wiener指数和Goodnight指数评价甘肃内黄河干支流枯水期水质的文章。刘保元等（1981）则利用Trent指数、Chandler指数和Shannon-Wiener指数评价了吉林省东南部的图们江水体的污染状况，并分析了3种生物指数评价水质的优点和局限性，提出在水质生物评价时，应同时应用多种生物指数为好。任淑智（1991）利用底栖动物对京津及邻近地区的河流、水库、湖泊进行了健康评价，并分析了Trent指数、Shannon多样性指数和Goodnight指数之间相关性，发现这三者与水质的关系有类似的变化趋势。杨莲芳等（1992）将美国EPA制定的大型底栖无脊椎动物快速水质生物评价技术介绍到了国内，首次在国内利用EPT（E：蜉蝣目，P：積翅目，T：毛翅目）分类单元数和科级水平生物指数FBI（family biotic index）评价了安徽九华河、丰溪河的水质状况。童晓立等（1995）利用同样的方法评价了广州南昆山的水质状况。朱江等（1995）用大型底栖无脊椎动物的群落结构特征监测、评价唐河水库的净化功能。张建波等（2002）对洞庭湖水质进行了生物学评价研究，并建立了综合生物指数评价水质级别标准。王建国等（2003）采用科级水平生物指数对庐山水体进行了全面评价。

近年来，国内应用底栖动物生物完整性指数（B-IBI）进行河流生态健康评价的研究案例迅速增加。张远等（2007）通过底栖动物对辽河流域的水体生态健康进行了完整性评价，提出了底栖动物完整性评价标准：B-IBI>3.66为健康；B-IBI=0.52～0.68为亚健康；B-IBI=0.35～0.51为一般；B-IBI=0.18～0.34为差；B-IBI<0.17为极差。王备新等（2005）对安徽黄山地区溪流、张方方等（2011）对赣江流域、徐梦佳等（2012）对白洋淀湿地、卢东琪等（2013）对广西钦江流域河流也进行了以底栖动物生物完整性为指标的河流生态健康评价。

综上所述，国内的以底栖动物指标为基础的河流生态健康评价的研究近年来有了快速发展，国外的一些优良评价指数在我国得到了良好运用，但如何发展适合我国各流域不同水体类型特征的底栖动物评价指数和评价标准仍是需要深入探讨的问题。

参考文献

白明，张萍．2010. 海河干流浮游植物群落多样性研究．现代渔业信息，(11)：6-10.

蔡林钢，李红，张人铭，等．2008. 霍尔果斯河水生生物现状初步调查．水生态学杂志，11（6）：39-43.

陈椽，胡晓红，王承录．1996. 贵州施秉潕阳河藻类植物初步研究．贵州师范大学学报：自然科学版，14（1）：22-30.

陈锦萍．1992. 福州城区内河浮游生物分布与水环境质量评价．福建环境，(3)：10-13.

陈向，刘静，何琦，等．2012. 东江惠州河流段人工基质附着硅藻群落的季节性动态．湖泊科学，24（5）：723-731.

陈燕琴，申志新，刘玉婷，等．2012. 澜沧江囊谦段夏秋季浮游植物群落结构初步研究．水生态学杂志，

33（3）：60-67.
邓培雁，雷远达，刘威，等．2012. 七项河流附着硅藻指数在东江的适用性评估．生态学报，32（16）：5014-5024.
邓星明，吴生桂．1988. 东江梯级开发中的富营养化探讨．水资源保护，（3）：34-37.
段梦，朱琳，冯剑丰，等．2012. 基于浮游生物群落变化的生态学基准值计算方法初探．环境科学研究，25（2）：125-132.
高远，慈海鑫，亓树财，等．2009. 沂河 4 条支流浮游植物多样性季节动态与水质评价．环境科学研究，（2）：176-180.
洪松，陈静生．2002. 中国河流水生生物群落结构特征探讨．水生生物学报，（3）：295-305.
江源，彭秋志，廖剑宇，等．2013. 浮游藻类与河流生境关系研究进展与展望．资源科学，35（3）：462-473.
江源，王博，杨浩春，等．2011. 东江干流浮游植物群落结构特征及与水质的关系．生态环境学报，20（11）:1700-1705.
况琪军，胡征宇，周广杰，等．2004. 香溪河流域浮游植物调查与水质评价．武汉植物学研究，22（6）：507-513.
李国忱，刘录三，汪星，等．2012. 硅藻在河流健康评价中的应用研究进展．应用生态学报，23（9）：2617-2624.
李鹏，安黎哲，冯虎元，等．2001. 黑河流域浮游植物及其地理分布特征研究．西北植物学报，21（5）：966-972.
李钟群，袁刚，郝晓伟，等．2012. 浙江金华江支流白沙溪水质硅藻生物监测方法．湖泊科学，24（3）：436-442.
刘保元，王士达，王永明，等．1981. 利用底栖动物评价图们江污染的研究．环境科学学报，1（4）：337-348.
刘明典，杨青瑞，李志华，等．2007. 沅水浮游植物群落结构特征．淡水渔业，37（3）：70-75.
刘足根，张柱，张萌，等．2012. 赣江流域浮游植物群落结构与功能类群划分．长江流域资源与环境，（3）：375-384.
卢东琪，张勇，蔡德所，等．2013. 基于干扰梯度的钦江流域底栖动物完整性指数候选参数筛选．环境科学，34（01）：137-144.
孟东平，王翠红，辛晓芸，等．2006. 汾河太原段水体浮游藻类生态位的研究．环境科学与技术．29（10）：95-97.
饶钦止，朱蕙忠，李尧英．1973. 我国西藏南部珠穆朗玛峰地区藻类概要．科学通报，（1）：30-32.
饶钦止．1964. 西藏南部地区的藻类．海洋与湖沼，（2）：169-192.
任淑智．1991. 京津及邻近地区底栖动物群落特征与水质等级．生态学报，03：262-268.
沈强，俞建军，陈晖，等．2012. 浮游生物完整性指数在浙江水源地水质评价中的应用．水生态学杂志，33（2）：26-31.
孙春梅，范亚文．2009. 黑龙江黑河江段藻类植物群落与环境因子的典型对应分析．湖泊科学，（6）：839-844.
田家怡．1995. 山东小清河的浮游植物．海洋湖沼通报，（1）：38-46.
童晓立，胡慧建，陈思源．1995. 利用水生昆虫评价南昆山溪流的水质．华南农业大学学报，3：6-10.
王备新，杨莲芳，胡本进，等．2005. 应用底栖动物完整性指数 B-IBI 评价溪流健康．生态学报，25（6）：1481-1490.
王建国，黄恢柏，杨明旭，等．2003. 庐山地区底栖大型无脊椎动物耐污值与水质生物学评价．应用与环境生物学报，9（3）：279-284.
王艳杰，李法云，范志平，等.2012. 大型底栖动物在水生态系统健康评价中的应用. 气象与环境学报，28（5）：90-96.
吴波，陈德辉，徐英洪，等.2006. 苏州河浮游植物群落结构及其对水环境的指示作用. 上海师范大学学报（自然科学版），35（5）：64-67.
吴乃成，周淑婵，傅小城，等.2007. 香溪河小水电的梯级开发对浮游藻类的影响. 应用生态学报，18（5）：1093-1098.
肖慧，李淑芳，郑方炎.1992. 黄柏河浮游生物及初级生产力调查研究. 水利渔业，（6）：21-23.
徐梦佳，朱晓霞，赵彦伟，等.2012. 基于底栖动物完整性指数（B-IBI）的白洋淀湿地健康评价. 农业环境科学学报，31（9）：1808-1814.
颜京松，游贤文，范省三.1980. 以底栖动物评价甘肃境内黄河干支流枯水期的水质. 环境科学，1（01）：14-20.
杨莲芳，李佑文，戚道光，等.1992. 九华河水生昆虫群落结构和水质生物评价. 生态学报，12（1）：8-15.
殷旭旺，渠晓东，李庆南，等.2012. 基于着生藻类的太子河流域水生态系统健康评价. 生态学报，30（6）：1677-1691.
殷旭旺，徐宗学，鄢娜，等.2013. 渭河流域河流着生藻类的群落结构与生物完整性研究. 环境科学学报，33（2）：518-527.
殷旭旺，张远，渠晓东，等.2011. 浑河水系着生藻类的群落结构与生物完整性. 应用生态学报，22（10）：2332-2340.
张方方，张萌，刘足根，等.2011. 基于底栖生物完整性指数的赣江流域河流健康评价. 水生生物学报，35（6）：963-971.
张桂华.2011. 剑潭大坝对东江惠州河段浮游植物的影响研究. 四川环境，（2）：37-43.
张建波，李利强，田琪.2002. 洞庭湖底栖动物多样性及水质现状评价. 内陆水产，11（3）：42-43.
张远，徐成斌，马溪平，等.2007. 辽河流域河流底栖动物完整性评价指标与标准. 环境科学学报，27（6）：919-927.
章宗涉，黄祥飞. 1991. 淡水浮游生物研究方法. 北京：科学出版社.
章宗涉，莫珠成，戎克文，等.1983. 用藻类监测和评价图们江的水污染. 水生生物学集刊，（1）：97-104.
章宗涉，沈国华.1959. 黑龙江的浮游植物及泾流调节后的可能变化. 水生生物学集刊，（2）：128-139.
周上博，袁兴中，刘摇红，等.2013. 基于不同指示生物的河流健康评价研究进展. 生态学杂志，32（8）：2211-2219.
周永兴，李伟.2009. 滇池水系不同水体冬季浮游生物群落组成与水质的关系. 内蒙古林业调查设计，（4）：6-11.
Airoldi L. 2001. Distribution and morphological variation of low-shore algal turfs. Marine Biology，38：1233-1236.
Armitage P D，Moss D，Wright J F，et al. 1983. The performance of a new biological water quality score system based on macroinvertebrates over a wide range of unpolluted running-water sites. Water research，17：333-347.
Barbour M T，Gerritsen J，Griffith G E，et al. 1996. A framework for biological criteria for Florida streams using benthic macroinvertebrates. Journal of the North American Benthological Society，15（2）：185-211.
Barbour T M，Gerritsen J，Snyder D B. 1999. Rapid Bio-assessment Protocols for Use in Streams and Wadeable Rivers：Periphyton，Benthic Macro Invertebrates and Fish. 2nd ed. EPA841-B-99-002. Washington D C：USA. Environmental Protection Agency，Office of Water.
Basu B K，Pick F R. 1996. Factors regulating phytoplankton and zooplankton biomass in temperate rivers.

Limnology and Oceanography, 41 (7): 1572-1577.

Becker V, Huszar V L M, Crossetti L O. 2009. Responses of phytoplankton functional groups to the mixing regime in a deep subtropical Reservoir. Hydrobiologia, 628 (1): 137-151.

Boon P J, Holmes T H, Maitland P S, et al. 1997. A System for Evaluating Rivers for Conservation (SERCON): Development, Structure and Function, Freshwater Quality: Defining the Undefinable. Edingurgh: The Stationary Office.

Borics G, Várbíró G, Grigorsky I, et al. 2007. A new evaluation technique of potamoplankton for the assessment of the ecological status of rivers. Arch. Hydrobiol. Suppl, 161 (3-4): 465-486.

Brookes A, Shields F D. 2001. River Channel Restoration: Guiding Principles for Sustainable Projects. Chichester, England: John Whey&Sons.

Cemagref. 1982. Etude des Methods Biologiques Dapprciation Quantitative de la Qualite des Eaux Rapport Q. E. Lyon. Lyon: Agence de leau Rhne-Mditerrane-Corse-Cemagref.

Chessman B C, Thurtell L A, Royal M J. 2006. Bio-assessment in a harsh environment: a comparison of macroinvertebrate assemblages at reference and assessment sites in an Australian inland river system. Environ Monit Assess, 119: 303-330.

Coste M, Boutry S, Tison-Rosebery J, et al. 2009. Improvements of the biological. Diatom index (BDI): description and efficiency of the new version (BDI-2006). Ecological Indicators, 9: 621-650.

Descy J P, Coste M. 1991. A test of methods for assessing water quality based on diatoms. Verhandlungen Internationale Vereinigung for theoretische und angewandte. Limnologie, 24: 2112-2116.

Devercelli M. 2010. Changes in phytoplankton morpho-functional groups induced by extreme hydroclimatic events in the MiddleParana River (Argentina). Hydrobiologia, 639: 5-19.

Diaz R J, Cutter G R, Dauer D M. 2003. A comparison of two methods for estimating the status of benthic habitat quality in the Virginia Chesapeake Bay. Journal of Experimental Marine Biology and Ecology, 285/286: 371-381.

Eppley R W. 1977. The growth and culture of diatoms. In: Werner Ded The Biology of Diatoms. London: Blackwell Scientific Publications.

European Commission. 2000. Directive2000/ 60/ EC of The European Parliament and of the Council Establishing a Framework for Community Action in the Field of Water Policy. Brussels: Bglgium.

Farrell M A. 1931. New York State Survey. A biological survey of the St. Lawrence watershed. IX. Studies of the bottom fauna in polluted areas. Newe York Conserv. Dept., Biol. Surv. No. 5, Suppl. 20th Ann. Rept.: 192-196.

Genito D, Gburek W J, Sharpley A N. 2002. Response of stream macroinvertebrates to agricultural land cover in a small watershed. Journal of Freshwater Ecology, 17 (1): 109-119.

Harry V L, Larry R B, David K M. 2002. Distribution of al. gae in the San Joaquin river, California. In relation to nutrient supply, salinity and other environmental factors. Freshwater Biology, 46: 1139-1167.

Hill B H, Herlihy A T, Kaufmann P R, et al. 2000. Use of periphyton assemblage data as an index of biotic integrity. Journal of the North American Benthological Society, 19: 50-67.

Hudon C, Paquet S, Jarry V. 1996. Downstream variations of phytoplankton in the St. Lawrence river (Quebec, Canada). Hydrobiologia. 337 (1): 11-26.

Kane D, Gordon S, Munawar M, et al. 2009. The planktonic index of biotic integrity (P-IBI): an approach for assessing lake ecosystem health. Ecological Indicators, 9: 1234-1247.

Karr J R, Fausch K D, Angtrmeier P L, et al. 1986. Assessing Biological Integrity in Running Waters-Method and its Rationale Illinois，Champaign：Illinois Natural. History Survey，Special Publication 5.

Kolkwitz R，Marsson M. 1909. Okologie dertierischen saprobien. Hydrobiologia，2：145-152.

Kruk C，Mazzeo N，Lagerot G，et al. 2002. Classification schemes for phytoplankton：a local validation of a functional approach to the analysis of species temporal replacement. Journal of Plankton Research，24（9）：901-912.

Köhler J，Bahnwart M，Ockenfeld K. 2002. Growth and Loss Processes of Riverine Phytoplankton in Relation to Water Depth. International Review of Hydrobiology，87（2-3）：241-254.

Lacouture R V，Johnson J M，Buchanan C. 2006. Phytoplankton Index of Biotic Integrity for Chesapeake Bay and its Tidal Tributaries. Estuaries and Coasts，29（4）：598-616.

Lange T R，Rada R G. 1993. Community dynamics of phytoplankton in a typical navigation pool in the Upper Mississippi River. The Journal of the Iowa Academy of Science，JIAS：100.

Lewis W M. 1988. Primary production in theOrinoco River. Ecology，679-692.

Luciane O，Crossetti E，Carlos E，et al. 2008. Phytoplankton as a monitoring tool in a tropical urban shallow reservoir（Garcas Pond）：the assemblage index application. Hydrobiologia，610（7）：161-173.

Lynam C P，Cusack C，Stokes D. 2010. A methodology for community- level hypothesis testing applied to detect trends in phytoplankton and fish communities in Irish waters. Estuarine，Coastal and Shelf Science，87（3）：451-462.

Mandaville S M. 2002. Benthic macroinvertebrates in freshwaters：Taxa tolerance values，metrics，and protocols. Canada：Soil & Water Conservation Society of Metro Halifax.

Maxted J R，Barbour M T，Gerritsen J，et al. 2000. Assessment framework for mid. Atlantic coastal plain steams using benthic macroinvertebrates. Journal of the North American Benthological Society，19（1）：128-144.

Negro A I，Hoyos C D，Vega J C. 2000. Phytoplankton structure and dynamics in Lake Sanabria and Valparaiso reservoir（NW Spain）. Hydrobiologia，424：25-37.

Ngearnpat N，Peerapornpisal Y. 2007. Application of desmid diversity in assessing the water quality of 12 freshwater resources in Thailand. Journal of Applied Phycology，19（6）：667-674.

Nieuwenhuyse V E，Jones J R. 1996. Phosphorus chlorophyll relationship in temperate streams and its variation with stream catchment area. Canadian Journal of Fisheries and Aquatic Sciences，53（1）：99-105.

Oberdorff T，Hughes R M. 1992. Modification of an Index of Biotic Integrity based on fish assemblages to characterize rivers of the Seine Basin，France. Hydrobiologia，228（2）：117-130.

Ohio EPA. 1988. Biological criteria for the protection of aquatic life. Ecological assessment section，Columbus，Ohio EPA：division of water quality monitoring and assessment.

Padisak J，Borics G.，Grigorszky I，et al. 2006. Use of phytoplankton assemblages for monitoring ecological status of lakes within the Water Framework Directive：theassemblage index. Hydrobiologia，553：1-14.

Padisak J，Crossetti O，Flores，N L. 2009. Use and misuse in the application of the phytoplankton functional classification：a critical. review with updates. Hydrobiologia，621：1-19.

Padisak J，Reynolds C S. 1998. Selection of phytoplankton associations in Lake Balaton，Hungary，in response to eutrophication and restoration measures with special reference to the cyanoprokaryotes. Hydrobiologia，384：41-53.

Pantle R，Buck H. 1955. Die biologische uberw achung dergewaserund die darstellunger gebinsse. Gasund Wasserfach，96：604.

Pasztaleniec A，Poniewozik M. 2010. Phytoplankton based assessment of the ecological status of four shal. low lakes（Eastern Poland）according to Water Framework Directive-a comparison of approaches. Limnologica Ecology and

Management of Inland Waters, 40 (3): 251-259.

Phillips G, Pietiläinen O P, Carvalho L, et al. 2008. Chlorophyll – nutrient relationships of different lake types using a large European dataset. Aquatic Ecology, 42 (2): 213.

Piirsoo K, Peeter P, Tuvikene A, et al. 2010. Assessment of water qual. ity in a large lowland river (Narva, Estonia/Russia) using a new Hungarian potamoplanktic method. Estonian Journal of Ecology, 59 (4): 243-258.

Poquet J M, Alba- Tercedor J, Puntí T, et al. 2009. The MEDiterranean prediction and classification system (MEDPACS): an implementation of the RIVPACS/AUSRIVAS predictive approach for assessing Mediterranean aquatic macroinvertebrate communities. Hydrobiologia, 623: 153-171.

Reynolds C S, Huszar V, Kruk C. 2002. Towards a functional classification of the freshwater phytoplankton. Plankton Research, 24 (5): 417-428.

Reynolds C S. 1980. Phytoplankton assemblages and their periodicity in stratifying lake systems. Holactic ecology. 3 (3): 141-159.

Reynolds C S. 2006. The ecology of phytoplankton. Cambridge: Cambridge University.

Reynoldson T B, Bailey R C, Day K E, et al. 1995. Biological guidelines for freshwater sediment based on benthic assessment of sediment (the BEAST) using a multivariate approach for predicting biological state. Australian journal of ecology, 20: 198-219.

Rott E, Cantonati M, Fureder L, et al. 2006. Benihie algae in high altitude streams of the AIPs- a neglected component of the aquatic biota. Hydrobiologia, 562: 195-216.

Salmaso N. 2002. Ecological patterns of phytoplankton assemblages in Lake Garda: seasonal, spatial and historical features. Journal of Limnology, 61 (1): 95-115.

Schonfelder I, Gelbrecht J, Schonfelder J, et al. 2002. Relationships between littoral diatoms and their chemical environment in Northeastern German lakes and rivers. Journal of Phycology, 38: 66-89.

Silveira M P, Baptista D F, Buss D F, et al. 2005 Application of biological measures for stream integrity assessment in south-east Brazil. Environmental. Monitoring and Assessment, 101: 117-128.

Simpson J C, Norris R H, Wright J F, et al. 1997. Biological assessment of river quality: development of AUSRIVAS models and outputs. In Assessing the biological quality of fresh waters: RIVPACS and other techniques. Proceedings of an International Workshop held in Oxford, UK, on 16- 18 September 1997. Freshwater Biological Association (FBA).

Smith M J, Kay W R, Edward D H D, et al. 1999. AusRivAS: using macroinvertebrates to assess ecological condition of rivers in Western Australia. Freshwater Biology, 41: 269-282.

Southerland M T, Rogers G M, Kline M J, et al. 2007. Improving biological indicators to better assess the condition of streams. Ecological indicator, 7: 751-767.

Stankovic I, Vlahovic T, Udovič M G, et al. 2012. Phytoplankton functional and morpho-functional. approach in large floodplain rivers. Hydrobiologia, 698: 217-231.

Staub R J, Appling A M, Hofstetter. 1970. The effect of industrial waste of Memphis and Shelby County on primary plankton producers. Bioscience, 20: 905-912.

Thomas F C, Meador M R, Porter S D. 2000. Responses of physical, chemical, and biological indicators of water quality to a gradient of agricultural land use in the Yakima River Basin, Washington. Environmental Monitoring and Assessment, 6: 259-270.

Vittousek P M. 1997. Human Domination of earth' ecosystem. Science, 277: 494-499.

Wallace J B, Webster J R. 1996. The role of macroinvertebrates in stream ecosystem function. Annual review of entomology, 41: 115-139.

Weisberg S B, Ranasinghe J A, Schaffner L C, et al. 1997. An estuarine benthic index of biotic integrity (B-IBI) for Chesapeake Bay. Estuaries, 20: 149-158.

Wilhm J L, Dorris T C. 1968. Biological parameters for water quality criteria. Bioscience, 18: 477-481.

Williams M, Longstaff B, Buchanan C, et al. 2009. Development and evaluation of a spatially- explicit index of Chesapeake Bay health. Marine Pollution Bulletin, 59: 14-25.

Woodiwiss F S. 1964. The biological system of stream classification used by the Trent- River- Board. Chemistry & Industry, 1964 (11): 443-447.

Wu J T, Kow L T. 2002. Applic ability of ageneric index for diatom assemblages to monitor pollution in the tropical. River Tsanwun, Taiwan. Journal of Applied Phycology, 14: 63-69.

第 2 章　东江流域自然与社会经济概况

东江流域地处我国东南沿海地区，位于东经 113°25′～115°52′，北纬 22°26′～25°12′（图 2-1），流域内自然条件与社会经济条件的区域分异明显，其下游地区属珠江三角洲的中心地带，是我国经济最发达的流域之一，也是我国南方湿润地区最早出现整体水资源供需矛盾的流域之一。改革开放以来，在快速城市化过程中，人类影响强度不断加大，流域水生态健康状况区域差异日趋显著，局部地区水生态健康水平明显下降。

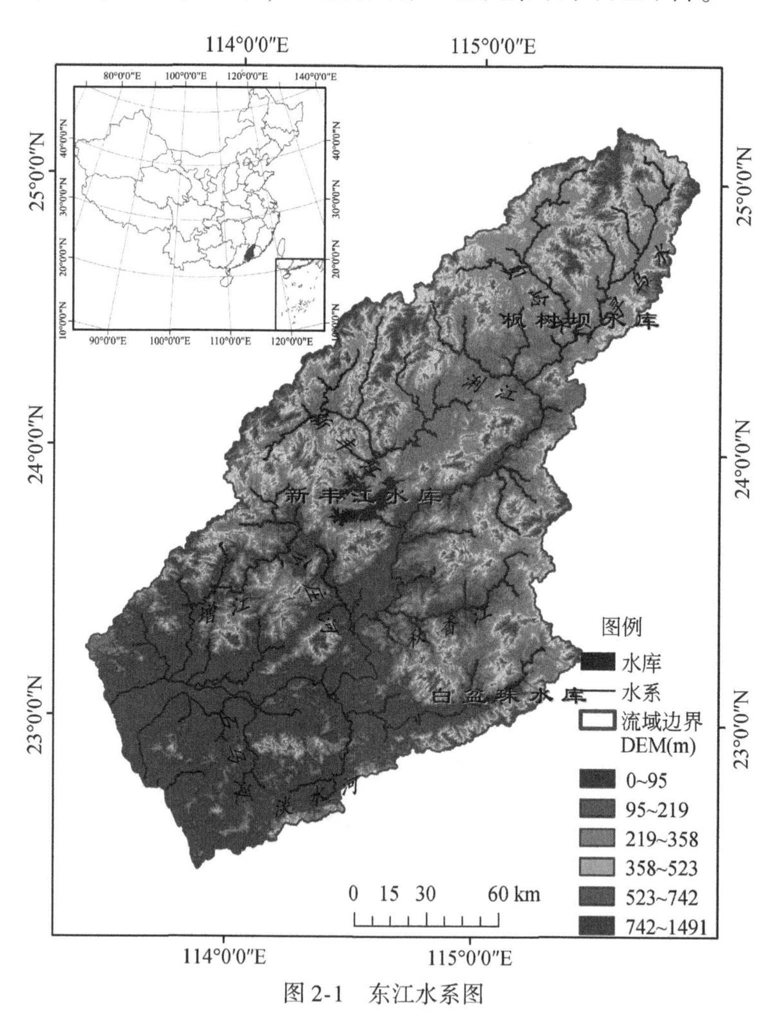

图 2-1　东江水系图

东江是珠江三大支流之一，发源于江西省寻乌县的桠髻钵山，从江西省自东北向西南流入广东省境内，从东莞市注入狮子洋，经虎门汇入珠江后入海，河流干流总长为 562

km。流域总面积约为 3.5×10^4 km^2，主要涉及江西和广东两省的 8 个市级行政区、17 个县级行政区。其中，江西省部分约占流域总面积的 10%，行政区范围主要涉及赣州市的寻乌县、定南县和安远县；广东省部分约占流域总面积的 90%，行政区范围主要涉及深圳市，东莞市，广州市的增城市，惠州市的惠城区、惠阳市、惠东县、博罗县和龙门县，河源市的源城区、东源县、和平县、连平县、龙川县和紫金县，韶关市的新丰县，以及梅州市的兴宁县。东江径流总量为 229.54×10^8 m^3，提供了河源、惠州、东莞、广州、深圳及香港近 4000 万人口的生产、生活和生态用水，同时还有防洪、发电、航运等多种其他功能，是一个关联度高、整体性强的流域，东江水资源已成为香港和东江流域地区的政治之水、生命之水、经济之水。

2.1　流域气候特征

东江流域气候为南亚热带季风气候，干湿季交替较为明显，气候南北差异较为显著，南部受海洋性气候系统影响较大，北部的影响较弱。全年气候温和，雨量充沛。

2.1.1　气温特征

东江流域多年平均气温约为 21℃。受海洋性气候影响，流域内年气温变化不大。7 月日均温为 28 ~ 31℃，1 月日均温为 9.7 ~ 11℃。无霜期北部山区平均为 275d，南部长达 350d。多年平均日照时间变动在 1680 ~ 1950 h。流域多年平均水面蒸发量在 1000 ~ 1400 mm，均值为 1200 mm。区域分布西南多、东北少。气温纬向分异较明显，冬季气温南北差异大于其他季节。各月气温均呈现出由南向北递减的格局。夏季，由于太阳直射点位于横穿流域的北回归线附近，气温南北差异不明显，仅相差 2℃左右；冬季，太阳直射点位于南回归线附近，流域内气温南北差异因此变得较为明显，相差可达 6℃左右（表 2-1）。总体来说，东江流域年均气温呈现出由南向北逐渐变低的纬向分异格局。

表 2-1　东江流域多年平均温度特征　　（单位:℃）

时段	流域均温	均温低值	均温高值	均温差值
全年	21.2	19.0	22.5	3.5
一月	12.3	9.1	14.8	5.7
二月	13.6	10.8	15.5	4.8
三月	17.1	14.6	18.7	4.0
四月	21.5	19.6	22.5	2.9
五月	24.9	23.2	25.9	2.7
六月	26.9	25.5	27.7	2.1
七月	28.2	27.2	28.7	1.5
八月	27.9	26.7	28.4	1.7
九月	26.4	24.7	27.1	2.4

续表

时段	流域均温	均温低值	均温高值	均温差值
十月	23.0	20.7	24.5	3.8
十一月	18.5	15.5	20.7	5.2
十二月	14.0	10.7	16.6	5.9

2.1.2 降水特征

东江流域降水较为丰富，流域内多年降雨量变动在 1500 ~ 2400 mm，平均值为 1750mm，变差系数在 0.22 左右（图 2-2）。降雨年内分配不均，其中汛期（4 ~ 9 月）占全年总雨量的 80% 以上。年内降水分为雨季前期、雨季后期和少雨季 3 种格局。4 ~ 6 月为雨季前期，降水占全年的 45%，多为夏季风雨带控制下的锋面雨，表现为大体以九连山、南昆山一带为高值核心，分别向东北和东南递减 [图 2-3（b）]；7 ~ 9 月为雨季后期，降水占全年的 35%，多为台风雨，表现为由南向北递减 [图 2-3（c）]；10 月至次年 3 月为少雨季，降水仅占全年 20%，呈现由北向南递减的格局 [图 2-3（d）]。总体来讲，年降雨空间上分配为中游多 [图 2-3（a）]。

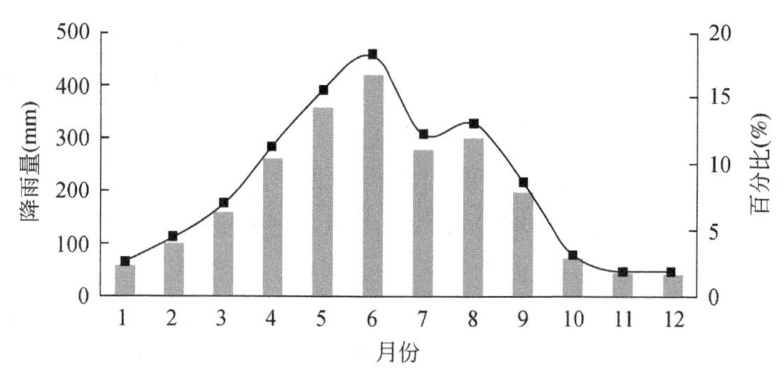

图 2-2 东江流域多年平均月降水量及其年内分配比例

2.2 流域水文特征

东江流域降雨量是地表径流的唯一来源。根据多年资料统计，干流最靠近流域出口的博罗站多年平均径流量为 $229.5\times10^8 m^3$，历史最大年径流量为 $413\times10^8 m^3$（1983 年），历史最小年径流量为 $89.4\times10^8 m^3$（1963 年）；多年平均流量为 737 m^3/s。据东江干流最主要的龙川、河源、岭下、博罗四个水文站水文数据显示，年径流年际变化小，无显著增加或降低趋势，这说明东江流域水资源的稳定性较高。从年内分配来看，径流年内分配差异大，博罗站径流年内变差系数平均为 0.6，且多年来四个水文站变差系数皆有显著的减少趋势，说明径流年内分配不均匀性呈显著降低（图 2-4）。

东江洪水多发生在 6 月和 7 月，5 月和 8 月次之。从季节上划分，4 ~ 6 月是锋面雨造成的洪水，主要来自龙川、新丰江和河源以上的地区，7 ~ 9 月是台风雨造成的洪水，主

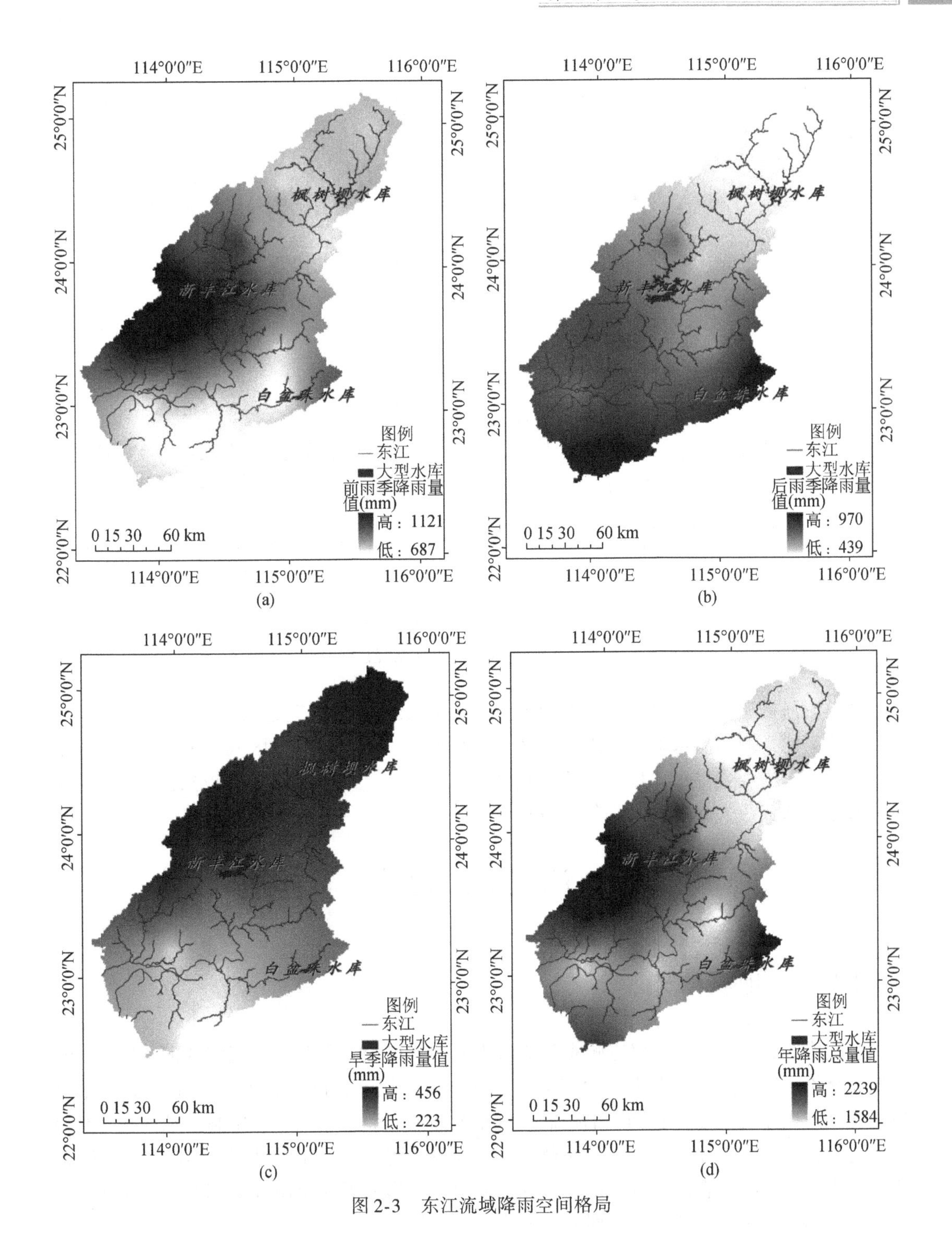

图2-3　东江流域降雨空间格局

要来自西枝江和河源以下的地区。东江洪水特点是水情复杂、过程多样。由锋面雨造成的洪水涨水相对缓慢，由台风雨造成的洪水涨水迅速、变率大。一次洪水过程一般为6～8d。东江洪水大体分三类。第一类：洪水来源主要来自河源以上干支流，此类型的洪水源远量

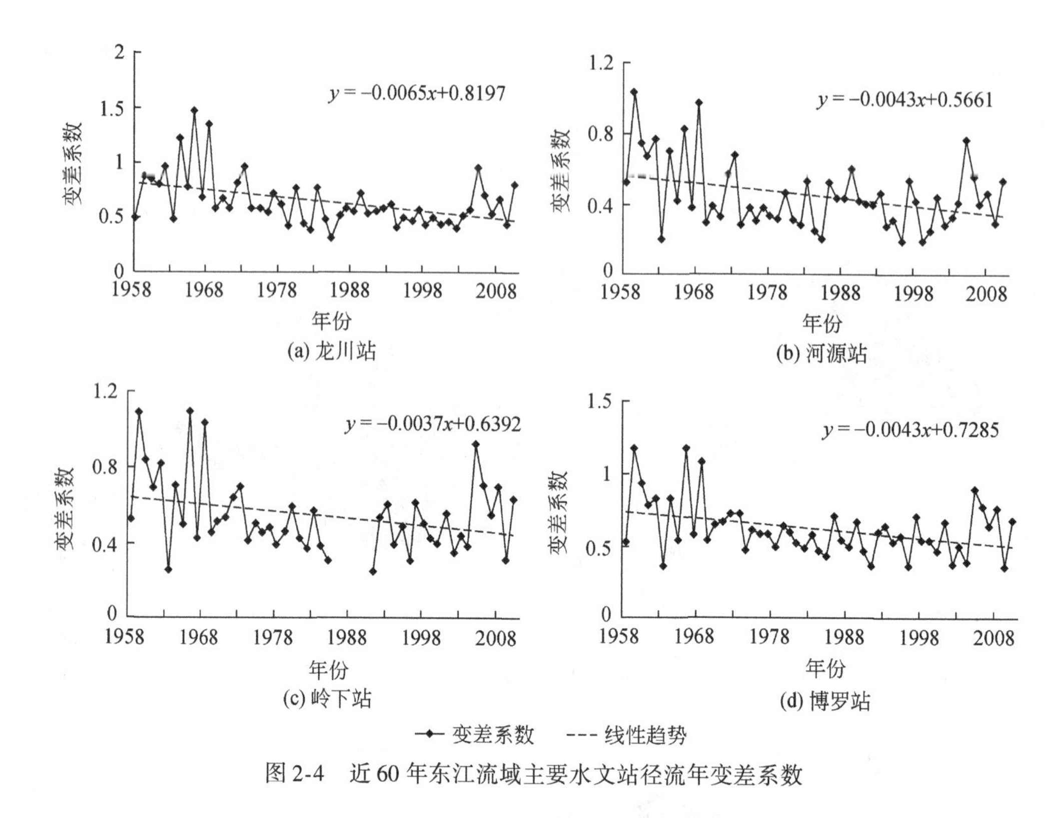

(a) 龙川站　(b) 河源站　(c) 岭下站　(d) 博罗站

图 2-4　近 60 年东江流域主要水文站径流年变差系数

小，经干流河槽调节后，对干流中下游不会造成很大威胁。第二类：洪水主要来自河源以下干支流，此类型的洪水地处暴雨中心区，峰高量大，对中下游地区威胁最大，常造成很大的损失。第三类：洪水来自全流域，底水大、过程长，干支流洪水相碰机会多，也会对中下游地区造成很大威胁（杜涓等，2006）。

2.3　流域地质地貌特征

2.3.1　地质概况

地质构造和基岩类型不仅影响东江流域现有地形格局，也对东江流域的河流特征产生影响。全流域以中生代和古生代地层为主，分别占流域面积的 66.72% 和 14.70%（表 2-2）。受九连山至佛冈复背斜构造的控制，这里分布着大致平行的三列山脉，从西至东依次为九连山、罗浮山、梅江和东江分水岭等。受河源至莲花山深断裂控制，在博罗、五华、紫金一线主要由晚三叠纪至侏罗纪的短轴褶皱组成，形成了莲花山等从东北至西南走向的山岭，新丰江、东江、秋香江、西枝江顺次分布其间。

表 2-2　东江流域基岩地层构成概况

代	面积 ($10^4 km^2$)	面积比例 (%)	地层名称	面积 ($10^4 km^2$)	面积比例 (%)
新生代	0.28	5.95	第四纪	0.28	5.95
中生代	3.11	66.72	白垩纪	0.72	15.52
			侏罗纪	2.21	47.45
			三叠纪	0.17	3.75
古生代	0.69	14.70	寒武纪	0.16	3.45
			石炭纪	0.17	3.75
			泥盆纪	0.24	5.04
			志留纪	0.11	2.45
元古代	0.42	9.00	震旦纪	0.42	9.00
其他	0.17	3.63	其他	0.17	3.63

2.3.2　地貌特征

东江流域海拔范围约为 0 ~ 1500m，地势北高南低，中、北部为丘陵山地，南部为属珠江三角洲地区的低洼地、缓坡台地和沿江平原。流域中部广东省部分主要山脉有九连山脉、罗浮山脉和莲花山脉，均为东北至西南走向。新丰江和增江位于九连山脉与罗浮山脉之间，东江干流、秋香江、和西枝江位于罗浮山脉与莲花山脉之间。流域北部江西省部分也有 3 条东北至西南走向山脉，其中，西部为九连山脉向北延伸余脉，中部为基隆峰隆起带，东部为武夷山脉向南延伸余脉，贝岭水和寻乌水由西向东分布其间（图 2-5）。从主要地貌类型及其面积比例可以看出（表 2-3），全流域山地面积所占比例最大，为 53.61%；丘陵面积比例次之，为 21.59%，主要分布于流域的中、北部山区；平原所占面积比例为 11.29%，主要分布于西南部的东江三角洲地区。此外在东江沿岸的低海拔区域还有剥蚀台地和河流阶地等，分别占流域面积的 6.29% 和 1.11%。

流域内坡度小于 7°的低平地面积约占研究区总面积的 38%，主要分布于干流下游平原及三角洲、中游宽谷，新丰江流域灯塔盆地，西枝江中下游平原，增江和公庄河中上游，以及其他主要支流流经的山间谷地；坡度大于 7°的坡地面积约占研究区总面积的 58%，主要分布于流域中、北部；坡度大于 15°的坡地面积约占研究区总面积的 29%；坡度大于 25°的坡地面积约占研究区总面积的 6%；位于山脊附近的坡度小于 7°的平地面积约占研究区总面积的 4%（图 2-6）。

表 2-3　东江流域主要地貌类型及其面积比例

地貌类型	面积 ($10^4 km^2$)	面积比例 (%)	地貌亚类	面积 ($10^4 km^2$)	面积比例 (%)
山地	2.22	53.61	侵蚀剥蚀起伏山地	2.22	53.61
丘陵	0.89	21.59	侵蚀剥蚀低海拔丘陵	0.89	21.59

续表

地貌类型	面积（$10^4 km^2$）	面积比例（%）	地貌亚类	面积（$10^4 km^2$）	面积比例（%）
平原	0.47	11.29	低海拔冲积海积三角洲平原	0.07	1.72
			低海拔冲积洪积平原	0.26	6.31
			低海拔河谷平原	0.14	3.26
阶地	0.05	1.11	低海拔河流低阶地	0.05	1.11
台地	0.26	6.29	低海拔侵蚀剥蚀台地	0.26	6.29
河流	0.15	3.58	河流	0.11	2.59
			水库	0.04	0.99
其他	0.10	2.53	其他	0.10	2.53

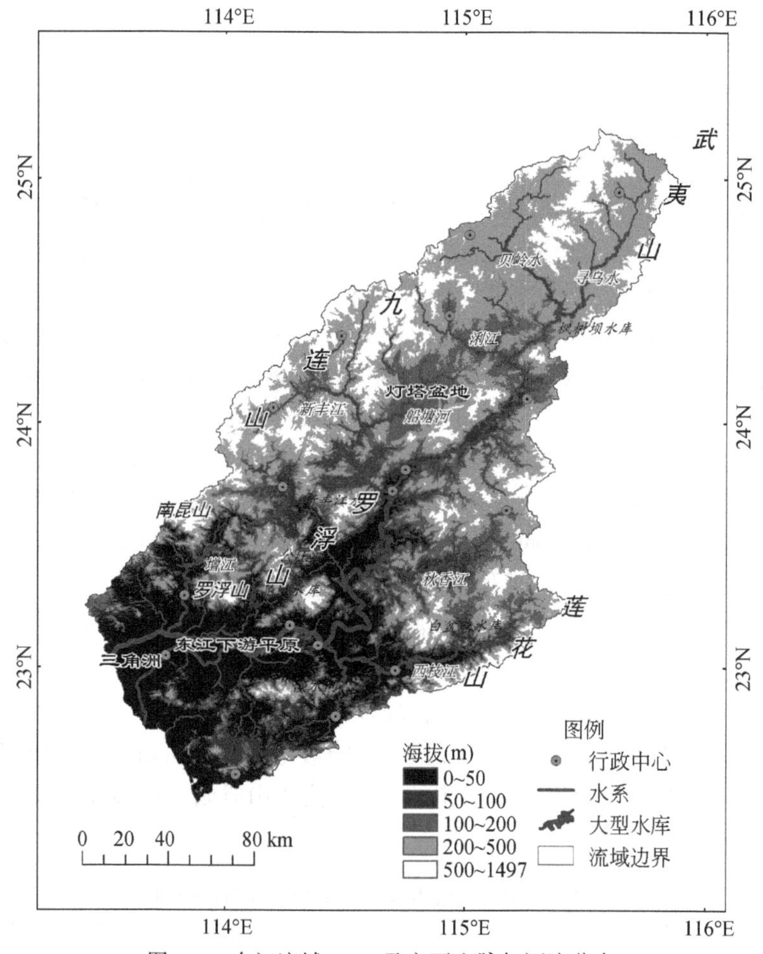

图 2-5　东江流域 DEM 及主要山脉与河流分布

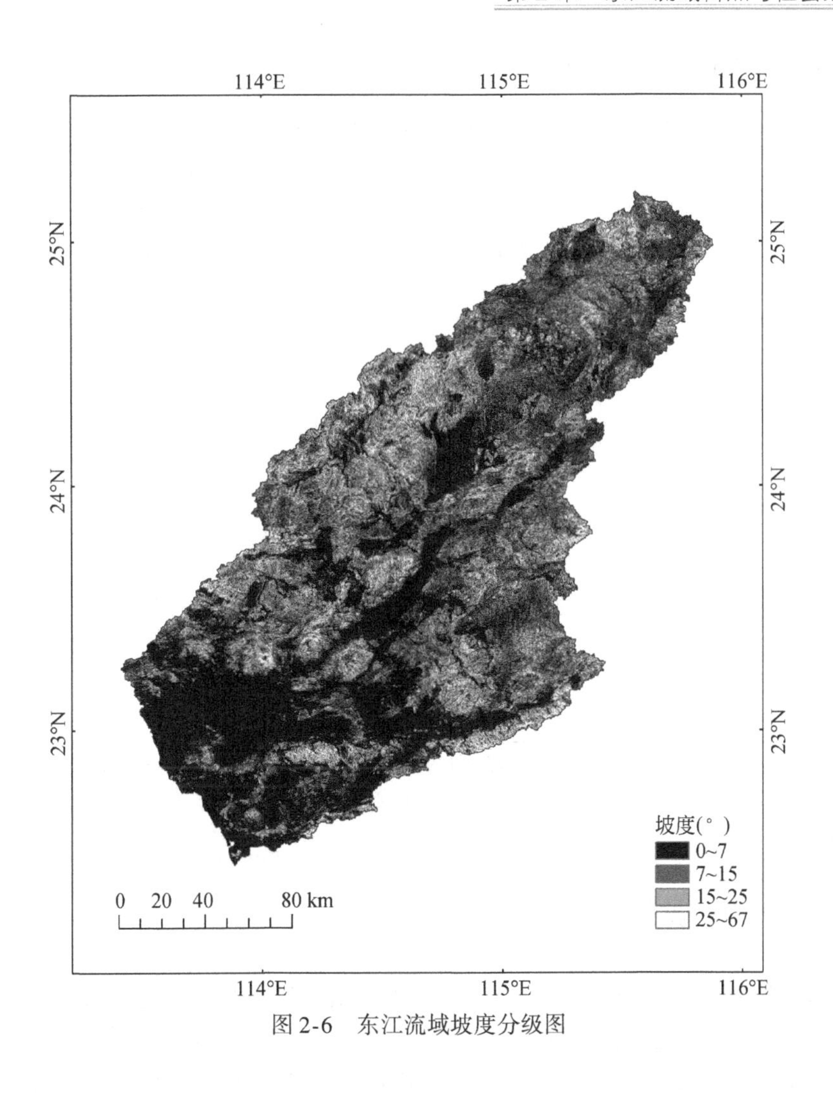

图 2-6 东江流域坡度分级图

2.4 河湖水系特征

2.4.1 水系特征

东江干流为东北向西南流向，干流全长为 562km ，其中江西省境内长约为 127km ，广东省境内长为 435 km 。从寻乌桠髻钵山至合河坝河段为东江上游，河段平均坡降为 2.21‰，处于山丘地带，局部河段河床陡峻，整体表现出水浅河窄的特点；从合河坝至博罗县观音阁河段为东江中游，河段平均坡降为 0.31‰，水面变宽，流速平缓；从观音阁至虎门入珠江口为东江下游，平均坡降为 0.17‰，两岸为东江三角洲平原地区域，河面宽阔，河水经常受到潮水顶托。流域总面积为 35 340km^2，流域内汇水面积大于 1000 km^{2}的河流有 11 条，其中干流的一级支流有 7 条（贝岭水、浰江、新丰江、秋香江、公庄河、西枝江、增江），干流的二级支流有 2 条（船塘河、淡水河）（表 2-4）。流域内汇水面积大于 100km^{2}的河流有 90 余条（图 2-7）。

表 2-4　东江流域汇水面积大于 1000 km^{2}的主要河流

名称	流域面积（km^2）	支流等级	最终汇入	主干河长（km）	平均坡降（‰）
干流	2.57×10^4	干流	东江三角洲	520	0.4
新丰江	5810	1	新丰江水库	163	1.3
西枝江	4020	1	干流	176	6.8
增江	3090	—	东江三角洲	203	3.3
寻乌水	2700	干流	枫树坝水库	138	6.7
贝岭水	2390	1	枫树坝水库	141	8.9
东引运河	2230	—	虎门水道	171	0.5
船塘河	2020	2	新丰江水库	104	1.1
浰江	1720	1	干流	100	2.2
秋香江	1670	1	干流	144	1.1
公庄河	1220	1	干流	82	4.0
淡水河	1160	2	西枝江	95	0.6

注：表中的流域面积数据为自测值，由于可能存在流域范围界定存差异等原因，故该值可能有一定误差。支流等级是相对于东江干流而言的，直接流入干流的为一级支流，直接流入一级支流的为二级支流，以此类推，不直接流入干流的则无等级编号。

2.4.2　水库坝系

流域内已建成新丰江、枫树坝、白盆珠、天堂山、显岗共 5 宗大型水库，总集雨面积为 12 496 km^2，占东江流域总面积的 35.36%，总库容为 174.28×10^9 m^3。另外，流域共建成中型水库约 60 座，小型以下水库 840 座，引水工程约 6100 宗，水电站约 702 宗。

东江控制性三大水库中的新丰江水库兴建于 20 世纪 60 年代初期，使东江洪水初步得到了较好的控制，免除了过去曾发生的像 1959 年洪水那样的毁灭性的洪灾。1974 年及 1985 年，另两座大型水利枢——纽枫树坝和白盆珠水库先后建成，使东江博罗以上受到控制的面积达 46.4%，居广东全省大江大河的首位。三座水库共装机 50.65×10^{4}kW，枫树坝和白盆珠水库，解决了龙川县及惠东县 20 年一遇洪水问题，枫树坝水库使东江上游龙川站的枯水流量由最枯的 10～20 m^3/s，提高到 100 m^3/s，经三座水库的联合供水调度，满足了东江下游流域内外的需水要求。新丰江水库位于东江支流新丰江上，控制集雨面积为 5734 km^2，水库总库容为 138.96×10^8 m^3，目前是以发电、防洪为主，结合航运、供水。电站装机 33.25×10^{4}kW，年发电量为 9.07×10^8 kW·h。新丰江水库是东江水资源的调配中心，该水库水质是目前广东省保护得最好的淡水资源之一。树坝水库位于东江上游龙川县境内，距龙川县城约 65km，控制集雨面积为 5150 km^2，水库于 1970 年 8 月动工兴建，1973 年 10 月建成蓄水，同年年底第一台机组正式发电，1974 年年底第二台机组投入运行，水库总库容为 19.32×10^8 m^3，电站装机 15×10^{4}kW，年发电量为 5.55×10^8 kW·h。是

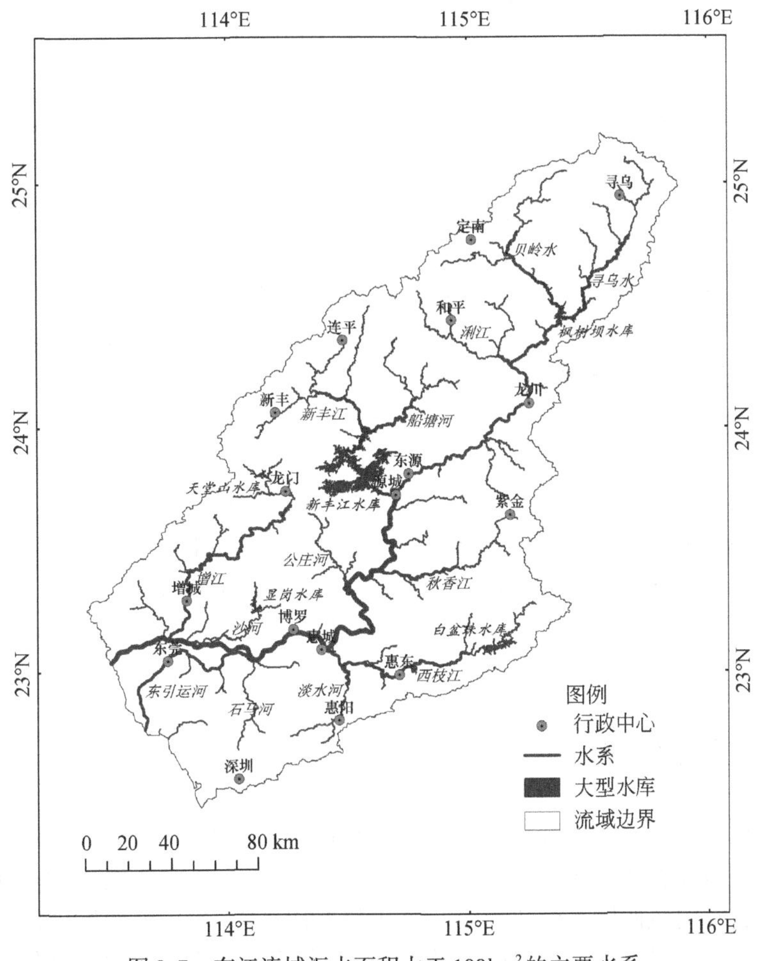

图 2-7　东江流域汇水面积大于 $100km^2$ 的主要水系

一宗以航运、发电为主，结合防洪等综合利用的大型水利水电工程。白盆珠水库位于东江支流西枝江上游的惠东县白盆珠境内，工程于 1985 年 8 月竣工。控制集雨面积为 856 km^2，库容为 $12.2\times10^8 m^3$。该水库以防洪、灌溉为主，兼顾发电、养殖、航运等综合利用。设计灌溉面积为 14.74 km^2，1997 年实灌面积为 3.12 km^2，电站装机为 2.4×10^4kW，年发电量为 8200×10^4kW · h。

2.5　植被与土壤特征

2.5.1　植被特征

东江流域地处亚热带和热带过渡地区，原生自然植被的地带性分异特征明显。流域北、中部多属亚热带东部湿润常绿阔叶林区域，其中最北部位于中亚热带常绿阔叶林地带南缘，而中部横穿南亚热带常绿阔叶林地带，流域南端沿海局地属于热带东部湿润季雨林、雨林区域，北热带半常绿季雨林地带（孙世洲，1998；Zhou et al.，2010）。从自然植被类型看，流域内从北到南依次分布着亚热带常绿阔叶林，亚热带针叶林，亚热带、热带常绿阔叶、落叶阔叶灌丛（常含稀树）等；农作物中北部多以一年两熟或三熟水旱轮作为主，南部多以一年三熟粮食作物为主；经济林偏北部多为常绿果树园、亚热带经济林，偏南部多为热带常绿果树园和经济林。

1960~2010年，东江流域的植被覆盖率经历了先减少后增加的历程（陈建军，2010；魏秀国等，2010），其中1970年后，由于人类活动的干扰，植被覆盖率从42.1%下降到了37.2%，但是随着生态意识的增强，经过20多年的封山育林和水土保持工作，到2005年全流域植被覆盖率又恢复到了40%~60%。目前东江干流和部分支流及粤东沿海植被状况良好，分布较多的自然林地有马尾松（*Pinus massoniana*）林、杉木（*Cunninghamia lanceolata*）林、南岭栲（*Castanopsis fordii*）林、油茶（*Camellia oleifera*）林等；分布较多的灌丛有岗松（*Baeckea frutescens*）灌丛、映山红（*Rhododendron simsii.*）灌丛、桃金娘（*Rhodomyrtus tomentosa*）灌丛等；分布较多的灌草丛有箭竹（*Fargesia spathacea*）灌草丛、蜈蚣草（*Nephrole piscordifolia*）丛等；此外，流域内主要农作物以双季稻（*Oryza sativa*）、甘蔗（*Saccharum*）、冬小麦（*Triticum aestivum*）等为主。园地在流域北部以脐橙（*Citrus sinensis*）种植园为主，南部则多为荔枝（*Litchi chinensis*）、龙眼（*Dimocarpus longgana* Lour.）等种植园。最近10年以来，桉树林（*Eucalyptus* spp.）面积迅速增加。

2.5.2 土壤特征

东江流域内分布最多的为壤土、沙质土、水稻土、冲积土4类土壤，成土母质主要为河流冲积物、滨海冲积物、花岗岩、砂页岩等。土壤类型分布具有明显的空间分异性。流域的北部山区，在河流两岸高台和阶地上多以水稻土为主，在低山丘陵地区，以红壤、紫色土分布最为广泛，局部山地高海拔区以黄壤分布较多，也有山地灌丛草甸土分布。在流域中部，在江河两岸宽谷地，仍以水稻土分布最为广泛，部分地区为赤红壤，而在低山丘陵地区以赤红壤为主，部分高海拔地区为红壤。在流域南部，在三角洲平原区以水稻土、潮土分布最为广泛，而在低山丘陵区以赤红壤分布最为广泛。可以看出，流域的土壤类型以红壤、赤红壤、水稻土等为主，土壤反应多呈酸性。同时东江流域内土壤容重适中，自然肥力较高（任斐鹏等，2011）。

2.6 社会经济特征

2.6.1 人口与经济概况

东江直接担负着河源、惠州、东莞、广州、深圳及香港等地近4000×10^4人口的生产、生活、生态用水。流域内19个主要行政区2010年辖区常住总人口约为2.85×10^7人，平均人口密度约为662人/km^2，其中江西部分平均人口密度约为135人/km^2，广东部分平均人口密度约为747人/km^2。而同期广东全省人口密度为579人/km^2，江西全省人口密度为

267 人/km^2，全国人口密度为141 人/km^2。流域19个主要行政区2010年辖区GDP总量约为1.64×10^{12}元，人均GDP约为5.75×10^4元，其中江西部分人均GDP约为1.14×10^4元，广东部分人均GDP约为5.89×10^4元。而同期广东全省人均GDP为4.36×10^4元，江西全省人均GDP为2.11×10^4元，全国人均GDP为2.98×10^4元。流域平均GDP密度约为3811×10^4元/km^2，其中江西部分约为155×10^4元/km^2，广东部分约为4430×10^4元/km^2，而同期广东全省约为2556×10^4元/km^2，江西全省约为565×10^4元/km^2，全国约为415×10^4元/km^2（表2-5）。

表2-5 东江流域2010年人口和GDP分布格局

市级	县级	总面积（km^2）	常住人口（10^4人）	GDP（10^8元）	人口密度（人/km^2）	人均GDP（10^4元/人）	GDP密度（10^4元/ km^2）
赣州市	寻乌县	2 312	28.8	30.7	125	1.06	133
	定南县	1 318	17.3	32.7	131	1.89	248
	安远县	2 375	35.1	29.6	148	0.84	125
梅州市	兴宁市	2 105	96.2	99.0	457	1.03	470
河源市	源城区	362	46.5	56.3	1 285	1.21	1 555
	东源县	4 070	44.1	59.5	108	1.35	146
	和平县	2 310	37.6	39.7	162	1.06	172
	连平县	2 365	33.8	68.0	142	2.02	288
	龙川县	3 089	67.9	88.9	225	1.28	288
	紫金县	3 627	64.2	63.2	176	0.99	174
韶关市	新丰县	2 015	20.6	30.6	102	1.49	152
惠州市	惠城区	1 471	116.5	594.0	792	5.10	4 038
	惠阳区	916	57.2	183.3	624	3.20	2 001
	惠东县	3 535	90.7	250.5	257	2.76	709
	博罗县	2 858	103.8	294.8	363	2.84	1 031
	龙门县	2 295	30.7	68.92	134	2.24	300
广州市	增城市	1 616	103.7	675.8	642	6.52	4 182
东莞市		2 465	822.5	4 246.5	3 335	5.17	17 227
深圳市		1 992	1 037.2	9 510.9	5 200	9.18	47 745

注：辖区总面积和GDP数据来自各县级行政区人民政府网站；人口数据来自2010年第六次全国人口普查数据；人口密度和人均GDP为计算值。

改革开放以来，东江流域社会经济发展取得了长足的进步。各区县大力发展特色产业，经济建设飞速发展，流域各区县经济水平也出现了明显差异。东江源区安远、定南、寻乌三县经济总量较小，源区三县主要以农业、农产品加工业、采矿业等为支柱产业。东江流域中游河源地区在广东省范围内经济水平较为落后，但显著好于东江源区。河源地区以农业、旅游业及重点工业园区建设为主要的经济发展方向，工业经济发展快速但工业基础仍较为薄弱。东江中下游惠州、东莞地区经济总量较大。惠州和东莞市以大型产业投资、制造加工业及对外贸易业为龙头产业，第一产业比例逐渐萎缩，第二、第三产业比例明显提高，成为地区主导产业。深圳地区作为改革开放最早的特区之一，长期快速的经济发展使其成为东江流域经济发展水平最高的区域，深圳市主要以金融、高新技术、制造业等产业为主，第一产业只占 GDP 的 0.1%，第二、第三产业比例分别为 48.9% 和 51.0%。总而言之，东江流域的人口和 GDP 主要集中在下游的深圳市和东莞市，其次为中下游的惠州市和广州市，而位于中游和上游的河源市、赣州市、韶关市和梅州市，人口相对较少、社会经济发达程度相对较低。

2.6.2 城市化水平

1990～2010 年以来，东江流域经历了快速城市化的发展过程，流域城市化水平总体较高，2008 年年底全流域各类城镇用地面积比例达到 9.39%，城镇人口比例也已经达到 78.03%，高于同期广东省和全国平均水平。尽管流域内城市化水平总体较高，但是也存在着显著的区域差异，上、中、下游城市化发展水平极不平衡（图 2-8）。主要表现为东江源区（包括安远、定南、寻乌三县），2008 年城镇用地面积比例不到 1.00%，城镇人口比例仅为 16.00%，城市化水平相对较低；中游的河源市 2008 年城镇用地面积比例不到 1.03%，城镇人口比例仅为 40.50%，城市化水平高于江西境内的源区各县市，但是仍远远低于全区平均水平；在中下游的惠州市 2008 年城镇用地面积比例已经增加到了 7.52%，城镇人口比例为 61.27%，城市化水平明显高于中上游地区；而在下游的东莞市和深圳市，2008 年城镇用地面积比例则分别高达 50.06% 和 53.44%，城镇人口比例分别高达 86.39% 和接近 100.00%，是流域内城市化高度发展的区域。

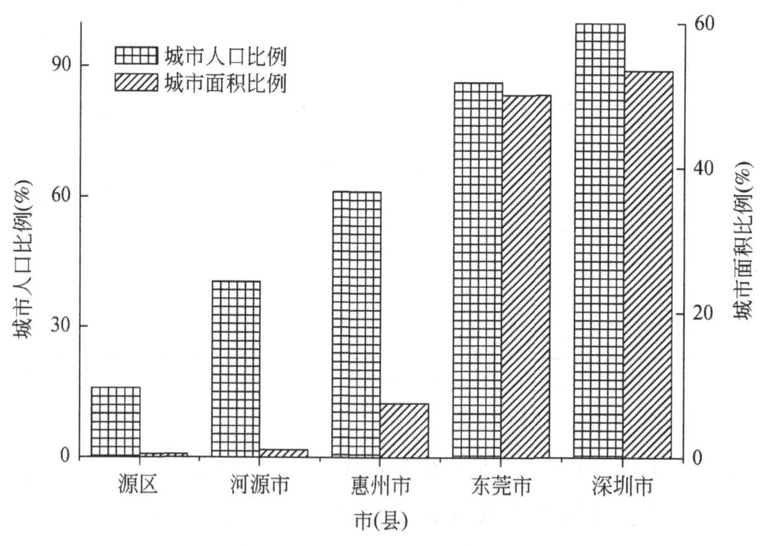

图 2-8　东江流域主要县市城市化水平差异

2.7　东江流域水资源和水生态问题概况

2.7.1　水资源需求量快速增加

东江流域地处中国经济高速发展的珠江三角洲及其邻近地区，随着社会经济的发展，流域内的水资源需求量不断增加。据 2012 年水利部珠江水利委员会珠江片水资源公报数据显示，2003 年向东江取水总量为 $35.14\times10^8 m^3$，而到了 2005 年对东江取水总量达到 $39.4\times10^8 m^3$，2008 年取水量达到了 $41.37\times10^8 m^3$。同时，跨流域的调水也是导致东江流域水资源需求量迅速增加的重要原因之一，目前已有东江—深圳供水工程、深圳东部引水工程、广州东部引水工程等大小工程近 6108 宗，流量高达 $100.8 m^3/s$（石教智等，2006）。

受气候条件的影响，东江流域地表径流具有明显的年内变化，汛期（4～9 月）径流量占全年流量的 75%～80%，其他月份约 20%（石教智等，2006），因此，流域内丰水季水资源丰富，枯水季水资源量相对不足；同时，流域上游人口密度小，经济欠发达，水资源相对丰富，而流域下游人口密集，经济发达，水资源量需求大。随着人口的急剧增加和经济的快速发展，流域内生活污水排放、工业废水的排放、农业生产和城镇化扩张等造成的点源和面源污染，通过地表径流进入河道，水质的污染导致有效水资源量趋于减少。

因此，尽管东江流域地处南亚热带季风气候区，流域内水资源丰富，年均径流量达 $296\times10^8 m^3$，年人均水资源量约为 2639 m^3，但仍面临着水资源时空分配不均匀、社会经济发展对水资源需求量大、流域外调水对流域水量影响大及水质下降导致有效水资源减少等水资源问题，导致流域内社会经济发展用水和生态建设用水、流域内需水和流域外调水、上中下游生产生活用水等之间的竞争不断加剧。

2.7.2　流域水生态系统风险增高

随着人口的急剧增加和经济的快速发展，流域内近年来的废水排放量持续增加。据 2003～2008 年广东省水利厅发布广东省水资源公报数据显示，全流域废水排放总量 2000 年为 $7.46\times10^8 t$，2005 年增加为 $9.75\times10^8 t$，而到 2007 年则达到了 $10.84\times10^8 t$，可以看出，2007 年的年排放量比 2000 年增长了近 45.3%，呈高速增长态势。与此同时，随着东江下游三角洲地区东莞、深圳等地市建成区面积的不断扩张，城市下垫面产生的非点源污染物也在不增加，另外随着东江源区主要县市开垦坡耕地，发展脐橙园及其相关产业，以及中游地区大力打造工业生产基地等，均在很大程度上加大了流域生态系统的污染负荷，增加了流域水生态系统退化的潜在风险。

同时，东江河道上大量的水利设施也在不断加剧水生态系统退化风险。目前，东江流域已经建成新丰江、枫树坝、白盆珠、天堂山、显岗 5 宗大型水库，中型水库 48 宗，各种小型以下水库 840 宗，引水工程 6108 宗，机电排灌工程 129 宗，大的跨流域引水工程有东江—深圳供水工程、深圳东部引水工程、广州东部引水工程等多宗，流域内提水、引水工程2万余处以及干流布设梯级水电站14个。大量研究表明流域内高密度的水利设施在发挥蓄水、防洪、发电、灌溉及调水等的同时，会对流域水生态系统产生各种影响。主要影响包括对水生生物的强烈扰动、对生物扩散和传播通道的阻碍、改变河流的水文情势和水环境特征、改变生物的生境条件等（杨涛等，2009）。

在快速城镇化和全球及区域气候变化驱动下，流域水文情势的改变也是影响和加剧东江流域水生态风险的主要因素之一。东江流域相关研究表明，近年来东江流域在经历快速城镇化的同时，土地利用变化表现出耕地、园地等向城镇建设用地的快速转变，林地质量的下降等突出特点（任斐鹏等，2011），这些变化都强烈地改变了区域的下垫面特征，进而对流域径流特征产生影响。已有研究表明径流特征变化是影响河流生态系统的主要驱动力，同时也是影响水生生物环境可持续发展的主要因素（杨涛等，2009）。因此，城镇化过程中的水文情势改变会直接加剧流域水生态风险。此外，一些模拟实验研究显示，全球和区域的气候变化，也是增加东江流域的水生态风险的因素之一（王兆礼等，2007）。

参考文献

陈建军.2010.广东境内东江干流河岸带植被特征研究.广州：暨南大学硕士学位论文.

杜涓，邱静，林美兰.2006.东江干流河道来沙量变化分析及泥沙沉积量计算.广东水利水电，8（4）：18-20.

广东省水利厅.2002.广东水资源公报2002. http：//www. gdwater. gov. cn/yewuzhuanji/szygl/szygb/szygb2007_5/［2013-7-30］

广东省水利厅.2004.广东水资源公报2004. http：//www. gdwater. gov. cn/yewuzhuanji/szygl/szygb/szygb2007_4/［2013-7-30］

广东省水利厅.2005.广东水资源公报2005. http：//www. gdwater. gov. cn/yewuzhuanji/szygl/szygb/szygb2007_3/［2013-7-30］

广东省水利厅.2006.广东水资源公报2006. http：//www. gdwater. gov. cn/yewuzhuanji/szygl/szygb/szygb2007_2/［2013-7-30］

广东省水利厅.2007.广东水资源公报2007. http：//www. gdwater. gov. cn/yewuzhuanji/szygl/szygb/szygb2007_1/［2013-7-30］

广东省水利厅.2008.广东水资源公报2008. http：//www. gdwater. gov. cn/yewuzhuanji/szygl/szygb/szygb2008/［2013-7-30］

鲁垠涛，唐常源，陈建耀，等.2008.东江干流河水的来源、水质及水资源保护.中国生态农业学报，16（2）：367-372.

任斐鹏，江源，熊兴，等.2011.东江流域近20年土地利用变化的时空差异特征分析.资源科学，33（1）：143-152.

石教智，陈晓宏，林汝颜.2006.东江流域降水时间序列的混沌特征分析.中山大学学报（自然科学版），45（4）：111-115.

水利部珠江水利委员会.2009.2009年珠江片水资源公报.http：//www. pearlwater. gov. cn/xxcx/ szygg/09gb/index. htm［2013-01-06］

孙世洲.1998.关于中国国家自然地图集中的中国植被区划图.植物生态学报，22（6）：523-547.

王兆礼，陈晓宏，黄国如.2007.近40年来珠江流域平均气温时空演变特征.热带地理，27（4）：289-293，322.

魏秀国，卓慕宁，郭治兴，等. 2010. 东江流域土壤、植被和悬浮物的碳、氮同位素组成. 生态环境学报，19（5）：1186-1190.
杨涛，陈永勤，陈喜，等. 2009. 复杂环境下华南东江中上游流域筑坝导致的水文变异. 湖泊科学，21（1）：135-142.
Zhou G Y，Wei X H，Luo Y，et al. 2010. Forest recovery and river discharge at the regional scale of Guangdong Province，China. Water Resources Research，46（9）：185-194.

第3章　东江流域水生态系统特征

3.1　东江水文和水资源特征

3.1.1　东江河流水文特征

本章采用《水文情报预报规范》（GB/T 22482—2008）中的距平百分率 P 作为划分径流丰平枯水的标准，将东江（以干流出口博罗站为准）1955～2010年划分为特丰水年（P>20%）、偏丰水年（10%<P≤20%）、平水年（-10%<P≤10%）、偏枯水年（-20%<P≤-10%）、特枯水年（P<-20%）5个等级。自1955～2010年，东江共计11个特丰水年，10个特枯水年，4个偏丰水年，6个偏枯水年，25个平水年。丰水年、枯水年、平水年分别各占27%、28%和45%，平水年所占比例最大，说明东江水资源平稳性较高。1975年之前，特丰水年、特枯水年约占40%，1975～1995年极少出现特丰水年、特枯水年，水资源较为平稳。1995～2010年共出现5年特丰水年和4年特枯水年，极端年份约占56%，说明东江径流两极分化趋于严重，河流生态系统健康面临新的挑战。

东江流域地表径流除了受大气降水影响，也对地面蒸散、土壤水力学特性等具有强烈的响应，在流域尺度上还常常受人类活动（如农田开垦、城市建设、水库建造）影响。由于东江流域内的径流来源于天然降雨，因此年径流的变化趋势与年降雨的变化趋势总体一致（图3-1）。1958年以来的数据显示，流域年降雨呈微弱的增加趋势（但未达显著性水平），增加速率为4.07mm/10a。径流年际变化也有增加趋势（同样未达显著性水平），增加速率为$0.7\times10^8\ m^3/10a$。图3-1的分析结果表明，降雨与径流的年际变化趋势十分同步，其相关系数达0.89（$p < 0.01$）。这也验证了降雨确是东江流域径流的主要来源（吕乐婷等，2013）。

自20世纪60年代以来，东江流域修建了三大控制性水库，分别为1962年、1974年及1985年建成的新丰江水库、枫树坝水库和白盆珠水库。三大水库的建成使得东江博罗以上受控制面积达46.4%，对流域的水文情态产生许多直接影响。对径流年内特征的分析表明，在年内月降雨分配未出现明显增加或减少趋势的前提下，多雨季对应的丰水季月径流量占年总径流比例却呈显著的下降趋势，而少雨季对应的枯水季径流占年径流比例则出现显著的上升趋势。这是由于水库每年于汛末蓄水、在枯水季补水，有效发挥了水库“蓄丰补枯”的补水量调节作用，使得径流在年内的分配愈来愈趋于均匀。为进一步说明降雨与径流的年内分配特征，本研究将4～9月界定为东江流域的多雨季，11～12月至翌年1～2月为少雨季。据统计，从1958～2010年，东江流域多雨季降雨占全年降雨比例平均

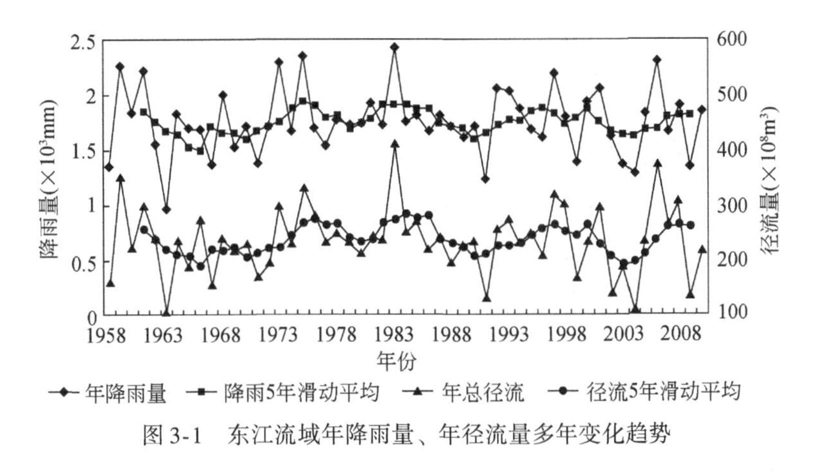

图3-1 东江流域年降雨量、年径流量多年变化趋势

值为0.79，少雨季占全年降雨比例均值为0.15，分析月径流占年总径流比例的年际变化，发现随时间推移，多雨季同期径流占全年径流总量的比例呈显著下降趋势，下降速率为0.014%/10a（$p<0.05$）。而少雨季同期径流占年径流比例则出现显著的上升趋势，上升速率为0.01%/10a（$p<0.05$）（图3-2）。

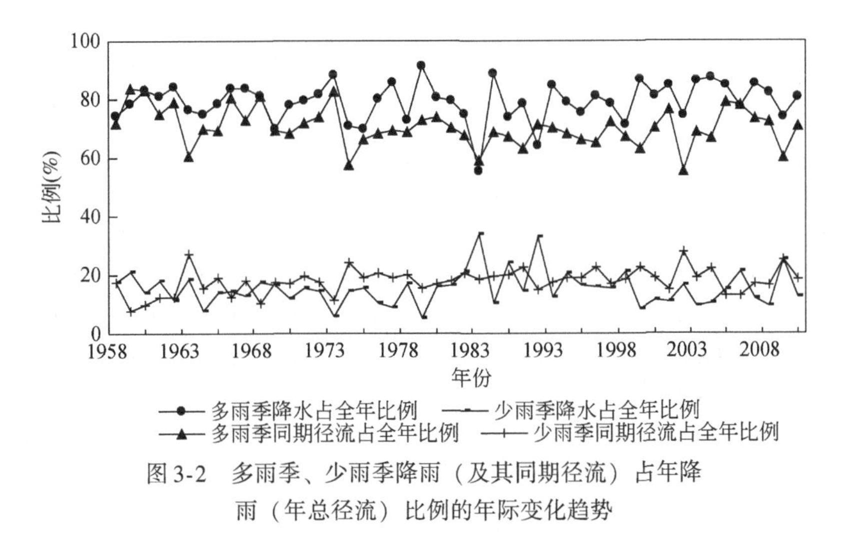

图3-2 多雨季、少雨季降雨（及其同期径流）占年降雨（年总径流）比例的年际变化趋势

东江流域地表径流除了受大气降水影响，也对地面蒸散、土壤水力学特性等具有显著的响应。在流域尺度上还常常受人类活动（如农田开垦、城市建设、水库建造）影响。从博罗站断面控制流域中的子流域径流深的空间分布来看，流域中部产水量最高，南部和北部稍低，而北部东江源地区则更低于南部。该格局与流域降水量的空间分布极为相似。本研究从较长时间尺度（51年）及空间尺度上更加充分地说明了对于亚热带季风气候区来说，降雨空间差异对流域径流深的影响超过了下垫面（地形、植被、土壤、人类影响等）的差异所带来的影响（吕乐婷，2014）。

3.1.2　东江河流生态系统的水质

3.1.2.1　水质等级

2007～2012年对东江流域国控断面河源和惠州断面进行监测，监测的指标包括pH、溶解氧、五日生化需氧量、氨氮、石油类、挥发酚、汞和铅。结果表明，在六年里两个断面水质没有明显变化，河源断面的汞含量或有上升，铅含量略呈下降趋势，其余指标没有明显变化，水质保持在Ⅰ类水不变。惠州断面高锰酸钾指数、五日生化需氧量、铅含量呈逐年下降趋势；氨氮含量呈相对明显的下降趋势；汞含量或有上升；石油类和挥发酚没有明显变化，水质在Ⅱ类和Ⅲ类水之间波动。2007～2012年的东江流域国控断面河源和惠州断面水质数据的分析显示，虽然水质等级变化不明显，但是两个断面的污染程度似有减弱，其中以惠州断面相对明显，近年来出现Ⅱ类水的频率增高。各指标的监测值见表3-1。

表3-1　2007～2012年东江流域国控断面主要监测指标年均值及水质　　（单位：mg/L）

年份	地区名称	断面名称	pH	溶解氧	高锰酸钾盐指数	五日生化需氧量	氨氮	石油类	挥发酚	汞	铅	水质
2007	河源	龙川铁路桥	7.2	8.8	1.3	1.0	0.08	0.01	0.001	0.018	0.005	Ⅰ
	惠州	博罗城下	7.5	6.6	1.7	1.6	0.72	0.02	0.001	0.018	0.005	Ⅲ
2008	河源	龙川铁路桥	7.2	8.9	1.3	1.0	0.06	0.01	0.001	0.02	0.003	Ⅰ
	惠州	博罗城下	7.2	7.4	1.7	1.5	0.63	0.01	0.001	0.02	0.003	Ⅲ
2009	河源	龙川铁路桥	7.2	8.5	1.2	1.0	0.05	0.01	0.001	0.02	0.001	Ⅰ
	惠州	博罗城下	7.3	7.2	1.5	1.4	0.44	0.01	0.001	0.02	0.001	Ⅱ
2010	河源	龙川铁路桥	7.3	8.3	1.2	1.0	0.05	0.005	0.001	0.02	0.001	Ⅰ
	惠州	博罗城下	7.2	6.8	1.5	1.3	0.47	0.011	0.001	0.02	0.002	Ⅱ
2011	河源	龙川铁路桥	—	—	—	—	—	—	—	—	—	Ⅰ
	惠州	惠州剑潭	—	—	—	—	—	—	—	—	—	Ⅲ
2012	河源	龙川铁路桥	—	—	—	—	—	—	—	—	—	Ⅰ
	东莞	东岸	—	—	—	—	—	—	—	—	—	Ⅱ

资料来源：中华人民共和国环境保护部，2008～2012。

东江主要支流有贝岭水、利江、新丰江、秋香江、公庄水、西枝江、石马河、曾田河等，东江干流水质良好，干流惠州以上呈Ⅱ类水，惠州以下水质多为Ⅲ类或Ⅲ类以下，且表现出越向下游水质越差的变化趋势。流域内的秋香江水质良好，常年保持在Ⅱ类水；西枝江水质与东江干流有相似之处，上游保持在Ⅱ～Ⅲ类水，下游水质变差，水质为Ⅳ～劣Ⅴ类，同时还表现出越向下游水质越差的变化趋势；龙岗河、淡水河等部分支流和三角洲区域水质则相对较差，水质维持在Ⅴ～劣Ⅴ类。

东江寻邬水、安远水等省界河道在2006年之前水质良好，为Ⅱ～Ⅲ类水；2006年之后，水质快速下降，降至Ⅳ～劣Ⅴ类水，污染严重，2012年有所改善，水质保持在Ⅳ类水的水平（表3-2和表3-3）。从逐年监测评价的流域河水水质情况看，2000～2002年达标河长比例接近100%。然而，从2004年之后，由与参与评价河段的长度大幅度增加，达标河段的比例常常不足75%，超标河段比例超过24%，近三年来超过28%。2004～2012年，评价河段长度变化相对较小，但是达标河段达标比例有下降趋势，超标河段长度中主要集中在Ⅳ～劣Ⅴ类水体，反映出流域支流整体的水质有下降的趋势（广东省水利厅，2001–2013）。

表3-2 2000～2012年东江流域监测评价的河水水质情况

年份	评价河长（km）	Ⅰ类河长（km）	Ⅱ类河长（km）	Ⅲ类河长（km）	达标河长（km）	达标比率（%）	Ⅳ类河长（km）	Ⅴ类河长（km）	劣Ⅴ类河长（km）	超标河长（km）	超标比率（%）
2000	485	0	195	290	485	100	0	0	0	0	0
2001	499	0	236	263	499	100	0	0	0	0	0
2002	474	0	310	153	463	97.68	0	11	0	11	2.32
2004	884	0	497	174	671	75.90	60	0	153	213	24.10
2005	966	0	547	133	680	70.39	81	0	206	287	29.71
2006	968	0	324	256	580	59.92	179	3	206	388	40.08
2007	1270	0	737	172	909	71.57	115	80	166	361	28.43
2008	987	0	672	53	725	73.45	94	3	165	262	26.55
2009	1115.5	0	452.5	344.5	797	71.4	155.5	0	163	318.5	28.6
2010	1064.5	0	565	151.5	716.5	67.3	185	80	83	348	32.7
2011	959	0	267	423	690	71.9	80	0	189	269	28.1
2012	959	0	578	69	647	67.5	168	14	130	312	32.5

表3-3 2000～2012年东江流域广东省境内主要河段水体水质状况

河段 年份	省界	秋香江	惠州以上	惠州以下			西枝江（白盆珠水库）		龙岗河、淡水河
				上游—太园泵—石龙—下游			上游—紫溪口—下游		
2000	—	Ⅱ	Ⅱ	Ⅲ	Ⅱ	Ⅲ～Ⅳ	Ⅱ	—	Ⅴ
2001	Ⅱ～Ⅲ	Ⅱ	Ⅱ	Ⅲ	Ⅱ	Ⅲ～Ⅳ	Ⅲ	—	Ⅴ
2002	Ⅱ	Ⅱ	Ⅱ	Ⅱ～Ⅲ	Ⅲ	Ⅳ～Ⅴ	Ⅱ	Ⅴ	Ⅴ
2003	Ⅱ	Ⅱ	Ⅱ	Ⅱ～Ⅲ	Ⅲ	Ⅳ～劣Ⅴ	Ⅱ～Ⅲ	Ⅳ～Ⅴ	Ⅴ
2004	—	Ⅱ	Ⅱ	Ⅱ～Ⅲ	Ⅲ～Ⅳ	Ⅴ～劣Ⅴ	Ⅱ～Ⅲ	Ⅳ～劣Ⅴ	劣Ⅴ
2005	Ⅱ	Ⅱ	Ⅱ	Ⅲ	Ⅳ	Ⅴ～劣Ⅴ	—	Ⅳ～劣Ⅴ	劣Ⅴ
2006	Ⅲ	Ⅱ	Ⅱ	Ⅲ	Ⅳ	Ⅳ	Ⅲ	Ⅳ～劣Ⅴ	劣Ⅴ
2007	Ⅲ～Ⅴ	Ⅰ～Ⅱ	Ⅱ	Ⅱ～Ⅲ	Ⅲ～Ⅳ	—	Ⅱ～Ⅲ	Ⅳ～劣Ⅴ	劣Ⅴ
2008	劣Ⅴ	Ⅱ	Ⅱ	Ⅲ	Ⅳ～Ⅴ	Ⅳ～劣Ⅴ	Ⅱ～Ⅲ	Ⅳ～劣Ⅴ	劣Ⅴ
2009	Ⅳ～劣Ⅴ	Ⅱ	Ⅱ	Ⅲ	Ⅳ～Ⅴ	Ⅳ～Ⅴ	Ⅲ	Ⅳ～劣Ⅴ	劣Ⅴ
2010	Ⅳ～劣Ⅴ	Ⅱ	Ⅱ～Ⅲ	Ⅱ～Ⅲ	Ⅳ～Ⅴ	Ⅳ～Ⅴ	Ⅲ	Ⅳ～劣Ⅴ	劣Ⅴ
2011	Ⅳ～劣Ⅴ	—	—	—	—	—	—	—	—
2012	Ⅳ	—	—	—	—	—	—	—	—

3.1.2.2　水体营养盐含量

(1) 营养盐含量季节变化

据本研究分析测定结果，整个东江干流水体中的总氮及各形态氮的平均浓度呈现出如下特征（表3-4）：①东江干流总氮（TN）、氨氮（NH_3-N）和硝氮（NO_3-N）丰水季平均浓度分别为1.45mg/L、0.30mg/L和0.87mg/L，而枯水季平均浓度分别为1.93mg/L、0.69mg/L和1.04mg/L。可见，枯水季TN、NH_3-N和NO_3-N的平均浓度均大于丰水季，其中又以NH_3-N浓度达丰水季的2.3倍为最高，其余TN和NO_3-N的枯水季浓度也是丰水季的1.2~1.5倍。②NO_3-N是东江水体中氮素的主要存在形式（NO_3-N/TN > 0.50），其在丰水季所占比例（NO_3-N/TN = 0.60）要高于枯水季（NO_3-N/TN = 0.54），而NH_3-N变化趋势正相反（丰水季：NH_3-N/TN = 0.21；枯水季：NH_3-N/TN = 0.36）（廖剑宇等，2013）。

表3-4　东江干流丰水季、枯水季的氮素平均浓度及各形态氮比例

时　间	TN (mg/L)	NH_3-N (mg/L) / (NH_3-N/TN)	NO_3-N (mg/L) / (NO_3-N/TN)
东江干流丰水季[a]（本研究）	1.45±0.51	0.30±0.16 / (0.21)	0.87±0.33 / (0.600)
东江干流枯水季（本研究）	1.93±0.55	0.69±0.58 / (0.36)	1.04±0.52 / (0.54)
GB Ⅳ类[b]	1.50	1.50	—
长江中下游干流丰水季[c]	1.17±0.23	0.21±0.03	0.53±0.16
长江中下游干流枯水季[c]	1.47±0.31	0.50±0.18	0.58±0.14
重点湖泊（鄱阳湖）[d]	2.35±0.51	0.65±0.28	1.04±0.32
重点湖泊（太湖）[e]	4.28±0.71	0.75±0.18	2.94±0.64

a东江中游（廖剑宇等，2013）；b地表水环境质量标准（GB 3838—2002）；c长江中下游（陈静生等，1997）；d鄱阳湖（王毛兰等，2008）；e太湖（邓建才等，2008）。

东江干流各形态氮含量高于长江中下游水系河流氮含量，但低于长江流域重点湖泊氮含量（陈静生等，1997；王毛兰等，2008；邓建才等，2008），并且干流接近50%水体为Ⅳ类及以下水体，表明东江流域的氮污染状况相对严重。东江干流枯水季各形态氮含量均高于丰水季，干流氮含量的这种季节性变化与流域不同季节的气候条件特别是降雨量变化有关，河流的丰水季对应于气候上的雨季，该季降雨量可占全年的80%。有研究表明，因降雨带来的高流量对营养盐浓度的影响有两种方式（李凤清等，2008）：其一是高流量的稀释作用使营养盐浓度降低；其二是因强降水冲刷土壤中积累的营养盐进入水体，也可能冲击河底沉积物，使已经沉积的营养盐再度释放出来，从而导致营养盐浓度的升高（Meybeck，1982；段水旺和章申，1999）。从东江各形态氮含量的时间变化看，显然主要是受丰水季雨量的稀释作用控制；同时丰水期东江流域的平均气温为28~31℃，适宜的温光条件使藻类等浮游生物繁盛，NH_3-N和NO_3-N等无机态氮素因被藻类等生物大量消耗而相应减少；此外，由于丰水期也是夏季高温期，十分有利于有机氮的氧化及NH_3-N被进

一步氧化为 NO_3-N，从而导致 NO_3-N 的比例增加。这些均表明，东江水体在丰水季主要为氧化环境，且水体具有较高的自净能力。与此相反，东江干流在枯水季时水体中 NH_3-N 所占比例较高，因枯水季上游来水量小，下游水体更易突出点源污染的影响，特别是枯水季城镇生活及工业废水排放量一般不会减少，从而导致 NH_3-N 所占比例升高。陈静生等对长江水系氮污染的研究，也有枯水季河水中氮含量明显比丰水季高的类似结论，并且这一污染变化特点主要存在于氨氮（NH_3-N）污染较严重的地区（陈静生等，1997）。

（2）营养盐含量空间变化

东江干流沿程的氮含量浓度具有明显的空间差异性，若按调查数据显示的水体中的氮含量划分水质等级，可将东江干流分为5个区段（表3-5，图3-3和图3-4）：东江源头低值区河段（a段）、枫树坝水库上游高值区河段（b段）、新丰江水库上游中值区河段（c段）、惠州地区上游中值区河段（d段）、惠州地区下游高值区河段（e段）。方差分析检验结果表明，5个区段的TN平均浓度间均具显著差异性（$P=0.031<0.05$）。TN、NH_3-N 和 NO_3-N 在丰、枯季具有相似的变化趋势（图3-4）。

表3-5　东江干流各区段的氮平均浓度　（单位：mg/L）

河段名称	TN		NH_3-N		NO_3-N	
	丰水期	枯水期	丰水期	枯水期	丰水期	枯水期
东江源头低值区（a段）	0.43	0.83	0.05	0.21	0.22	0.51
枫树坝上游高值区（b段）	3.74	3.41	0.75	0.41	1.96	1.81
新丰江上游中值区（c段）	1.54	2.08	0.10	0.10	1.27	1.66
惠州地区上游中值区（d段）	1.34	1.40	0.08	0.10	0.87	0.97
惠州地区下游高值区（e段）	2.62	3.27	1.32	1.56	1.03	1.28

TN含量在东江干流源头水源乡至吉潭镇河段（东江源头低值区）逐步上升，但总体维持在较低水平（TN平均浓度为0.63mg/L）；而干流水体进入寻乌县南桥镇至枫树坝水库上游龙川县赤光镇河段后（枫树坝水库上游高值区），水体氮含量迅速增加，并在南桥镇样点达到全流域最高值（TN为5.73mg/L）；而后东江干流水体自枫树坝水库下游具有明显的减小趋势，枫树坝镇至东水镇河段（新丰江水库上游中值区）TN浓度维持在0.72～1.94mg/L；东江干流和平县东水镇至新丰江水库上游东源县蓝口镇（惠州地区上游中值区）呈缓慢上升趋势，TN浓度维持在0.70～1.89mg/L；干流流经惠州地区（惠州地区下游高值区）TN浓度显著升高，并且在博罗县达到又一极高值（TN为3.41mg/L），虽惠州三河镇至潼湖镇河段浓度值有所下降，但进入干流下游平原河网区后TN浓度基本维持在较高水平。NO_3-N 的变化趋势与TN变化趋势基本保持一致（$R^2=0.61$，$P<0.05$），最高值位于南桥镇，最低值位于水源乡，浓度分别为2.68mg/L和0.05mg/L。依上所述，NO_3-N 是东江干流水体中氮的主要存在形式，特别对于氮含量低、中值河段（a、c、d段），NO_3-N/TN 平均值达0.60以上。NH_3-N 沿干流水流方向变化趋势主要表现为两段高值地区与TN有一定的相似性，最高值分别在江西龙庭镇（1.88mg/L）与广东省博罗县（1.23mg/L），其余地区丰、枯季 NH_3-N 值均较低且变化不明显。氮含量高值区（b、e

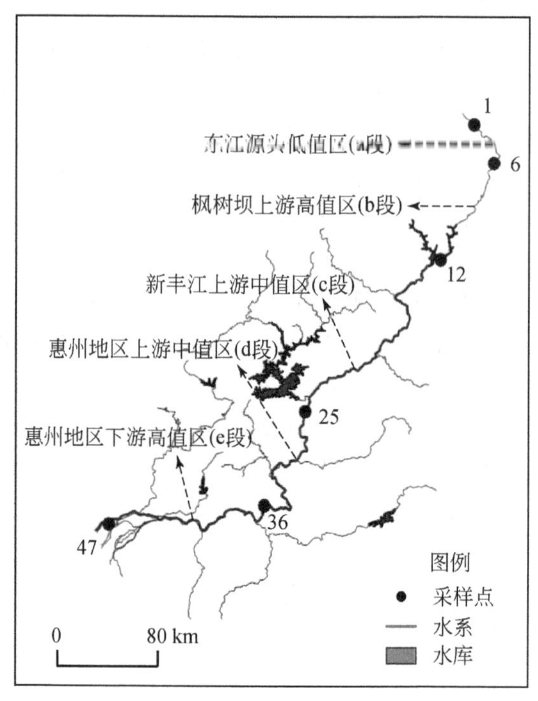

图 3-3　东江干流以水体氮季节浓度划分河段示意

段）NH_3-N/TN 平均值分别为 0.30 和 0.61，低值区均低于 0.10（图 3-4）。

（3）影响东江干流氮素含量空间分布的因素

影响水体中氮含量分布变化的因素很多，如氮来源、径流条件、水动力条件、降水、底泥控制作用、水生生物分布等（梁秀娟等，2005；姜美霞，2000）。根据东江流域的特点及氮素浓度的空间分布特征，可知影响地表水体中的氮素的因素主要是人为因素，其中又以农耕土地施肥后的地表水土流失、城镇生活垃圾和工业生产排放为最主要的污染形式。导致东江水体氮污染的来源可分为点源和面源两类，前者主要集中在城市附近的河段，具体表现为城镇生活污水与工业废水的直接排放，而后者主要集中在农业活动密集区，表现为农田施用氮肥激增引起的水质恶化。现阶段，东江干流区域水体氮污染的来源这两者都存在。

河流丰、枯水季浓度变化及不同氮形态的分布特征，是判别河流潜在污染来源的一个重要手段。一般认为，丰水季 NO_3-N 平均浓度高于枯水季，且 NO_3-N/TN 比值高于 NH_3-N/TN，属农业面源污染，枯水季 NH_3-N 平均浓度高于丰水季，且 NH_3-N/TN 比值高于 NO_3-N/TN，为工业和城镇生活污染（雷沛等，2012）。综合东江干流水体中氮的时空分布特征（图 3-4），枫树坝水库上游高值区河段（b 段）丰水期 TN 和 NO_3-N 平均浓度（3.74mg/L，1.96mg/L）高于枯水期平均浓度（3.41mg/L，1.81mg/L），且 NO_3-N/TN 达到 0.62，说明该河段主要为农业面源污染为主。枫树坝水库上游高值区河段地区农业人口相对集中，农业生产高居主导产业地位，其中赣南地区（寻乌县、定南县）是有名的脐橙种植区，构成了主要的潜在河水面源污染源。降水和灌溉形成的地表径流及农田排水，携

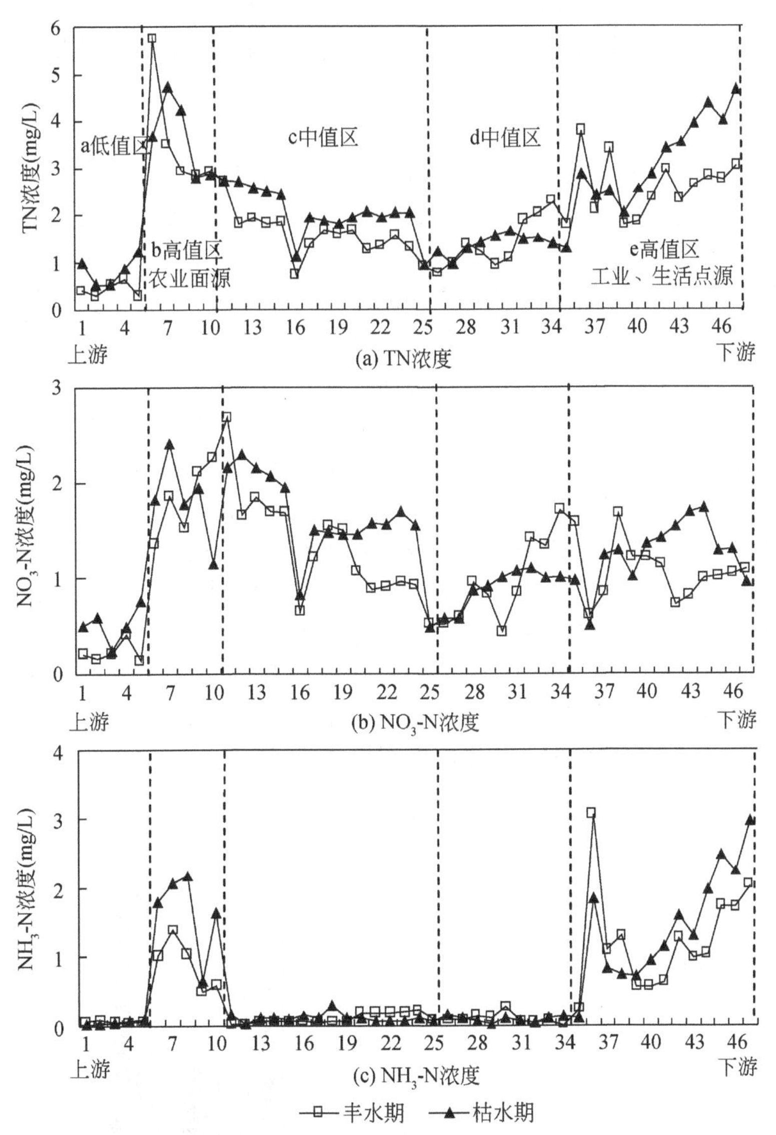

图3-4　东江流域干流沿途丰、枯水季水体各形态氮季节浓度

带大量农田氮并将其注入河流，使下游河流水体遭受农业面源污染影响。惠州地区下游氮含量高值区河段（e段）枯水季TN和N_3-N平均浓度（3.27mg/L，1.56mg/L）高于丰水季平均浓度（2.62mg/L，1.32mg/L），且NH_3-N/TN达到0.66，说明该河段主要受工业废水与城镇生活污水的点源污染影响。据2009年《珠江水资源公报》，东江中下游工业废水年排放量为9.82×10^8t，其中NH_3-N的排放占工业废水排放量的30%以上。近年来随着流域人口急剧增加及居民生活水平的普遍提高，生活污水排放量呈逐年上升和大幅增加趋势，由此导致流域地表水污染日趋严重。2009年，东江流域生活污水排放量为3.07×10^8 t，并且由于农村人口居住分散，生活污水往往直接排入水体，城市生活污水处理设施也严重不足，许多城镇无大型生活污水处理厂，居民生活废水均直接排放，造成河水水质污

染。另外，惠州地区下游氮素高值区河段是东江流域最重要的城市飞速发展区，集中着深圳、东莞及惠州 3 个主要城市，伴随着这些城市经济迅猛发展和人口数量增长，生活污水以及工业废水排放也大量增加，因而城市工业及其城镇生活污水的排放是造成该地区氮含量偏高的主要原因。

（4）东江流域主要支流及水库汇入对干流氮素的影响

河流是一个连续的整体，其各级支流的径流汇入对于干流水体状况有着极重要的影响乃至决定性作用。东江干流水体中总氮及各种形式无机氮的变化和迁移特征表明，除干流沿途本身的氮输入外，也有来自于支流向干流的输送（图 3-5，表 3-6）。例如，总氮及各种形式无机氮在主要支流秋香江、西枝江、淡水河、石马河、沙河等浓度较高，其中石马河、沙河、淡水河 TN 平均浓度分别为 16.51mg/L、6.05mg/L、10.4mg/L，远大于干流平均浓度。而这几条河流均有可能携带高浓度氮汇入惠州地区下游干流高值区河段，导致汇入点下游氮浓度均远大于上游浓度，可见支流的输入是导致干流氮浓度显著增加的重要因素之一。又如，秋香江、西枝江氮平均浓度与干流氮浓度相近，但其近河口点位的浓度却均大于干流浓度，导致汇入点以下干流河段氮浓度的逐步升高，表明该处也因支流输入造成干流氮浓度的显著增加，即这些支流的“点源”汇入作用增加了干流的氮负荷量，从而影响到惠州地区上游干流成为中值区河段。反之，新丰江水库上游支流浰江、黄村水的氮浓度较低，同时枫树坝水库及新丰江水库汇入点以下河段氮浓度均显著减小，表明水库调节对水体稀释作用明显。增江、公庄水氮浓度近河口点位浓度与干流汇入点浓度基本一致，因而对汇入点以下河段的氮浓度影响不明显。

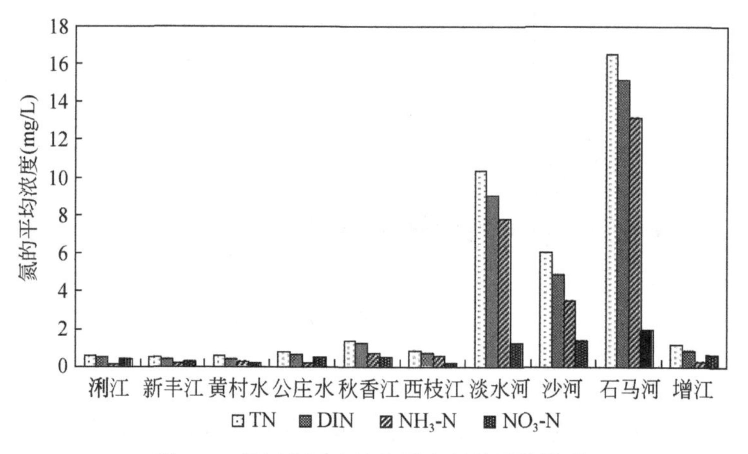

图 3-5　东江主要支流各形态氮的平均浓度

表 3-6　东江主要支流、水库及近河口区各形态氮的浓度　（单位：mg/L）

水系支流	TN			NH_3-N			NO_3-N		
	干流上游	干流下游	近河口	干流上游	干流下游	近河口	干流上游	干流下游	近河口
浰江	0.86	0.72	0.49	0.69	0.06	0.22	0.75	0.97	0.16
枫树坝	2.93	1.94	—	0.57	0.09	—	2.25	1.66	—

续表

水系支流	TN			NH_3-N			NO_3-N		
	干流上游	干流下游	近河口	干流上游	干流下游	近河口	干流上游	干流下游	近河口
新丰江	0.89	0.38	0.41	0.67	0.09	0.07	0.84	0.12	0.32
黄村水	0.80	0.76	0.49	0.63	0.19	0.25	0.84	1.09	0.12
秋香江	0.44	0.99	0.84	0.32	0.26	0.35	0.42	0.77	0.38
公庄水	1.09	1.19	0.99	0.84	0.05	0.47	0.91	1.38	0.50
西枝江	1.28	1.80	1.74	1.21	0.07	1.23	1.23	2.45	0.30
淡水河	1.28	1.80	5.97	1.21	0.07	3.22	1.23	4.45	1.68
沙河	2.33	2.65	5.27	1.31	0.53	2.95	1.69	4.65	1.09
增江	1.64	1.80	1.55	0.74	0.72	0.52	0.62	0.64	0.76

3.2　浮游藻类特征

3.2.1　东江干流水体叶绿素 a 含量特征

水体的叶绿素 a 浓度对于水体的水质状况，特别是富营养化状况有着重要的指示意义。水体中的叶绿素 a 绝大部分来自浮游藻类，尽管不同水体中浮游藻类的种类数目和具体组成种类不尽相同，叶绿素 a 浓度仍旧可以在一定程度上代表浮游藻类的生物量。大量的研究表明，影响水体藻类生长的关键因素主要分为两类：第一类为温度、水流等物理水环境因素；第二类为总氮、总磷、氨氮、氮磷比例等水体的营养因素（李蒙等，2009；邓河霞等，2011；毕京博等，2012；罗强和李畅游，2011；杨威等，2012；林丽茹和赵辉，2012）。因此，很多研究将水体的叶绿素浓度作为衡量水体富营养化程度的最基本的指标。

根据调查数据，东江干流冬夏两季的水体叶绿素 a 浓度特征比较稳定，基本表现在 10（±5）μg/L 范围内。河口及河网区水体与东江干流水体具有明显的差异性，这种差异性既表现在水体的叶绿素 a 含量上，同时也表现在水体叶绿素 a 浓度的季相变化特征上，其冬夏两季叶绿素 a 平均浓度分别为 28.6μg/L 和 39.4μg/L。

为了揭示东江干流全河段水体叶绿素 a 浓度的空间分布状况，本研究沿东江干流进行采样，采样点的差距平均为 8km 到 15km，采样时间分别为 2009 年夏季（7 月）和 2010 年冬季（1 月），两次采样的河段地点基本相同，每次采样点数目为 48 个，采样点从下游东莞市中堂镇麻涌开始，沿东江干流溯源而上至寻乌县水源乡，两次采样的分析数据结果如下（图 3-6）。

（1）东江干流上游段

东江干流上游水体（广东龙川县上游至江西省寻乌县东江源区段）所体表现出的特征相对一致，总体表现出两个特征：其一是夏季水体的叶绿素 a 含量高于冬季，夏季和冬季叶绿素 a 平均浓度分别为 10.3μg/L 和 7.4μg/L，两季的差值约为 3.0μg/L；其二，枫树坝水库附近河段的叶绿素 a 浓度极低，与东江流域库容最大的新丰江水库附近河段的叶绿素

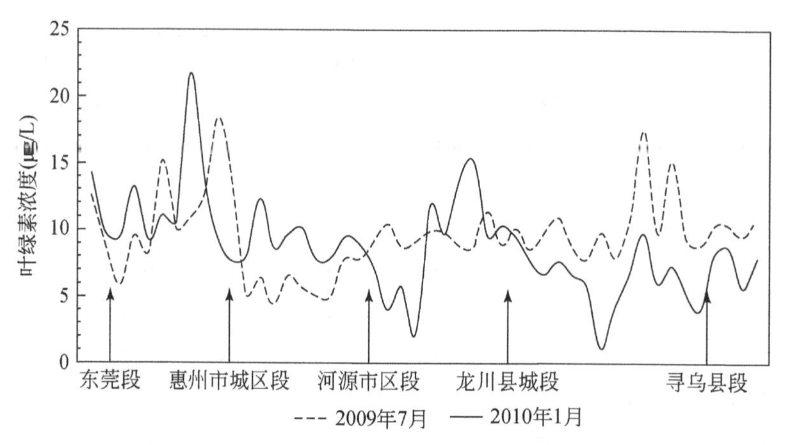

图 3-6　东江干流水体叶绿素浓度变化特征

a 含量及其季节变化特征相似。此外，水库闸坝附近水体常常具有相对偏高的叶绿素 a 含量。

(2) 东江干流河源市区至龙川县城区段

东江河流河源至龙川段主要位于河源市区及新丰江水库段，整段水体的叶绿素 a 浓度在夏季约为 9.5μg/L 左右，冬季的波动性十分明显。受到新丰江水库的影响，冬季新丰江以下水体叶绿素 a 浓度基本上在 5μg/L 左右，这一指标显示出东江干流在这一河段水体水质明显较好。相比较而言，龙川县城、特别是黄田镇下游 15 km 内水体叶绿素 a 含量较高，且冬季高于夏季，可以达到 15.3μg/L，这个高值的出现，或许与上游城镇河段营养盐较高有关。

(3) 东江干流惠州市上游至河源市下游段

与上游河段不同的是，这个河段夏季的叶绿素 a 含量整体水平低于冬季，夏季和冬季叶绿素 a 平均浓度分别为 8.8μg/L 和 9.6μg/L，叶绿素 a 浓度在这段干流中变化不大。

(4) 东江干流东莞至惠州市城区段

东江干流东莞至惠州市城区段叶绿素 a 浓度在该段表现为冬季略高于夏季，冬夏两季叶绿素 a 平均浓度分别为 14.8μg/L 和 10.4μg/L，从河段下游至上游，水体叶绿素浓度含量在冬夏两季均有略微升高的趋势。此外，冬季叶绿素数据在博罗县下游河段出现明显高值。

3.2.2　浮游植物的基本区系构成

东江流域 90 个采样点进行浮游藻类调查，至今共鉴定出浮游藻类 7 门 82 属（种），绿藻门（Chlorophyt）、硅藻门（Bacillariophyta）是东江流域浮游藻类群落种类组成中的优势类群，分别包括 34 属和 24 属，两个门类的属种总和占到总属种数的 70% 以上。蓝藻门（Cyanophyta）、裸藻门（Euglenophyta）种类数次之，分别为 14 属（种）和 4 属（种），占总属种数的 16.9% 和 4.8%，而隐藻门（Cryptophyta）、金藻门（Chrysophyta）、甲藻门（Pyrroptata）属种数相对较小，分别包括 2 属（种），占总种类数 2.4%（图 3-7），从流域总体看，东江流域河流浮游藻类群落以绿藻-硅藻型群落为主。

已有文献表明，当某类浮游藻类的优势度大于0.02时可认为该物种为流域优势物种（江源等，2011）。通过对流域内出现藻类优势度分析，结果显示东江流域主要优势属（种）有6属，分别为硅藻门菱形藻属（*Nitzschia*），针杆藻属（*Cyclotella*），直链藻属（*Aulacoseira*），绿藻门的栅藻属（*Scenedesmus*），蓝藻门的颤藻属（*Oscillatoria*），平裂藻属（*Merismopedia*）。

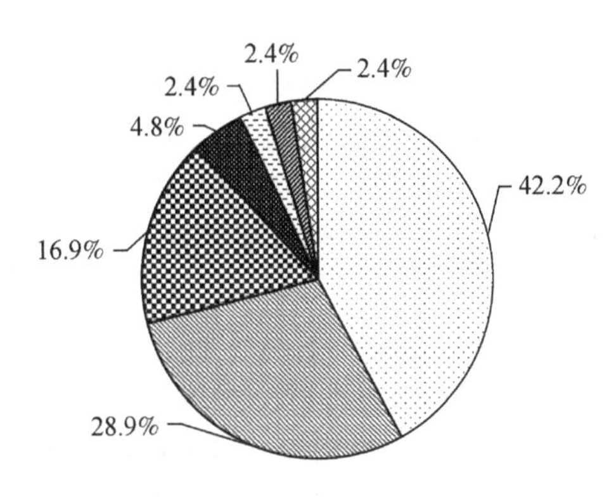

图3-7　东江流域浮游藻类物种组成

3.2.3　浮游藻类群落特征的空间分异

东江流域浮游藻类的密度范围为0.15×10^{4} cells/L～4214.78×10^{4} cells/L，平均密度为144.64×10^{4} cells/L，浮游藻类密度最大值出现在下游平原河网区，最小值出现秋香江。按不同门类密度分析可知，平均密度较大的浮游藻类门类分别为蓝藻门、绿藻门及硅藻门，平均密度分别为83.34 cells/L、34.16 cells/L及21.64 cells/L，三个门类密度最大值分布特征表现为，蓝藻门密度最大值与总密度最大值均出现在平原河网区，绿藻门出现在石马河下游，硅藻门出现在安远贝岭水，三个门类最大密度值分别为4055.43×10^{4} cells/L、304.59×10^{4} cells/L及144.42×10^{4} cells/L。

东江流域河流浮游藻类群落的多样指数分析结果表明，Shannon-Wiener指数变幅在0.31～3.86，平均值为2.20，Margalef指数范围为0.31～2.06，平均值为1.0，Pielous均匀度指数范围为0.22～1.23，平均值为0.86；从空间变化特征来看，其最高值均出现在西枝江下游样点，最低值均出现在秋香江下游样点，从干支流对比来看，干流多样性指数高于支流，而平原河网区与干流相比差异不明显。

浮游藻类群落结构特征与河流生境关系的对比分析结果表明，根据东江流域干流及其主要支流采样点浮游藻类物种组成特征和优势藻类类群，可划分出7个主要的浮游藻类群落类型。

类型Ⅰ：以颤藻属（*Oscillatoria*）为主要指示属，浮游藻类群落特征表现为高细胞密度，群落以蓝藻门藻类相对密度占绝对优势，同时样点物种丰富，生物多样性指数高。本类型主要分布在东江流域下游区域，包括干流下游、石马河、淡水河和河网区大部分样点。其生境特征主要表现为典型下游流速极缓河流生境。

类型Ⅱ：以硅藻门菱形藻属（*Nitzschia*）为主要指示属，浮游藻类群落结构主要以绿藻-硅藻门物种为优势类群，硅藻门、绿藻门、蓝藻门的藻类相对密度均不占绝对优势，样点物种丰富，生物多样性指数高。本类型地理分布较广，主要分布于流域上游区域，大部分样点主要位于村庄及小城镇的下游地段，同时部分样点上游有小型水库和闸坝，其生境特征表现为高海拔相流速相对较缓河流生境。

类型Ⅲ：以纤维藻（*Ankistrodesmus*）、栅藻（*Scenedesmus*）、鱼腥藻（*Anabaenopsis*）、隐藻（*Cryptomonas*）为主要指示属，浮游藻类特征表现为群落结构与相对密度主要以硅藻-绿藻门为优势类群，群落内物种较丰富，生物多样性指数较高。类型Ⅲ主要分布在东江干流中下游及下游支流近干流河段，其生境特征表现为中低海拔流速较高的河流生境，并时常出现水流急缓结合的混合型生境。

类型Ⅳ：以硅藻门直链藻属（*Aulacoseira*）为主要指示属，浮游藻类特征表现为群落结构与相对密度主要以硅藻-绿藻门为优势类群，群落物种丰富度相对较少，生物多样性指数较低。类群Ⅳ主要分布在东江干流上游河段，其生境特征表现为高海拔的急流生境。

类型Ⅴ：以硅藻门直链藻属（*Aulacoseira*）和栅藻属（*Scenedesmus*）为主要指示属，浮游藻类特征表现为群落结构与相对密度主要以硅藻门为优势类群，由于河流流速较高，该组群样点物种明显减少，生物多样性指数较低，组群地理分布为新丰江、西枝江、增江、淡水河等主要支流中下游样点，其生境特征表现为山区-平原过渡带流动型河流生境。

类型Ⅵ：以硅藻门针杆藻属（*Synedra*）和舟型藻属（*Navicula*）为主要指示属，浮游藻类特征表现为群落结构主要以硅藻门为优势类群，而硅藻门相对密度与类型Ⅴ相近，同样在组群中占绝对优势。本类型物种丰富度较低，生物多样性指数较低，主要分布于东江主要支流中上游河段，河流流速快，生境特征表现为山区溪流型河流生境。

类型Ⅶ：以硅藻门异极藻（*Gomphonema*）、曲壳藻（*Achnanthes*）为主要指示属，浮游藻类特征表现为群落结构和相对密度组成均以硅藻门为优势类群，该组群样点物种数量极少，密度仅为1.06 cells/L，生物多样性指数低。该类性主要分布在东江各支流上游源头和自然保护区河段，其生境特征表现为典型的山区清洁溪流型河流生境（廖剑宇，2013）。

3.3 底栖动物群落特征

3.3.1 底栖动物的基本区系构成

底栖动物在水中分布广泛，虽然是相对活动能力较弱，但其处于水生食物链的中间环节，可以促进有机质分解，又可作为鱼类的天然优质饵料，在水生生态系统的能量循环和营养流动中起着重要作用，因此也是水生生态系统中最重要的定居动物代表类群之一。底栖动物物种繁多，数量巨大，由于食物及理化环境等差异导致占据的生态地位也不同，各自发挥着不同的生态功能，对其他生物类群的物种分布和丰度起着直接或间接的影响。底栖动物群落结构与周围生境之间关系密切，群落健康与否，在很大程度上反映了整个水生生态系统的健康程度。

本研究调查和鉴定结果显示，东江采集的样品中鉴定出79个分类单元（软体动物及寡毛类鉴定至属级水平，水生昆虫及其他种类鉴定至科级水平），其中十足目虾类2种，水生昆虫50种，软体动物16种，寡毛类4种，蛭类4种，多毛纲、涡虫纲、蛛形纲各1种。其中水生昆虫的种类最多，其比例占分类单元总数的63%。采集个体总数为8885，平均密度为52.8ind/m^2，平均生物量为16.3g/m^2。

3.3.2　底栖动物流域空间分异特征

底栖动物群落的生长及分布主要受到地理位置条件（如海拔、坡度、纬度）、水体物理条件（如底质、水深、流速、河流级序）、水化学条件（如水温、溶解氧、pH、电导率、有机污染物等）和生物条件（如水生生物及生物间相互作用）的影响。

地理位置和海拔高度是影响底栖动物生境条件的重要因素，地理位置与气候因素密切相关，因此是影响水体的水温、水文特征及相关因素的重要因子。水温影响着底栖动物地理分布的特征，一些底栖动物只能够适应较窄的温度变化范围，而某些物种却具有较宽的温度生态幅。有研究结果表明，热带河流中底栖动物的物种数要高于温带河流，而温带河流又高于寒温带和寒带河流（Stout and Vandermeer，1975）。Jacobsen等（1997）对厄瓜多尔（热带）和丹麦（温带）的河流进行了研究，发现热带河流由于纬度低、温度高，低栖物种演替速率快，物种丰富度可以达到温带河流的2~4倍。

海拔高度不仅影响水体的温度条件，也是影响流速、底质等河流生境特征的重要因子之一。同时，由于高海拔地区人类活动影响相对较弱，因此水体相对清洁。Suren（1994）对尼泊尔西部43条河流的底栖动物进行了研究，结果表明海拔是影响底栖动物种类组成分异的重要因子。Chessman（2006）对澳大利亚新南威尔士州中南部拉克伦河底栖动物的研究表明，物种丰富度和EPT分类单元数均表现出沿海拔梯度上升的趋势。Loayza-Muro等（2014）对秘鲁安第斯山溪流底栖动物研究发现，当高海拔高度超过一定界限时，环境条件变得相对恶劣，不利于底栖动物的生长和存活。由此可见，由于所处区域不同，底栖动物特征随海拔高度的变化也不尽相同。

除以上地理因素之外，国外一些研究发现坡度等地形条件对底栖动物分布的影响也不可忽视，一般来说，河道坡度较大，底质以卵石、大石块为主，底栖生物多样性较高。坡度直接影响河流的流速，流速是影响底栖动物种类组成的重要的物理因子（Sheldon and Thoms，2006）之一。底栖动物根据流速大小的不同，可以分为急流种和缓流种两类。急流种一般具有流线型的身体，使其在流水中产生的摩擦力最小，如蜉蝣科的物种；缓流种较多喜欢在泥沙底质中生活，如蚬科物种。Boyero和Bailey（2001）对巴拿马Juncal河流的研究发现，流速与底栖动物群落密度的变化显著相关。Beauger等（2006）指出，当流速为0.3~1.2m/s时，底栖动物群落的物种丰富度、清洁物种丰度和密度最大。

从微生境与底栖动物关系看，河流的底质类型可能是决定河流生态系统中生物群落结构最重要的环境因素（Beisel et al.，1998），海拔较高的山地林区中，随着逐步从上游过渡到中下游，溪流的底质类型也发生有规律的变化，表现在由粒径较大的卵石为主的底质类型逐步过渡到粒径逐渐减小，最终形成下游河流中以泥沙为主要特征的底质类型。

Beauger 等（2006）通过对法国 Allier 河的研究发现，底栖动物物种丰度的最大值出现在底质粒径大小为 32～256mm，耐污种出现在>64mm 的底质中。

此外，水深、溶氧、pH、水化学和水污染特征及生物之间的相互作用等，也能够对底栖动物的种类组成和群落结构产生影响。因此，底栖动物的特征被认为是能够反映河流生态健康状况的、十分有效的生物指示指标。

东江流域不同区域间地形地貌及土地利用方式差异明显，这也导致了影响底栖动物特征的上述各类因子空间差异显著，因此河流底栖动物的特征在北部、中部和南部有明显分异，不同区域的具体特征如下（表 3-7）。

表 3-7　各区域不同种类底栖动物出现的相对频率

区域 动物	北部区（%）	中部区（%）	南部区（%）
EPT	9	6	2
水生昆虫	13	9	4
软体动物	23	25	36
环节动物	18	5	16
十足目	20	49	33
涡虫纲、蛛形纲	18	6	9

1）北部地区：全区地势西北高东南低，地跨江西、广东两省，包括江西省的寻乌县南部、定南县东南部、安远县南部，广东省的龙川县北部、和平县、连平县大部、河源市辖区西部、新丰县大部等县、市。分布在该区域河流中的底栖动物有分类单元 64 个，调查获得的总个体数为 2773，平均密度为 74. 55ind/m^2，平均生物量为 11. 07g/m^2。总体来看，优势种为蚬属（*Corbicula*）、长足摇蚊亚科（Tanypodinae）、环棱螺属（*Bellamya*）、颤蚓属（*Tubifex*）、膀胱螺属（*Physa*）和萝卜螺属（*Radix*）。该区域样点多位于高海拔山区源头清洁溪流，底栖动物群落的突出特点是急流清洁种多，出现频率高，如蜉蝣科（Ephemeridae）、纹石蛾科（Hydropsychidae）、四节蜉科（Baetidae）等。清洁指示种 EPT（蜉蝣目、襀翅目、毛翅目）出现频率明显高于其他区域。

2）中部地区：全区主要位于广东省境内。该区东、西两侧山区地势高，中间河谷区地势低，北部以东江上游枫树坝水库和新丰江水库主要集水区南界为分界线，南部则以中部低山丘陵与南部平原区的过渡带为主要界线，包括了西部山区的流溪河水库、增江上游、西福河，东部上游区的康禾河、秋香河、白盆珠水库，以及中部的东江干流枫树坝水库以下惠州市以上部分的主要集水区。在行政区域上主要包括了龙川县南部、和平县南部、连平县东南部、河源市辖区的大部分、龙门县、紫金县、博罗县、增城县北部、惠东县北部、惠阳县东北部的小部分地区等。

该地区内采集到底栖动物分类单元 60 个，总个体数为 4258，平均密度为 36. 8ind/m^2，平均生物量为 16. 6g/m^2。总体来看，优势种为蚬属（*Corbicula*）、环棱螺属（*Bellamya*）、匙指虾科（Atyidae）和长臂虾科（Palaemonidae）。水生昆虫和 EPT 的相对频率低于北部区，但高于南部区，说明了该区属于水质过渡区域。

3）南部地区：全区域地势总体为东高、西低，以珠江三角洲平原和低山丘陵为主。本区域主要包括博罗县南部、增城县南部、惠东县南部、惠阳县大部、惠州市辖区、东莞市、深圳市、香港特别行政区北部等县、市。区域主要包括了西枝江白盆珠水库以下范围、淡水河、石马河，以及东江干流惠州市以下河段集水区所在范围。区域内绿色植被覆盖率最低，地形平缓，城市面积比例高，人为活动干扰大。底栖动物的分类单元数为32个，明显低于西北区和中部区。该区采集到的总个体数为1727，平均密度为55.13ind/m^2，平均生物量为21.38 g/m^2。总体来看，优势种为蚬属（*Corbicula*）、环棱螺属（*Bellamya*）、颤蚓属（*Tubifex*）和尾鳃蚓属（*Branchiura*）。水生昆虫出现的相对频率是三个区域中最低的，仅为4%；软体动物（主要为螺类和蚌类）出现的相对频率最高，为36%。寡毛类和蛭类等耐污指示种种类多，丰度高，且EPT只出现了新蜉科（Nemouridae）和四节蜉科（Baetidae）两种，可以看出该区域水质总体较差。

参考文献

毕京博，郑俊，沈玉凤，等．2012. 南太湖入湖口叶绿素a时空变化及其与环境因子的关系．水生态学杂志，33（6）：7-13.

陈静生，高学民，夏星辉，等．1997. 长江水系河水氮污染．环境化学，18（4）：289-293.

邓河霞，夏品华，林陶，等．2011. 贵州高原红枫湖水库叶绿素a浓度的时空分布及其与环境因子关系．农业环境科学学报，30（8）：1630-1637.

邓建才，陈桥，翟水晶，等．2008. 太湖水体中氮、磷空间分布特征及环境效应．环境科学，29（12）：3382-3386.

段水旺，章申．1999. 中国主要河流控制站氮、磷含量变化规律初探．地理科学，19（5）：411-416.

广东省水利厅．2002. 广东水资源公报2002. http：//www. gdwater. gov. cn/yewuzhuanji/szygl/szygb/szygb2007_5/.［2013-7-30］

广东省水利厅．2000. 广东水资源公报2000. http：//www. gdwater. gov. cn/yewuzhuanji/szygl/szygb/szygb2007_7/.［2013-7-30］

广东省水利厅．2001. 广东水资源公报2001. http：//www. gdwater. gov. cn/yewuzhuanji/szygl/szygb/szygb2007_6/.［2013-7-30］

广东省水利厅．2004. 广东水资源公报2004. http：//www. gdwater. gov. cn/yewuzhuanji/szygl/szygb/szygb2007_4/［2013-7-30］

广东省水利厅．2005. 广东水资源公报2005. http：//www. gdwater. gov. cn/yewuzhuanji/szygl/szygb/szygb2007_3/［2013-7-30］

广东省水利厅．2006. 广东水资源公报2006. http：//www. gdwater. gov. cn/yewuzhuanji/szygl/szygb/szygb2007_2/［2013-7-30］

广东省水利厅．2007. 广东水资源公报2007. http：//www. gdwater. gov. cn/yewuzhuanji/szygl/szygb/szygb2007_1/［2013-7-30］

广东省水利厅．2008. 广东水资源公报2008. http：//www. gdwater. gov. cn/yewuzhuanji/szygl/szygb/szygb2008/［2013-7-30］

广东省水利厅．2009. 广东水资源公报2009. http：//www. gdwater. gov. cn/yewuzhuanji/szygl/szygb/szygb2009/［2013-7-30］

广东省水利厅．2010. 广东水资源公报2010. http：//www. gdwater. gov. cn/yewuzhuanji/szygl/szygb/szygb2010/［2013-7-30］

广东省水利厅 . 2011. 广东水资源公报 2011. http：//www. gdwater. gov. cn/yewuzhuanji/szygl/szygb/szygb2011/ [2013-7-30]

广东省水利厅 . 2012. 广东水资源公报 2012. http：//www. gdwater. gov. cn/yewuzhuanji/szygl/szygb/szygb2012/ [2013-7-30]

国家环境保护总局《水和废水监测分析方法》编委会 . 2002. 水和废水监测分析方法 . 第四版 . 北京：中国环境科学出版社 .

江源，王博，杨浩春，等 . 2011. 东江干流浮游植物群落结构特征及与水质的关系 . 生态环境学报，20（11）：1700-1705.

姜美霞 . 2000. 水环境氮污染的机理与防治对策 . 中国人口、资源与环境，S（10）：75-76.

雷沛，张洪，单保庆 . 2012. 丹江口水库典型入库支流氮磷动态特征研究 . 环境科学，33（9）：3039-3045.

李凤清，叶麟，刘瑞秋，等 . 2008. 三峡水库香溪河库湾主要营养盐的入库动态 . 生态学报，28（5）：2073-2079.

李蒙，谢国清，戴丛蕊，等 . 2009. 滇池外海水体叶绿素 a 与水质因子关系研究 . 云南地理环境研究，21（2）：102-106.

梁秀娟，肖长来，杨天行，等 . 2005. 密云水库中氮分布及迁移影响因素研究 . 中国科学（D 辑）地球科学，35（增刊 I）：272-280.

廖剑宇，彭秋志，郑楚涛，等 . 2013. 东江干支流水体氮素的时空变化特征 . 资源科学，35（3）：506-514.

廖剑宇 . 2013. 基于浮游藻类生态特征的东江流域河流水质生物学评价 . 北京：北京师范大学博士论文 .

林丽茹，赵辉 . 2012. 南海海域浮游植物叶绿素与海表温度季节变化特征分析 . 海洋学研究，30（4）：46-53.

吕乐婷，彭秋志，廖剑宇，等 . 2013. 近 50 年东江流域降雨径流变化趋势研究 . 资源科学，35（3）：514-520.

吕乐婷 . 2014. 东江流域气候变化及人类活动对水文水资源的影响 . 北京：北京师范大学博士论文 .

罗强，李畅游 . 2011. 乌梁素海水体中叶绿素 a 时空变化特征分析 . 节水灌溉，（2）：36-39.

沈志良，刘群，张淑美，等 . 2001. 长江和长江口高含量无机氮的主要控制因素 . 海洋与湖沼，32（5）：465-473.

水利部珠江水利委员会 . 2009. 2009 年珠江片水资源公报 . http：//www. pearlwater. gov. cn/xxcx/ szygg/09gb/index. htm [2013-1-6]

王毛兰，胡春华，周文斌 . 2008. 丰水期鄱阳湖氮磷含量变化及来源分析 . 长江流域资源与环境，17（1）：138- 142.

杨威，邓道贵，张赛，等 . 2012. 洱海叶绿素 a 浓度的季节动态和空间分布 . 湖泊科学，24（6）：858-864.

中华人民共和国国家质量监督检验检疫总局 . 2008. 水文情报预报规范（GB/T22482-2008）.

中华人民共和国环境保护部 . 2008. 2007 中国环境质量报告 . 北京：中国环境出版社 .

中华人民共和国环境保护部 . 2009. 2008 中国环境质量报告 . 北京：中国环境出版社 .

中华人民共和国环境保护部 . 2011. 2006-2010 中国环境质量报告 . 北京：中国环境出版社 .

中华人民共和国环境保护部 . 2010. 2009 中国环境质量报告 . 北京：中国环境出版社 .

中华人民共和国环境保护部 . 2012. 2011 中国环境质量报告 . 北京：中国环境出版社 .

中华人民共和国环境保护部 . 2013. 2012 中国环境质量报告 . 北京：中国环境出版社 .

Beauger A, Lair N, Reyes-Marchant P. 2006. The distribution of macro inverte-brate assemblages in a reach of the River Allier (France), in relation to riverbed characteristics. Hydrobiologia，571（11）：63-76.

Beisel J N, Polatera P U, Thomas S, et al. 1998. Stream community structure in relation to spatial variation：the influence of mesohabitat characteristics. Hydrobiologia，389（1）：73-88.

Boyero L, Bailey R C. 2001. Organization of macroinvertebrate communities at a hierarchy of spatial scales in a tropical stream. Hydrobiologia, 464 (1): 219-225.

Chessman B C, Fryirs K A, Brierley G J. 2006. Linking geomorphic character, behaviour and condition to fluvial biodiversity: Implications for river management. Aquatic Conservation- Marine and Freshwater Ecosystems, 16 (4): 267-288.

Jacobsen D, Schultz R, Encalada A. 1997. Structure and diversity of stream invertebrate assemblages: the influence of temperature with altitude and latitude. Freshwater Biology, 38 (10): 247-261.

Loayza-Muro R A, Duivenvoorden J F, Kraak M H, et al. 2014. Metal leaching, acidity and altitude confine benthic macroinvertebrate community composition in Andean streams. Environmental Toxicology and Chemistry, 33 (2): 404-411.

Meybeck M. 1982. Carbon, nitrogen, and phosphorus transport by world rivers. American Journal of Science, 282 (4): 401- 450.

Sheldon F, Thoms M C. 2006. Relationships between flow variability and macroinvertebrate assemblage composition: data from four Australian dryland rivers. River Research and Applications, 22 (2): 219-238.

Stout J, Vandermeer J. 1975. Comparison of species richness for stream- inhabiting insects in tropical and mid-latitude streams. American Naturalist, 109: 263-280.

Suren A M. 1994. Macroinvertebrate communities of streams in western Nepal: effects of altitude and land use. Freshwater Biology, 32 (2): 323-336.

第4章 东江流域水生态系统特征调查与样品分析方法

4.1 样点设置与样品采集

由于东江水生态系统结构与营养盐水平空间分异较大，为了对流域水生态系统健康特征进行全面评价，本研究遵循系统采样的思路，布设水样和水生生物采样点。考虑到东江水生态系统的类型及其分布特征，采样点的分布应覆盖多种水生态系统类型，特别是应该覆盖各类分布广泛或在流域水生态系统中具有特殊生态意义的水体类型。为此，本研究在东江干流、主要支流、城市河段及水库、源头溪流等各类水生态系统中共选择90个采样点（图4-1），在每个采样点采集了水样、浮游藻类样品和底栖动物样品，用于开展水生态健康评价。采样工作集中完成于2012年7月和2013年3月。

（1）水样采集

水样采集参照《水和废水监测分析方法（第四版）》（国家环境保护总局《水和废水监测分析方法》编委会，2002）进行，使用1L有机玻璃采水器，在采集样点所在位置水深约0.5m处采集，所采水样经直径为25mm的Whatman GF/C玻璃纤维素膜过滤，并加入少量浓硫酸（H_2SO_4），进行酸化保存。水样瓶事先用1∶10盐酸溶液浸泡24h，用蒸馏水洗净并烘干，玻璃纤维素膜先在450℃高温下烘干处理6h。采集的样品用移动低温冷冻保温箱储存，并在尽可能短的时间内批量运回实验室进行分析。

（2）浮游藻类采集

浮游藻类采样参照《湖泊富营养化调查规范（第二版）》（金相灿等，1990）进行，定量采样同样使用有机玻璃采水器，采取表层约0.5m处混合水样1L，加入15mL鲁哥氏液固定；定性采样使用25号浮游生物网（64μm），从不同方向拖网，用透明白瓶收集水样30~50mL，加入鲁哥氏液固定。然后加入10mL甲醛固定。浮游藻类样品采集后带回实验室静置沉淀48h，虹吸出上层澄清液体，将浓缩后的下层液体装入小瓶并定容至50mL保存，待分析鉴定。

（3）底栖动物采集

在比较多种底栖动物采集方法的基础上，根据东江河段生境条件及现场可操作性，本研究选择了美国的快速评价指南（RBPs）中的“复合生境采样法”进行底栖动物调查采样（Michael et al.，2011）。东江流域的采样河段小生境类型主要包括：挺水植物群落、浮水和沉水植物群落、泥沙、静水池、浅滩卵石、大石块。在每个采样地点，选择大约100 m长的河段，统计不同的小生境类型，对每个小生境单独进行采样，记录生境类型和底质类型比例及面积。各样点的总采样面积约为3m^2。前四种生境类型用D形网（40目纱，

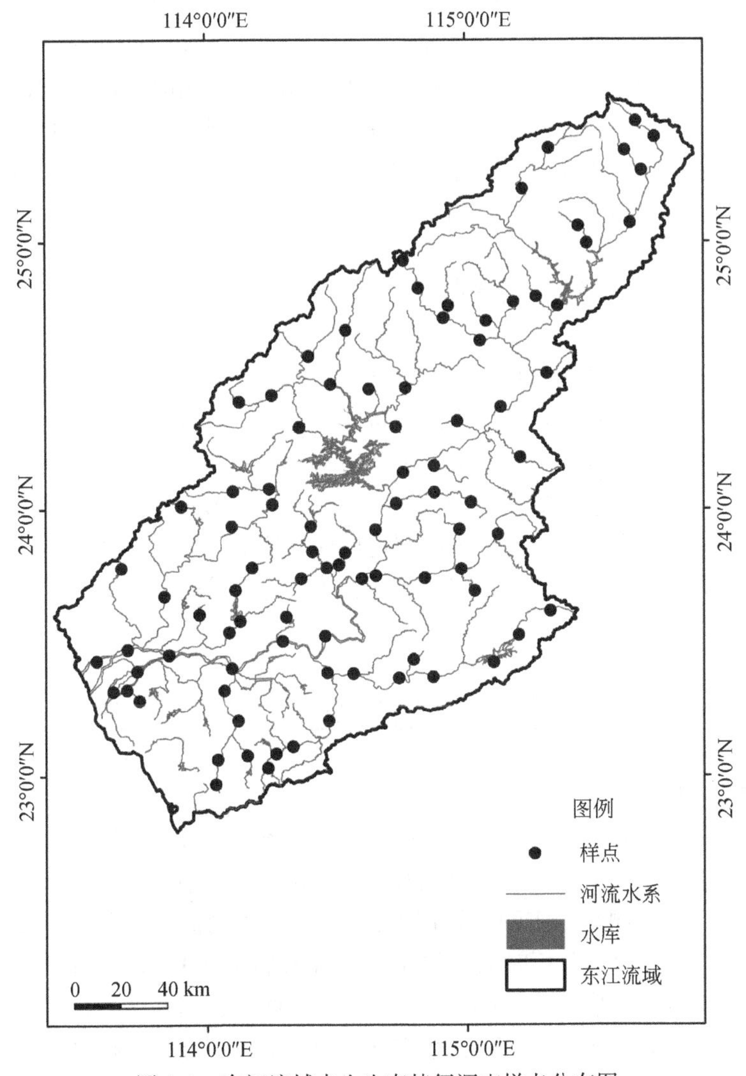

图 4-1　东江流域水生生态特征调查样点分布图

0.3 m 宽）采集，根据样点情况每种生境采集长度为 3 ~ 5 m；后两种生境用索伯网（40 目纱，0.09 m^2）完成，采样时，用脚或小铁锹用力搅动索伯网前定量框内的底质，并用手将黏附在石块上的底栖动物洗刷入网。现场采用 60 目网筛进行洗涤和筛洗。各小生境底栖动物标本样品单独存放，当日全部挑取，保存在 10% 的甲醛溶液中。

4.2　水质分析方法

根据《水和废水监测分析方法（第四版）》标准方法，在现场使用便携式水质参数仪（YSI-5100、METTLER－SG2、METTLER－SG3）对样品的 pH、溶解氧（DO）、水温（WT）、电导率（EC）等参数进行现场测定；然后将样品再带回实验室经预处理后采用标准方法逐一测定其余参数。其中总氮（TN）与硝氮（NO_3-N）采用紫外分光法（UV2800）测定，氨氮（NH_3-N）采用钠式试剂比色法（UNICO2100），总磷（TP）采用钼睇钪比色法（UNICO2100），高锰酸钾指数（COD_{Mn}）采用酸性高锰酸钾滴定法，溶解性有机碳（TOC）采用氧化滴定法（岛津TOC分析仪）测定。测定时通过要求标准曲线的相关系数≥0.999和利用标准溶液进行中间校准来控制数据质量。实验所用药品均为分析纯级，实验用水为去离子水（>18M）。

4.3 叶绿素a浓度分析方法

将过滤了水样的乙酸纤维膜带回实验室之后，即时进行叶绿素a浓度的测定，测定方法采用丙酮法。具体的步骤为：按照样品数量准备好小试管并编号，每个试管装入5mL丙酮，将滤膜分别放入对应编号的试管中，晃动试管使得滤膜可以充分溶解于丙酮溶液。用可见光分光光度计测试每个丙酮萃取液溶液在630nm、645nm、663nm及750nm处可见光的吸收率，并与标准光谱进行比较，进而测定出样品溶液中的叶绿素a浓度，将每个样点的三个样本（如有明显异常则重测或者剔除该样点）进行平均，并以此作为采样点水体中的叶绿素a浓度值。

4.4 水生生物鉴定与统计方法

（1）浮游藻类样品鉴定

浮游藻类的鉴定在显微镜下，根据《中国淡水藻类》（胡鸿均等，1980）、《中国淡水藻类：系统、分类及生态》（胡鸿钧和魏印心，2006）《中国淡水藻类志》（施之新，2004）和《水生生物监测》（国家环境保护总局《水生生物监测手册》编委会，1993）等文献进行，同时进行计数。分析时取均匀样品0.1mL滴于0.1mL显微镜计数框中，在400倍显微镜下进行镜检和计数。每个水样需要重复计数两次，当两次数量只差不大于15%时进行计数，否则还要进行下一次计数，取多次次计数的平均数作为该样点的显微镜计数。每1L水样中浮游藻类的生物量以细胞密度（N）表示：

$$N=\frac{A}{A_c}\times\frac{V_w}{V}\times n \tag{4-1}$$

式中，A为记数框面积，mm^2；A_c为计数面积，mm^2（即视野面积×视野数）；V_w为1L水样经沉淀浓缩后的样品体积，mL；V为记数框的体积，mL；n为计数所得浮游藻类个体数。

（2）底栖动物样品鉴定

在实验室条件下，依据*Ecology and Classification of North American Freshwater Invertebrates*（Thorp和Cocich，2001）和*Aquatic insects of China useful for monitoring water quality*（Morse et al.，1994）对采样标本进行鉴定。昆虫纲、甲壳纲、蛛形纲、多毛纲、涡虫纲鉴定到科级分类水平，其他物种鉴定至属级分类水平。鉴定的同时进行物种的计数和称重。

参考文献

国家环境保护总局《水和废水监测分析方法》编委会 . 2002. 水和废水监测分析方法 . 第四版 . 北京：中国环境科学出版社 .

国家环境保护总局《水生生物监测手册》编委会 . 1993. 水生生物监测手册 . 南京：东南大学出版社 .

胡鸿钧，李尧英，魏印心，等 . 1980. 中国淡水藻类 . 上海：上海科学技术出版社 .

胡鸿钧，魏印心 . 2006. 中国淡水藻类：系统、分类及生态 . 北京：科学出版社 .

金相灿，刘鸿亮，屠清瑛，等 . 1980. 湖泊富营养化调查规范 . 第二版 . 北京：中国环境科学出版社 .

施之新 . 2004. 中国淡水藻类志 . 北京：科学出版社 .

Barbour M T，Gerritsen J，Snyder B D，et al. 1999. Rapid Bio- assessment Protocols for Use in Streams and Wadeable Rivers：Periphyton，Benthic Macroinvertebrates and Fish，Second Edition. Washington DC：EPA 841-B-99-002. US Environmental Protection Agency，Office of Water.

Michael T B，Gerritsen J，Blaine DS. 2011. 郑丙辉，刘录三，李黎译 . 溪流及浅河快速生物评价方案-着生藻类、大型底栖动物及鱼类 . 北京：中国环境科学出版社 .

Morse J C，Yang L，Tian L. 1994. Aquatic Insects of China Useful for Monitoring Water Quality. Nanjing：Hohai University Press. 1994.

Thorp J H，Cocich A R. 2001. Ecology and Classification of North American Freshwater Invertebrates. Academic Press. 2001.

第5章　东江河流生态健康评价体系和评价方法

河流生态健康是指河流生态系统的一种状态，生态健康的河流具有稳定性和可持续性，通过自我维持机制对外界压力和干扰具有良好的调节和恢复能力。河流生态健康评价对维护水生态系统安全乃至流域生态系统安全都具有重要意义，可为河流生态安全管理提供早期预警，可为流域的规划、管理和保护及综合治理提供决策依据，对促进流域的经济、社会和生态可持续发展具有重要意义。

5.1　基于河流生态分类和生态功能分区的健康评价体系

5.1.1　评价体系

河流是一个完整的体系，河流生态系统健康不仅要关注河段的生态健康，更应该关注河流系统在整体上的生态健康，局部河段的健康不能代表整体健康。因此从景观生态学角度看，开展河流生态健康评价，关键要解决评价尺度问题，它是河流生态健康评价的起点和基础，不同尺度下河流生态系统的生态过程、驱动力机制和变化速率可能完全不同。尺度选择的不同，可能会导致对生态学格局和过程及其相互作用规律不同程度的认识，最终将影响到评价结果的科学性和实用性。

从已开展研究看，国际上流域生态健康评价对象多是大河流域，如美国先后在Muskoka流域和密西西比河流域等开展了流域生态健康评价。2005年以来，我国各大流域管理机构几乎同时开展了流域健康及其评价研究，围绕流域生态服务功能、河流生态修复和保护等问题开展了大量工作。然而，关于河流本身的生态健康评价研究则更多地集中于局部河段和少数断面，对整个河流系统生态健康评价的工作刚刚起步。

河流生态健康评价的方法包括指示物种评价法和指标体系评价法（罗跃初等，2003；李春辉等，2008），其中，指标体系评价法又可分为多因子综合评价法和模型评价法。指示物种评价法使用指示物种的变化或较简单的生物指数、物种多样性指数等，来监测河流断面乃至整个水系的生态状况。20世纪80年代，在水质标准和最小生态流量标准的基础上，国外学者提出了两种主要的生物监测评价方法：河流无脊椎动物预测-分类系统（RIVPACS）和生物完整性指数（IBI）方法（Karr，1981；Wright et al.，2000）。例如，澳大利亚政府使用底栖无脊椎动物作为指示生物，建立了河流健康状况评价模型（Boulton，1999）；英国以RIVPACS方法为基础建立了河流生物监测系统。IBI方法在澳大利亚和美国应用较为广泛，最初以鱼类为生物监测对象，后来又扩展到应用着生藻类、浮游生物、无脊椎动物、维管植物等进行研究和评价（夏自强和郭文献，2008）。近年来，我国学者在借鉴国外经验的基础上，也开展了较多的以底栖动物监测河流健康的实证研究（渠晓

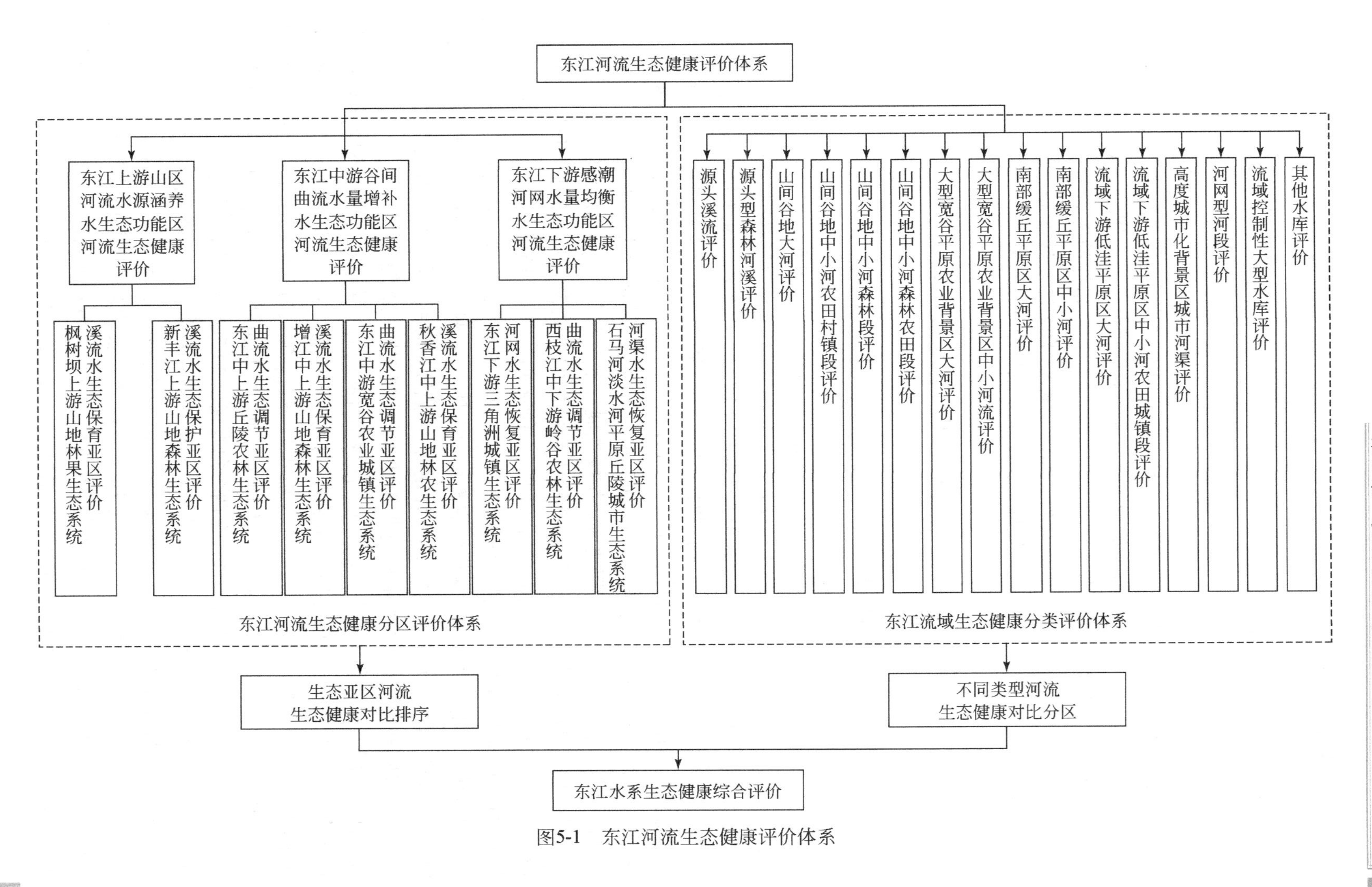

图5-1　东江河流生态健康评价体系

东，2006；张远等，2007）。

5.1.2 评价范围

东江河流水生态安全评价定位为东江水系的生态健康评价，评价范围包括东江干流及其主要支流。本研究不仅根据来自整个流域的数据对东江流域进行整体评价，也考虑到河流和流域生态系统类型特征及其所表现出的空间差异，因此，所采用的评价思路是对东江水系的水生态健康进行分类和分区评价（图5-1）。在评价指标的选择上，既采用单项指标进行评价，也采用综合指标进行评价。单项指标便于诊断影响河流生态健康的主导因子，综合指标则便于不同类型和不同区域河流水生态健康状况的对比。

5.2 评 价 方 法

5.2.1 评价指标体系

自20世纪80年代以来，国际上围绕河流生态健康保护，开展了大量的调查和评价工作，主要服务于以下几个方面的流域保护与管理任务：①流域自然生态系统保护与恢复，如1984年法国实行的“恢复和维护河流水生态平衡”十年计划、1993年澳大利亚的“国家河流健康计划”和20世纪90年代初日本的“多自然型河川修复计划”，主要目标是评价河流生物多样性、自然河道恢复情况，旨在恢复河流原有的多样性和活力（Simpson，1999）；②水资源保护与污染防治，如1987年早期的“莱茵河行动计划”、1998年莱茵河污染防治委员会实施的“莱茵河地区可持续发展计划”和荷兰的“高品质饮用水计划”，主要目标是通过污染治理，恢复河流原有的高品质饮用水资源以及生态服务目标；③洪水控制，如荷兰1995年的“大河三角洲计划”、1998年的“还河流以空间计划”和美国加利福尼亚州2009年的“三角洲湾区保护计划”，主要从流域的物理属性和水文过程出发，以恢复流域正常的水文过程；④生物完整性和物种生境保护，如1994年南非的“河流健康计划”和莱茵河流域的“鲑鱼2000计划”，从流域生态系统多样性、复杂性及流域整体性出发，以物种生境和生物多样性保护为目标，恢复流域生态健康。

伴随流域生态健康研究的不断深入，国内围绕我国的流域现状开展了不同类型和不同程度的探索和研究，如从生态环境功能和服务功能两个角度对长江流域河流健康评价指标体系的研究案例（蔡其华，2005；吴炳方和罗治敏，2007；许继军等，2011）；从理论体系、生产体系、伦理体系等角度研究如何维持黄河流域健康（李国英，2005；胡春宏等，2005）；林木隆（2006）从自然和社会两个角度提出20项指标，用于评价珠江流域的河流健康状况；此外，也有研究者从湿地补水、改善生态系统等方面，对松花江和辽河湿地进行了研究与评价（孟伟等，2007；张远等，2008；马铁民，2008）。

综观各类河流生态健康评价，河流非生物和生物特征均被认为是能够反映其生态健康的重要评价参数。河流水体的物理化学指标在快速评价、量化水质特征方面，具有相对简单易行的优点，但却不能反映其对于水生生物的影响，也难以揭示水生态系统的特征，进而评价水化学、水物理及河道特征改变对各类水生态系统结构与功能的影响。然而，如果仅仅依靠水生生物评价，则难以确定污染物的实际浓度，不便于进行控制性管理；另外，水生生物评价需要大量样点的调查数据，也需要长期反复观测，还需要专业人员对生物种类进行准确识别和鉴定。因此，评价需要的周期长、且对评价人员的专业化程度要求严格。

尽管基于水生生物的河流健康评价还存在着一定的局限性，但它的地位和作用十分重要。首先，通过水生生物评价可以揭示和评价各类生态系统在某一时段的状况，为利用、改善和保护水生态环境指出方向；其次，由于生物评价更加侧重于反映生物特征及其生境结构的变化，有助于揭示人类活动特征与水生态系统相互作用的规律，从而为协调人与自然的关系提供科学依据；此外，通过水生物与水环境特征评价，还能掌握对水生态变化构成影响的各种主要因素及其贡献，这既能为受损生态系统的恢复和重建提出科学依据，也可为相应的生态保护制订计划，增强生态保护的针对性和主动性；最后，由于生物评价可反馈各种干扰的综合信息，所以使人们能依此对区域生态环境质量的变化趋势做出科学预测。

鉴于以上认识和分析，东江流域河流生态健康评价将同时关注水环境和水生态系统特征，选择的单项评价项目包括水质理化评价、营养盐评价、浮游藻类评价、底栖动物评价和鱼类评价，在此基础上，进一步开展综合评价（表5-1）。

表5-1　东江河流生态健康评价指标体系

综合评价	分项评价	参数选择	数据需求	备注
综合评价	水质理化评价	溶解氧（DO）	定量数据	样点现场水样测试
		电导率（EC）	定量数据	样点现场水样测试
		高锰酸盐指数（COD_{Mn}）	定量数据	实验室分析测试
	营养盐评价	氨氮（NH_3-N）	定量数据	实验室分析测试
		总氮（TN）	定量数据	实验室分析测试
		总磷（TP）	定量数据	实验室分析测试
	浮游藻类评价	分类单元数（S）	定量数据	藻类群落鉴定数据
		藻类生物多样性 Shannon-Wiener 指数（H'）	藻类群落鉴定数据	按照样点进行统计，数据来源为第一手调查数据
		藻类 Berger-Parker 优势度指数（D）	藻类群落鉴定数据	同上
	底栖动物评价	分类单元数（S）	底栖群落鉴定数据	同上
		EPT 科级分类单元比（EPT-F）	蜉蝣目、襀翅目、毛翅目物种分类单元数；样点分类单元总数	同上
		底栖动物 Berger-Parker 优势度指数（D）分数	底栖群落鉴定数据底	同上
		BMWP	栖群落鉴定数据；BMWP 科级敏感值	野外采样数据与文献数据相结合
	鱼类评价	分类单元数（S）	定量数据	鱼类种类鉴定数据
		鱼类生物多样性 Shannon-Wiener 指数（H'）	鱼类种类鉴定数据	按照样点进行统计，数据来源为第一手调查数据
		鱼类 Berger-Parker 优势度指数（D）	鱼类种类鉴定数据	同上

5.2.2 水生态健康评价方法

5.2.2.1 指标体系

评价指标的选择是进行河流水生态系统健康评价的基础工作，本研究选择能较好反映水生态系统中的生境特征和生物群落健康状况的因子，将单项指标与综合指标相互结合，开展东江水系河流水生态系统健康评价。单项指标中包括水化学指标、水物理指标和生物指标，综合指标采用各类完整性指数进行评价。

根据选择的指标，通过以下分析和工作步骤，开展东江水生态系统健康评价：①分析研究区内人类活动干扰影响程度，辨识各类指标与人类影响强度、水生态系统特征及其健康状态之间的关联；②根据不同研究区样点受干扰特征，确定河流水生态系统的受干扰强度表征指标的梯度变化；③根据指标的可获取性及可定量化性，初步建立基于化学完整性、物理完整性和生物完整性的评价指标库；④根据干扰梯度筛选与之显著相关指标，建立评价指标并明确评价等级的划分方法。

通过筛选，本研究选取了水质理化特征、营养盐特征、浮游藻类和底栖生物及鱼类共5大类16个指标，构建了东江水生态系统健康评价指标库。考虑到河流生态系统的区域差异和类型多样性，本研究尝试对东江干支流水生态健康，按照水生态功能区和不同河流生态系统类型分别进行评价。评价中采用的具体指标及其计算方法如下。

水质理化指标：溶解氧（DO：mg/L）、电导率（EC：μs/cm）、高锰酸盐指数（COD_{Mn}：mg/L）；

营养盐指标：氨氮（NH_3-N：mg/L）、总氮（TN：mg/L）、总磷（TP：mg/L）；

浮游藻类指标：分类单元数（S）、藻类多样性 Shannon-Wiener 指数（H'）、藻类 Berger-Parker 优势度指数（D）。

Shannon-Wiener 指数计算方法如下（中国科学院生物多样性委员会，1994；方精云等，2004）：

$$H' = -\sum_{i=1}^{s} \frac{n_i}{N}\log_2 \frac{n_i}{N} \tag{5-1}$$

式中，H'为 Shannon-Wiener 指数；n_i为第 i 种（或属）藻类的细胞密度；N 为样点1L水样中浮游藻类总细胞密度；S 为物种（或属）数。

Berger-Parker 优势度指数计算方法如下（Berger and Parker，1970；Magurran，1988；中国科学院生物多样性委员会，1994）：

$$D = \frac{N_{max}}{N} \tag{5-2}$$

式中，D 为 Berger-Parker 优势度指数；N_{max}为最富集类群的细胞密度；N 为1L水样中全部类群的总细胞密度。

底栖动物指标：包括底栖动物分类单元数（S）、底栖动物蜉蝣目（Ephemeroptera）、襀翅目（Plecoptera）和毛翅目（Trichoptera）（EPT）科级分类单元比（EPTr-F）（Lenat and Penrose，1996）、底栖动物 BMWP（biological monitoring working Party）指数（Armitage et al.，1983）和底栖动物 Berger-Parker 优势度指数（D）。

EPT 科级分类单元比（EPT-F）计算方法如下：

$$\text{EPT-F} = \frac{N_{\text{EPT}}}{S} \tag{5-3}$$

式中，EPT-F 为 EPT 科级分类单元比；N_{EPT}为样点 EPT 分类单元科数；S 为样点包含的分类单元总数。

底栖动物 Berger-Parker 优势度指数计算方法与浮游藻类的 Berger-Parker 优势度指数计算方法相同。

BMWP 指数计算方法如下（Walley and Hawkes，1996；Mustow，2002；耿世伟等，2012）：

$$\text{BMWP} = \sum t_i \tag{5-4}$$

式中，t_i为科 i 的 BMWP 的敏感值分数，底栖动物不同科级之间的敏感性分值范围为 1 ~ 10，分数越高，底栖动物对于环境的敏感性越强，对水质的要求越高。(表 5-2)。

表 5-2 底栖动物科级 BMWP 敏感值得分

科　　名	BMWP 得分（t_i）	科　　名	BMWP 得分（t_i）
匙指虾科 Atyidae	8	长角石蛾科 Leptoceridae	6
长臂虾科 Palaemonidae	8	鳞石蛾科 Lepidostomatidae	9.3
蜉蝣科 Ephemeridae	7.6	原石蛾科 Rhyacophilidae	9
四节蜉科 Baetidae	5.5	沼石蛾科 Limnephilidae	7
短丝蜉科 Siphlonuridae	8	枝石蛾科 Calamoceratidae	8
小蜉科 Ephemerellidae	5.8	小石蛾科 Hydroptilidae	6
新蜉科 Nemouridae	10	齿角石蛾科 Odontoceridae	10
细蜉科 Caenidae	5.8	摇蚊科 Chironomidae	4
扁蜉科 Heptageniidae	6.4	蚋科 Simuliidae	7
细裳蜉科 Leptophlebiidae	6	长足虻科 Dolichopodidae	6
箭蜓科 Gomphidae	7.3	水虻科 Stratiomyidae	2
大蜻科 Macromiidae	6	大蚊科 Tipulidae	8.5
伪蜓科 Corduliidae	5	毛蠓科 Psychodidae	5
蜻科 Libellulidae	1.5	虻科 Tabanidae	3
河蟌科 Calopterygidae	7.6	鱼蛉科 Corydalidae	6.2
蟌科 Coenagrionidae	1	螟蛾科 Pyralidae	7
蜓科 Aeshnidae	7.7	田螺科 Viviparidae	5
丝蟌科 Lestidae	8	觿螺科 Hydrobiidae	3
大蜓科 Cordulegastridae	6	膀胱螺科 Physidae	3
石蝇科 Perlidae	9	扁蜷螺科 Planorbidae	5
划蝽科 Corixidae	5	椎实螺科 Lymnaeidae	2
潜水蝽科 Naucoridae	5	瓶螺科 Ampullariidae	4
仰泳蝽科 Notonectidae	5	黑螺科 Melaniidae	5

续表

科　　名	BMWP 得分（t_i）	科　　名	BMWP 得分（t_i）
蝎蝽科 Nepidae	5	拟沼螺科 Assimineidae	5
水黾科 Gerridae	5	珠蚌科 Unionidae	5
长角泥甲科 Elmidae	6.3	贻贝科 Mytilidae	3
沼梭科 Haliplidae	2	蚬科 Corbiculidae	2
隐翅虫科 Staphylinidae	2	颤蚓科 Tubificidae	2
豉甲科 Gyrinidae	4	仙女虫科 Naididae	2
龙虱科 Dytiscidae	5	扁蛭科 Glossiphonidae	1
水龟甲科 Hydrophilidae	2	石蛭科 Erpobdellidae	4
平唇水龟甲科 Hydraenidae	5	水螨科 Lebertiidae	5
纹石蛾科 Hydropsychidae	6.3	沙蚕科 Nereididae	5

注：得分值参照文献和专家经验值综合确定（Hellawell，1986；Walley and Hawkes，1996；Mustow，2002；耿世伟等，2012），其中部分信息由中国水利水电科学研究院水环境研究所渠晓东研究员提供。

鱼类指标：分类单元数（S）、鱼类多样性 Shannon-Wiener 指数（H'）、鱼类 Berger-Parker 优势度指数（D）。

Shannon-Wiener 指数计算方法同式（5-1）。

$$H' = -\sum_{i=1}^{s} \frac{n_i}{N}\log_2 \frac{n_i}{N}$$

式中，H'为 Shannon-Wiener 指数；n_i为第 i 种（或属）鱼类的生物量；N 为样点采集鱼类总生物量；S 为物种（或属）数。

Berger-Parker 优势度指数计算方法同式（5-2）：

$$D = \frac{N_{max}}{N}$$

式中，D 为 Berger-Parker 优势度指数；N_{max}为最富集类群的生物量；N 为 1L 水样中全部类群的生物量。

5.2.2.2　指标计算方法

（1）指标标准化

由于不同指标采用的计量单位不同，其数值之间不具备可比性。为了便于综合分项指标数据获得综合评价结果并进行健康等级划分，必须将各类指标进行标准化处理，将各指标得分范围标准化为 0 ~ 1，并根据评价目标和不同指标特征确定指标基准，即确定指标期望值（指标等级最好状态值）和阈值（指标等级最差状态临界值）。

1）溶解氧（DO）、Shannon-Wiener 指数（H'）和 BMWP 指数的标准化方法如式（5-5）：

$$W_S = \frac{W - W_{Thr}}{W_E - W_{Thr}} \tag{5-5}$$

式中，W_S为指标标准化值；W_E为指标期望值（表 5-3）；W 为指标的实测值；W_{Thr}为指标的阈值（表 5-3）。

2）电导率（EC）、总磷（TP）、总氮（TN）、氨氮（NH_3-N）、COD_{Mn}、藻类和底栖

动物的 Berger-Parker 优势度（D）指数标准化方法见式（5-6）：

$$V_S = \frac{V_{Thr} - V}{V_{Thr} - V_E} \tag{5-6}$$

式中，V_S为各类指标标准化值；V为各类指标测量值；V_E为各类指标期望值（表5-3）；V_{Thr}为各类指标阈值（表5-3）。

3）藻类、底栖动物和鱼类的物种数标准化方法见式5-7（张文彤和董伟，2013）：

$$N_S = \frac{N - N_{(Thr5\%)}}{N_{(E5\%)} - N_{(Thr5\%)}} \tag{5-7}$$

式中，N_S为指标标准化值；N为物种数测量值；$N_{(E5\%)}$为藻类和底栖动物数截尾5%的期望值（表5-3）；$N_{(Thr5\%)}$为藻类和底栖动物数截尾5%的阈值（表5-3）。

表5-3　东江流域水生态系统健康评价指标期望值与阈值

评价大类	评价指标	适用范围	期望值	阈值	赋值依据
水质理化指标	DO	所有样点	7.5[a]	3[b]	GB 3838—2002
	EC	所有样点	27[c]	418[d]	ANZEEC—2000
	COD_{Mn}	所有样点	2[a]	10[b]	GB 3838—2002
水质营养盐指标	TP	所有样点	0.02[a]	0.3[b]	GB 3838—2002
	TN	所有样点	0.2[a]	1.5[b]	GB 3838—2002
	NH_3-N	所有样点	0.15[a]	1.5[b]	GB 3838—2002
浮游藻类指标	分类单元数（S）	所有样点	43[e]	7[e]	实测数据
	Shannon-wiener 指数（H′）	所有样点	3[f]	0[f]	文献(金相灿和屠清瑛，1990)
	Berger-Parker 优势度指数（D）	所有样点	0.05[g]	0.95[g]	专家经验值
底栖生物指标	分类单元数（S）	所有样点	17[e]	2[e]	实测数据
	EPT 科级分类比（EPT-F）	山区	0.48[h]	0.0297[h]	文献（Lenat，1988；Bond et al.，2011）；专家经验值
		丘陵	0.36[h]	0.0364[h]	
		平原	0.17[h]	0.0271[h]	
	BMWP 指数	山区	131[h]	0[h]	文献（Armitage et al.，1983）；专家经验值
		丘陵、平原	81[h]	0[h]	
	Berger-Parker 优势度指数（D）	所有样点	0.05[g]	0.95[g]	专家经验值
鱼类指标	分类单元数（S）	所有样点	21	3[e]	实测数据
	Shannon-wiener 指数 H′	所有样点	3[f]	0[f]	文献（李捷等，2009）
	Berger-Parker 优势度指数（D）	所有样点	0.05[g]	0.95[g]	专家经验值

a　GB 3838—2002 中地表水Ⅰ类水质标准。
b　GB 3838—2002 中地表水Ⅳ类水质标准。
c　ANZECC-2000 中水生态系统期望浓度。
d　ANZECC-2000 中水生态系统阈值浓度。
e　期望值采用所有样点截尾5%的期望值，阈值采用所有样点截尾5%的阈值。
f　期望值采用富营养化标准中的贫-中营养水平，阈值采用富营养化标准中的严重污染水平。
g　期望值采用理论值0～1截尾5%的期望值，阈值采用理论值0～1截尾5%的阈值。
h　期望值、阈值均在文献基础上采用专家经验值。

4）底栖生物指标标准化（Penrose，1985；Lenat，1988；Bond et al.，2011）。

山地区：EPT 科级分类单元比（EPT-F）标准化公式：

$$\begin{aligned} &EPT - F > 0.48,\ EPT_S = 1.0 \\ &EPT - F < 0.48,\ EPT_S = 0.0297e^{7.2601 \times EPT-F} \end{aligned} \quad (5\text{-}8)$$

丘陵区：EPT 科级分类单元比（EPT-F）标准化公式：

$$\begin{aligned} &EPT - F > 0.36,\ EPT_S = 1.0; \\ &EPT - F < 0.36,\ EPT_S = 0.0297e^{9.1382 \times EPT-F} \end{aligned} \quad (5\text{-}9)$$

平原区：EPT 科级分类单元比（EPT-F）标准化公式：

$$\begin{aligned} &EPT - F > 0.17,\ EPT_S = 1.0; \\ &EPT - F < 0.17,\ EPT_S = 0.0271e^{20.635 \times EPT-F} \end{aligned} \quad (5\text{-}10)$$

式中，EPT_S为 EPT 科级分类单元比标准化值；EPT-F 为 EPT 科级分类单元比。

（2）评价指标期望值与阈值

评价指标中期望值与阈值大小决定着评价指标标准化得分并进而影响评价结果，因此各指标期望值与阈值的科学性和实用性十分重要。本研究参考《地表水环境质量标准》（GB 3838—2002）（国家环境保护总局，2002）、澳大利亚及新西兰环境委员会水环境标准（ANZECC—2000）（ARMCANZ and ANZECC，2000）、其他相关文献标准、专家经验值标准及实际调查样点的实测指标值等数据，采用如下期望值和阈值开展评价（表 5-3）。

5.2.2.3 综合得分及等级标准

水生态健康评价综合指标依据以下公式进行计算，根据综合得分值，可将水生态系统健康状态划分成 5 个等级，等级标准见表 5-4。

（1）水质理化指标评价得分计算

$$\begin{aligned} &DO_S \neq 0 \quad W_1 = \frac{DO_S + EC_S + COD_{MoS}}{3} \\ &DO_S = 0 \quad W_1 = 0 \end{aligned} \quad (5\text{-}11)$$

式中，W_1为水质理化指标评价得分；DO_S为溶解氧标准化值；EC_S为电导率标准化值；COD_{MoS}为高锰酸钾指数标准化值。

（2）水质营养盐指标评价得分计算

$$\begin{aligned} &[NH_3 - N]_S \neq 0 \quad W_2 = \frac{TP_S + TN_S + [NH_3 - N]_S}{3} \\ &[NH_3 - N]_S = 0 \quad W_2 = 0 \end{aligned} \quad (5\text{-}12)$$

式中，W_2为水质营养盐指标评价得分；TP_S为总磷标准化值；TN_S为总氮标准化值；$[NH_3-N]_S$为氨氮标准化值。

（3）浮游藻类生物指标综合得分计算

$$W_3 = \frac{N_S + H'_S + D_S}{3} \quad (5\text{-}13)$$

式中，W_3为水生藻类生物指标综合得分；N_S为藻类的物种数标准化值；H'_S为藻类多样性指数的标准化值；D_S为藻类 Berger-Parker 优势度指数的标准化值。

(4) 大型底栖生物指标综合得分计算

$$W_4 = \frac{N_S + EPT_S + BMWP_S + D_S}{4} \tag{5-14}$$

式中，W_4为水生大型底栖生物指标综合得分；N_S为底栖动物的物种数标准化值；EPT_S为EPT科级分类比的标准化值；$BMWP_S$为BMWP指数的标准化值；D_S为底栖动物Berger-Parker优势度指数的标准化值。

(5) 鱼类生物指标综合得分计算

$$W_5 = \frac{N_S + H'_S + D_S}{3} \tag{5-15}$$

式中，W_5为鱼类生物指标综合得分；N_S为鱼类的物种数标准化值；H'_S为鱼类多样性指数的标准化值；D_S为鱼类Berger-Parker优势度指数的标准化值。

(6) 样点健康评价综合得分计算

$$W = \frac{W_1 + W_2 + W_3 + W_4 + W_5}{5} \tag{5-16}$$

式中，W为样点健康评价综合得分；W_1为水质理化指标评价得分；W_2为水质营养盐指标评价得分；W_3为浮游藻类生物指标评价得分；W_4为底栖生物指标评价得分，W_5鱼类生物指标评价得分。

水生态健康最终评价结果分5个等级，每个指标的等级采用均等计算的方法进行划分，依据评价得分的高低，划分为优秀、良好、一般、差和极差（表5-4）。

表5-4　水生态系统健康综合得分值分级

健康评价综合得分	健康等级
0.8～1.0	优秀
0.6～0.8	良好
0.4～0.6	一般
0.2～0.4	差
0～0.2	极差

5.2.3　评价结果制图

考虑到河流水生态健康分类和分区评价的特点，为了更加直观和清楚地说明水生态健康评价结果，本研究将总体评价结果以各类图形的方式进行显示，主要包括评价结果等级比例柱状图、综合评价结果雷达图和评价结果样点分布图。

5.2.3.1　评价结果等级比例柱状图

这里对每个评价样点进行单项指标和综合指标评价，评价结果均采用等级进行定性表达，等级体系为优、良、一般、差、极差五个等级。依据每个样点的得分结果，可以确定样点代表和水体所属的健康等级。为了明确不同区域河流或不同类型河流的水生态健康整体状况，分别对分布于不同水生态功能区域中、分属不同河流生态系统类型的河段评价样点等级数量进行统计，对每个单项指标和综合指标分别采用柱状图，表示各等级样点在某评价区域或者某评价类型中的百分比。由于等级划分标准和柱状图成图方法具有一致性，因此评价结果柱状图可以用以对不同河流生态类型或者不同水生态功能区中河流的健康状况进行对比分析。柱状图采用统一图例进行制作，以便于快速进行对比分析，图形设计如下（图5-2）。

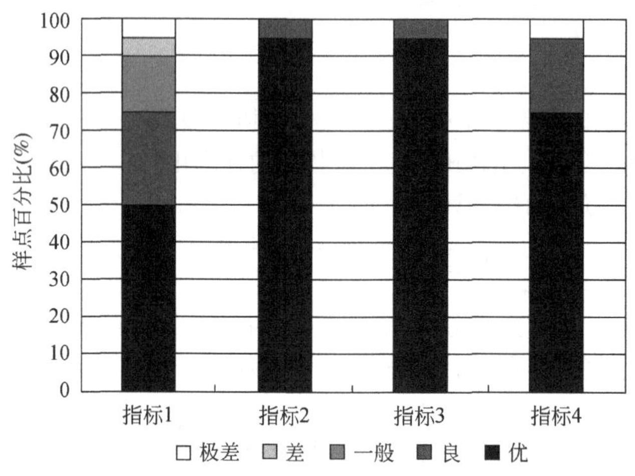

图5-2　东江河流健康评价等级组成柱状图标准样图

5.2.3.2　综合评价结果雷达图

为了更清晰和形象地揭示各类河流生态类型及各个水生态功能区之间健康状况的差异，比较其生态健康特征，本研究针对东江流域分属8种主要生态系统类型的河段、9个水生态功能亚区分别制作综合评价结果雷达图。

对于各个区域或者每个类型评价的雷达图，每条射线分别代表不同评价指标，雷达图上阴影覆盖到射线上的位置，表明该射线所代表的指标的评价数值；对于比较不同水生态功能亚区、比较不同河段类型的水生态健康雷达图，射线代表被评价的类型或者生态功能亚区，雷达图上阴影覆盖到射线上的位置，表明该射线所代表的河流生态类型和水生态功能亚区的综合评价数值（图5-3）。

5.2.4　河流生态健康分类评价

河流是一种自然地理单元，由于河流是由水生生物和水环境组成的整体，具有其自身的物质循环和能量流动规律，因此也是一种独特的生态系统。河流因其结构特征和功能属性不同而常常被分为不同类型，由于分类目的不同、分类过程中采用的指标不同，形成了不同的河流分类体系，常用的分类体系包括河流地貌分类、河流水文分类及河流生态分类等。

河流生态分类以揭示水生态分异为核心，关注河流生态系统在结构、生物组成等方面

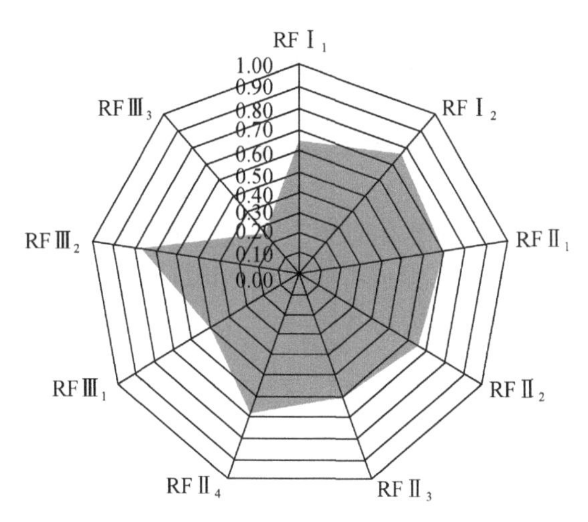

图 5-3　水生态功能亚区/河流生态类型生态系统健康等级综合对比图

图中的字母标号分别表示不同水生态功能亚区或水生态系统类型

的特征，揭示河流生态系统特征的形成原因。河流生态分类也是河流生态管理的基础。生态分类可以根据生态系统中生物要素或与生物特征有关的生境要素来表征河流水生态分异，也可以二者结合使用。其中，从生境要素方面对其加以表征的做法较为常见。当选用生境要素时，一般需要阐明其与水生生物分异之间的水生态关联机理。河流生态管理的核心目的是促使整个河流生态系统达到并维持某种健康状态。鉴于河流系统具有复杂多样性，建立一个科学的分类系统，识别各类河流的健康状态，提出相应管理目标和措施，对于科学有序地管理我国河流生态系统，维护河流生态健康具有重要意义。

河流生态健康分类评价是指按照不同的河流生态类型，开展河流生态健康评价。由于不同类型河段水生态系统类型不同，水生生物和生境差异明显，采用一套标准对不同类型的河段进行生态健康评价，难以将生态系统背景不同造成的差异和生态健康状态的差异进行区分。因此本研究在生态健康评价中，不仅对东江河流进行了整体的生态健康评价，也分别对不同河流生态类型进行了评价。

5.2.4.1　东江河流生态分类

本研究组近五年来对东江水生态系统进行了深入研究，在充分借鉴国际河流生态分类的基础上，兼顾河流生境与水生生物的关系及数据的可获取性，采用生境分类的思路，对东江水系的河流进行了生态分类。在构建河流生态分类方案时，尽量体现生态系统的整体性和关联性，主要关注：水体特征与流域陆地特征的关联性、时空尺度与过程类型的关联、上游与下游的关联性及各类过程之间的关联。在分类指标选择顺序方面，以河流生境与水生生物特征关系为基础，筛选对水生生物特征作用明显的生境要素作为分类指标，其中优先使用分异尺度大的指标，优先使用稳定性好的指标，优先体现自然特征的分异，优先体现自然驱动因素的影响。

根据对东江河流生态系统的调查分析（廖剑宇等，2013；彭秋志等，2013；吕乐婷等，2013；董满宇等，2013），初步构建了河流生态分类系统，采用“水生态组”、“水生态类”、“水生态型”三级分类体系，其中“类”和“型”下面可以根据实际情况分别划分出“亚类”和“亚型”。“水生态组”的划分主导指标为区域气候温度；“水生态类”的划分主导指标主要为流速和比降；“亚类”的划分可以河水的盐度或者 pH 为依据；“水生态型”的划分主导指标主要为河流级序、径流量等，“亚型”的划分以集水区土地利用或者干扰类型等为依据。基于以上方法，将东江河流划分出 16 个河流水生态生态型，分属于 2 个河流生态组。每个“河流水生态型”下可根据集水区土地利用特征进一步划分出多种“水生态亚型”不同河流生态型或者亚型具有其特有的水质特征、水生生物组成特征和生境特征。东江河流生态分类系统如下。

东江河流生态分类系统

Ⅰ冬温水生态组

A 急流水生态类

1 冬温急流淡水河溪型

2 冬温急流淡水中小河型

3 冬温急流淡水大河型

B 缓流水生态类

4 冬温缓流淡水河溪型

5 冬温缓流淡水中小河型

6 冬温缓流淡水大河型

C 水库类

7 冬温水库型

Ⅱ冬暖河流生态组

A 急流水生态类

8 冬暖急流淡水河溪型

9 冬暖急流淡水中小河型

10 冬暖急流淡水大河型

B 缓流水生态类

a 淡水亚类

11 冬暖缓流淡水河溪型

12 冬暖缓流淡水中小河型

13 冬暖缓流淡水大河型

b 淡-咸水亚类

14 冬暖缓流淡-咸水河段型

C 水库类

15 冬暖水库型

D 极缓流湖沼水生态类

16 冬暖极缓流淡水湖沼湿地型

5.2.4.2 水生态健康分类评价说明

本研究通过对东江流域河流调查数据，开展河流水生态系统健康评价，在流域整体评价的基础上，尝试对东江不同河流生态类型进行进一步评价，以揭示不同河流生态类型的生态系统健康状态，为河流生态系统管理与保护提供支撑。

鉴于水生态健康评价更多地关注人类活动影响对河流生态系统的损伤状态，也鉴于河流生态类型在东江水系中的分布与数量的不均衡性，水生态健康分类评价采用的类型分组，是在东江水生态系统分类的16个水生态型的基础上进行适当合并而成。合并后的类型组弱化了区域温度造成的水生态类型差异，同时，将数量较少的类型归并到与其最为相似的优势类型中。此外，考虑到城市生态建设的需要和城市中水生态问题的严重性，将城市河流作为单独一类进行水生态健康评价。因此，水生态健康评价最终按照8个大类型进行评价，重新组合的评价分组与河流生态分类结果见表5-5。

表5-5　水生态健康评价分组与河流生态分类结果对照表

健康评价类型分组	河流生态分类类型	备注特征
一、急流淡水源头上游河流河段	1冬温急流淡水河溪型；2冬温急流淡水中小河型；4冬温缓流淡水河溪型；8冬暖急流淡水中小河型；11冬暖缓流淡水河溪型	位于源头或上游河段，集水区内林地占绝对优势
二、缓急流淡水丘陵谷地大中河流河段	3冬温急流淡水大河型；5冬温缓流淡水中小河型；9冬暖急流淡水中小河型	山间谷地河段，位于干流中上游、一级支流中上游，林地占优
三、缓流淡水平原大中河流河段	6冬温缓流淡水大河型；10冬暖急流淡水大河型；12冬暖缓流淡水中小河型	干流中下游，一级支流中下游，平原区，农地占优
四、冬暖缓流淡水大河河段	13冬暖缓流淡水大河型	干流下游大河
五、缓流淡-咸水河段	14冬暖缓流淡-咸水河段型	干流下游感潮河段
六、极缓流湖沼淡水河段	16冬暖极缓流淡水湖沼湿地型	大型湖沼型湿地，如潼湖平原湿地区
七、水库	7冬温水库型；15冬暖水库型	大型水库
八、城市河段	各“水生态型”中的“城市河段亚型”	集水区中城镇建设用地占绝对优势的河段

5.2.5　东江河流生态健康的分区评价

东江河流生态健康评价，不仅针对不同的河流生态系统类型进行评价，也将针对不同生态功能区进行评价。由于流域内自然、社会和经济等条件存在明显的区域差异，因此大型河流的水生态系统表现出明显的区域差异。揭示不同区域中水生态系统健康特征，不仅有利于全面反映河流生态健康，也有利于针对主要目标和关键问题采取相应的手段和方法，实施适应性水生态系统管理。东江是珠江水系的三大支流之一，流域总面积为35 340 km^2，由于流域内部自然、社会和经济条件的不同，河流的主要类型和水生态系统特征也表现出区域差异。

5.2.5.1　自然条件的区域分异规律与特征

流域整体地势东北高，西南低，地貌特点是：岭谷相间、排列有序。东江流域属亚热带季风气候，热量充足，雨量丰沛，由于气候条件受地形影响明显，流域不同区域气候状况有一定差异，其中流域南部属于南亚热带，而北部是我国中亚热带的南缘地区；降雨分布大致趋势是北部少、东南多。北部处于广东省 5 个低雨区的粤北坪石盆地低雨区和梅县盆地低雨区之间，如龙川站的多年平均降雨量为 1562 mm，而西枝江上游则接近广东省 4 大高雨区之一的莲花山东南迎风坡高雨区，如东坑站的多年平均降雨量为 1962 mm。流域内地形和气候的多样性，使得流域植被和植物区系具有明显的由南亚热带向中亚热带过渡的特色，目前流域内原生阔叶林所剩无几，只在部分区域有所分布，多数阔叶林也仅是以次生林的状态存在。虽大部分山地、丘陵具有较好的植被覆盖，但流域内水土流失状况仍然较为严重，森林对水源的涵养能力不足。

东江流域水资源总量空间差异是流域地形、气候及植被共同作用的结果。东江源区地区由于河谷众多，河流纵横密布，但河流径流量明显较小，加上上游地区降水量较少，使得源区水资源总量占东江流域总水资源总量比例较小。自东江龙川—河源段开始，区域降雨量显著增加，加之新丰江水库和枫树坝水库防洪蓄水，使得区域可利用水资源总量明显增加，该区是东江流域重要的水资源供应源地。东江中下游地区地势平坦，河道宽阔，东江三角洲更是河网密集，加之充沛的降雨补给，中下游地区水资源总量也较为理想。

5.2.5.2 社会经济状况的区域分异规律

东江流域中不同区域的经济发展水平差异较大。流域产业结构由上游地区的单一农业产业向中下游的制造加工业、高新技术产业及金融、旅游等第二、第三产业迅速转变；地区经济总量也由上游至下游逐渐增加。流域内人口明显集中于下游地区，且中下游地区外来人口比例显著大于上游地区。

东江上游寻乌、定南和安远三县产业均以农业为主，人口也主要以农业人口为主，经济总量最小。由于地区基础设施建设的落后和水环境管理的不足，上游源区水土流失较严重，农业面源污染和居民生活污染是源区主要水体污染来源。

东江中游地区的产业结构构成中，农业为该区域经济的重要组成部分；随着珠江三角洲地区产业结构调整，部分工业也开始向河源地区转移，从而推动了该地区的工业发展。该区域经济总量较东江上游有一定上升，但较下游仍有一定差距；农业人口比例在整个流域中居中，这一区域社会经济和人口对区域水资源造成一定压力，水环境污染主要来自农业面源污染和居民生活污染等。

东江下游地区位于珠三角核心区域，紧邻香港、广州，是中国经济高度活跃的区域之一。下游的惠州市、东莞市和深圳市拥有良好的基础设施和完善的交通网络，极大地促进了地区社会经济的发展。下游地区快速发展的经济也吸引了大量外来人口，非农业人口比例显著提高。社会经济的发展和人口的急剧增加，给区域水资源造成了巨大的压力，区域水资源供需矛盾加剧，工业和城镇污水排放导致河流水质下降，生态系统受到威胁。

5.2.5.3 东江流域水生态功能分区与分区评价

流域水生态功能分区是以淡水生态系统及其流域特征的空间分异规律为指导、以水生态系统结构及各类影响因素的时空尺度和层级关系为基础，根据具有内在联系的水体和流域陆地相关指标划分出的多等级流域生态分区。流域水生态功能分区揭示了流域水生态系统类型的空间分布和区域差异，水生态功能分区中较高等级分区单元，依据较大尺度空间分异现象的特征进行划分，较低等级分区单元则依据较小尺度空间分异现象特征进行划分。不同分区单元内部的主要水生态系统类型的特征及其影响因素相对一致，不同分区单元之间的主要生态系统类型的特征及其影响因素的差异相对明显。

水生态功能分区，全面反映了流域内部水生态系统的空间分布及与之相关联的陆地驱动因素特征的空间变化，因而可作为流域水生态系统分区管理的科学依据，服务于区域水资源分配、水环境管理、水生态系统监测和水生态健康评价，从而为水生态系统的整体健康与功能的稳定发挥提供保障。

流域水生态功能一级、二级分区属于自然背景分区，主要目的在于反映不同区域中自然因素对于流域水生态系统基本特征的作用与影响。东江流域水生态功能一级分区，以保障东江流域生态系统需水的水量为目标，依据流域中对水资源量影响较大的自然生态系统因子的区域差异性及其空间分异格局，对流域水生态系统的背景条件进行空间划分，体现着温度、降水、地貌、地表覆被等大尺度环境因子影响下的区域水资源数量的空间分异；水生态功能二级分区，则是在一级分区的基础上，主要以保障东江流域水生态系统的水质为目标，依据流域中岩性、土壤类型、植被类型、地形等对水质净化、抗侵蚀能力等影响较大的自然生态系统因子的区域差异性及其空间分异格局，对流域及其水生态系统进行的进一步划分，流域水生态功能二级分区体现着区域水环境背景、地表水化学过程、生物净化等自然生态过程影响下的区域水质特征及其保障基础的空间分异。通过对东江流域的调查与分析，本研究最终将东江流域划分为 3 个水生态功能一级区（定义为水生态功能区）和 9 个水生态功能二级分区（定义为水生态功能亚区）①（表 5-6，图 5-4 和图 5-5）。

东江流域水生态健康分区评价，在对流水体整体进行生态健康评价的基础上，将进一步依据水生态功能一级、二级分区结果，对一级分区的空间单元和二级分区的空间单元分别进行评价，以期能够客观地揭示东江河流生态健康的区域特征，为分区域管理和水生态系统保护提供科学依据。

表 5-6　东江流域生态功能一级、二级分区

一级区命名	二级区命名	代码	面积（$\times 10^4 km^2$）	水质调节能力
东江上游山区河流水源涵养水生态功能区域（RF Ⅰ）	枫树坝上游山地林果生态系统溪流水生态保育亚区	RF $Ⅰ_1$	4.95	强
	新丰江上游山地森林生态系统溪流水生态保护亚区	RF $Ⅰ_2$	6.07	强

① 有关水生态功能分区研究和完整的分区结果，将在随后出版的相关研究成果中详细论述。

续表

一级区命名	二级区命名	代码	面积（$\times10^4$km^2）	水质调节能力
东江中游谷间曲流水量增补水生态功能区域（RFⅡ）	东江中上游丘陵农林生态系统曲流水生态调节亚区	RFⅡ$_1$	3.26	中等
	增江中上游山地森林生态系统溪流水生态保育亚区	RFⅡ$_2$	3.75	中等
	东江中游宽谷农业城镇生态系统曲流水生态调节亚区	RFⅡ$_3$	2.65	弱
	秋香江中上游山地林农生态系统溪流水生态保育亚区	RFⅡ$_4$	4.34	强
东江下游感潮河网水量均衡水生态功能区域（RFⅢ）	东江下游三角洲城镇生态系统河网水生态恢复亚区	RFⅢ$_1$	4.92	弱
	西枝江中下游岭谷农林生态系统曲流水生态调节亚区	RFⅢ$_2$	2.16	中等
	石马河淡水河平原丘陵城市生态系统河渠水生态恢复亚区	RFⅢ$_3$	2.83	弱

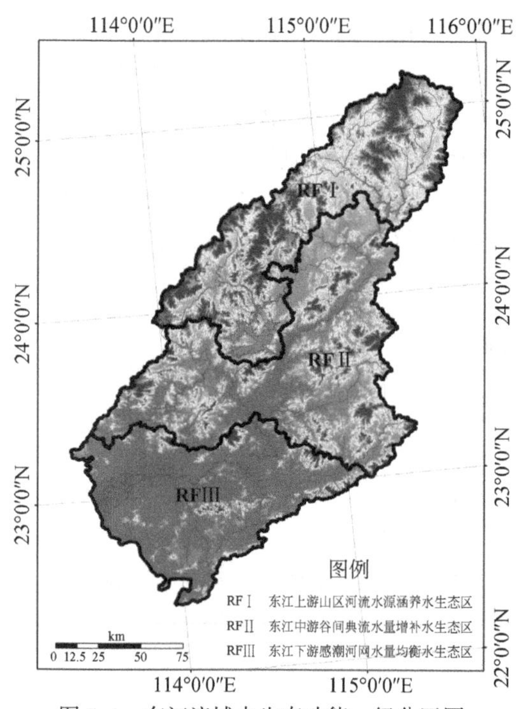

图5-4 东江流域水生态功能一级分区图

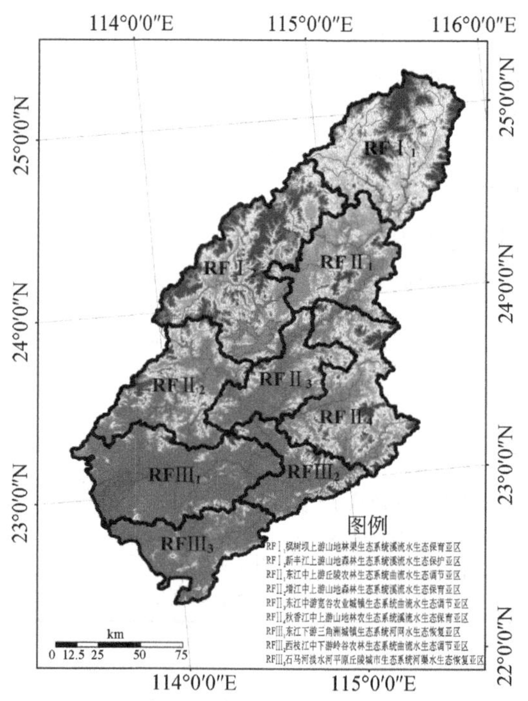

图5-5 东江流域水生态功能二级分区图

参考文献

蔡其华 . 2005. 维护健康长江促进人水和谐——摘自 2005 年长江水利委员会工作报告 . 人民长江，36（3）：1-3.

董满宇，王炳钦，廖剑宇，等 . 2013. 近 50 年东江流域极端降水事件变化特征 . 资源科学，35（3）：520-526.

方精云，沈泽昊，唐志尧，等 . 2004. “中国山地植物物种多样性调查计划”及若干技术规范 . 生物多样性，12（1）：5-9.

耿世伟，渠晓东，张远，等 . 2012. 大型底栖动物生物评价指数比较与应用 . 环境科学，33（7）：2281-2287.

国家环境保护总局 . 2002. 地表水环境质量标准 GB3838—2002. 北京：中国标准出版社 .

胡春宏，陈建国，郭庆超，等 . 2005. 论维持黄河健康生命的关键技术与调控措施 . 中国水利水电科学研究院学报，3（1）：1-5.

金相灿，屠清瑛 . 1990. 湖泊富营养化调查规范 . 北京：中国环境科学出版社 .

李春晖，崔嵬，庞爱萍，等 . 2008. 流域生态健康评价理论与方法研究进展 . 地理科学进展，27（1）：9-17.

李国英 . 2005. 维持河流健康生命——以黄河为例 . 人民黄河，27（11）：1-4.

李捷，李新辉，谭细畅，等 . 2009. 广东肇庆西江珍稀鱼类省级自然保护区鱼类多样性 . 湖泊科学，21（4）：556-562.

廖剑宇，彭秋志，郑楚涛，等 . 2013. 东江干支流水体氮素的时空变化特征 . 资源科学，35（3）：506-514.

林木隆，李向阳，杨明海 . 2006. 珠江流域河流健康评价指标体系初探 . 人民珠江，36（4）：1-4.

吕乐婷，彭秋志，廖剑宇，等 . 2003. 近 50 年东江流域降雨径流变化趋势研究 . 资源科学，35（3）：514-520.

罗跃初，周忠轩，孙轶，等 . 2003. 流域生态健康评价方法 . 生态学报，23（8）：1606-1614.

马铁民 . 2008. 辽河流域健康评价指标体系初探 . 东北水利水电，26（2）：1-3.

孟伟，张远，郑丙辉，2007. 生态系统健康理论在流域水环境管理中应用研究的意义、难点和关键技术——代“流域水环境管理战略研究”专栏序言 . 环境科学学报，27（6）：906-910.

彭秋志，廖剑宇，吕乐婷，等 . 2013. 东江支流夏季小型浮游动物群落特征研究 . 资源科学，35（3）：490-497

渠晓东 . 2006. 香溪河大型底栖动物时空动态、生物完整性及小水电站的影响研究 . 北京：中国科学院研究生院 .

吴炳方，罗治敏 . 2007. 基于遥感信息的流域生态健康评价——以大宁河流域为例 . 长江流域资源与环境，16（1）：102-106.

夏自强，郭文献 . 2008. 河流健康研究进展与前瞻 . 长江流域资源与环境，17（2）：252-256.

许继军，陈进，金小娟 . 2011. 健康长江评价区划方法和尺度探讨 . 长江科学院院报，28（10）：49-53.

张文彤，董伟 . 2013. SPSS 统计分析高级教程 . 北京：高等教育出版社 .

张远，徐成斌，马溪平 . 2007. 辽河流域河流底栖动物完整性评价指标与标准 . 环境科学学报，27（6）：919-927.

张远，张楠，孟伟 . 2008. 辽河流域河流生态系统健康的多要素评价 . 科技导报，26（17）：36-41.

中国科学院生物多样性委员会 . 1994. 生物多样性研究的原理与方法 . 北京：中国科学技术出版社 .

ARMCANZ，ANZECC. 2000. Australian and New Zealand guidelines for fresh and marine water quality. Australia：Australian and New Zealand Environment and Conservation Council and Agriculture and Resource Management

Council of Australian and New Zealand.

Armitage P D, Moss D, Wright J F, et al. 1983. The performance of a new biological water quality score system based on macroinvertebrates over a wide range of unpolluted running- water sites. Water research, 17 (3), 333-347.

Berger W H, Parker F L. 1970. Diversity of Planktonic Foraminifera in Deep-Sea Sediments. Science, 168 (7), 1345-1347.

Bond N R, Liu W, Weng S C, et al. 2011. Assessment of river health in the Pearl River Basin (Gui sub-catchment) . River Health and Environmental Flow in China Project. Brisbane: Pearl River Water Resources Commission and International Water Centre.

Boulton A J. 1999. An overview of river health assessment: philosophies, practice, problems and prognosis. Freshwater, 41 (3): 469-479.

Hellawell. 1986. Biological indicators of freshwater pollution and environmental management. London: Elservier Applied Science Pub.

Karr J K. 1981. Assessments of biotic integrity using fish communities. Fisheries (Bethesda), (6): 21-27.

Lenat D, Penrose D. 1996. History of the EPT taxa richness metric. Bulletin of the North American Benthological Society, 13: 305-306.

Lenat D. 1988. Water quality assessment of streams using a qualitative collection method for benthic macroinvertebrates. Journal of the North American Benthological Society, 7 (3): 222-233.

Magurran A E. 1988. Ecological Diversity and Its Measurement. New Jersey: Princeton University Press.

Mustow S E. 2002. Biological monitoring of rivers in Thailand: use and adaptation of the BMWP score. Hydrobiologia, 479 (7): 191-229.

Penrose D. 1985. An introduction to North Carolina's bio- monitoring program: benthic macroinvertebrates. In Proceedings, State/EPA Region VI Water Quality Data Assessment Seminar/Workshop, (11): 19-2.

Simpson J, Norris R, Barmuta L. 1999. AUSRIVAS-National River Health Program. User Manual Website Version

Walley W J, Hawkes H A. 1996. A computer-based reappraisal of the Biological Monitoring Working Party scores using data from the 1990 river quality survey of England and Wales. Water research, 30 (9): 2086-2094.

Wright J F, Sutcliffe D W, Furse M T. 2000. Assessing the biological quality of fresh waters: RIVPACS and other techniques. Ambleside: The Freshwater Biological Association.

第 6 章　东江流域河段类型水生态健康评价

6.1　河段类型评价结果

6.1.1　Ⅰ-急流淡水源头上游河流河段

(1) 类型概况

该类型河段广泛分布于全流域，河段平均比降为 11.35‰，属于急流水体。河道平均海拔为 175 m，因而河段平均水温低。河道底质为卵石和砾石，河床中多巨石，河流级序为 1 ~2 级，河岸带森林植被覆盖率高，植物种类多样。以河段所在集水单元为各类土地利用类型的总面积计算，城镇用地面积比例为 0.1%，农田比例为 5%，林地比例为 93%，水体比例为 0.1%，土地利用类型以林地占绝对优势，人类活动干扰程度小。该类河段上共鉴定出浮游藻类 6 门，53 属，116 种，细胞丰度为 26.625×10^4 cells/L。底栖动物的分类单元总数为 62 个，平均密度为 $40ind/m^2$，EPT 分类单元数为 16 个，所占类型区分类单元数的比例为 26%。总体而言，底栖动物物种多样性高且清洁急流指示物种多，水体清洁为主。

(2) 水质理化评价

该段 DO 浓度为 3.06 ~8.46mg/L，平均浓度为 6.92mg/L；DO 评价值得分为 0.82，其中优秀和良好的比例分别为 72% 和 17% （图 6-1），差和极差的比例各占 6%。EC 浓度为 20.93 ~636.00μm/cm，平均值为 94.83μm/cm；EC 的评价值得分为 0.86，主要以优秀为主，其比例为 89%，良好和极差的比例各占 6%。COD_{Mn}浓度为 0.23 ~19.47mg/L，平均浓度为 2.54mg/L；COD_{Mn}评价值得分为 0.93，主要以优秀为主，其比例为 94%，极差的比例为 6%。通过该河段水质理化指标评价的结果显示，水质理化指标评价值得分为 0.87，其中以优秀为主，其比例 83%，良好和极差的比例分别为 11% 和 6%，通过水质理化评价，该河段水生态健康状态为优秀。

(3) 营养盐评价

该段 TP 浓度为 0.001 ~2.04mg/L，平均浓度为 0.17mg/L；TP 评价值得分为 0.81，以优秀为主，其比例为 72% （图 6-2），良好和一般的比例各占 11%，极差的比例为 6%。TN 浓度为 0.11 ~25.10mg/L，平均浓度为 2.13mg/L；TN 的评价值得分为 0.58，优秀和良好的比例分别为 50% 和 6%，一般的比例为 11%，差和极差的比例分别为 6% 和 28%。NH_3-N 浓度为 0.06 ~20.25mg/L，平均浓度为 1.43mg/L；NH_3-N 评价值得分为 0.82，主要以优秀为主，比例为 72%，良好、一般和极差的比例分别为 11%、6% 和 11%。通过该

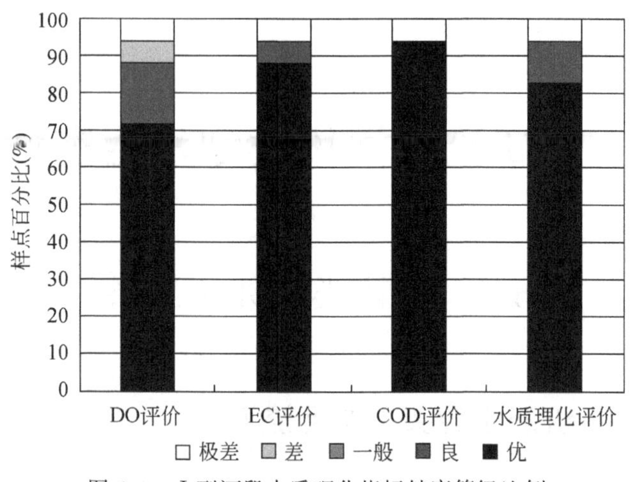

图 6-1　Ⅰ型河段水质理化指标健康等级比例

河段营养盐指标评价的结果显示，营养盐指标评价值得分为 0.72，以优秀和良好为主，其比例分别为 50% 和 28%，一般和极差的比例各占 11%，通过营养盐评价，该河段水生态健康状态为良好。

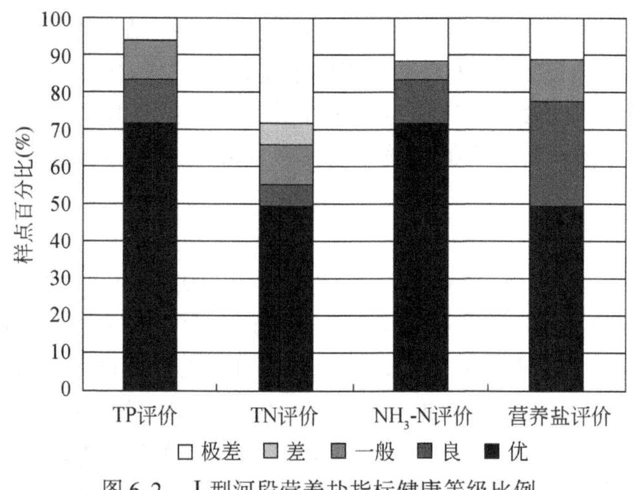

图 6-2　Ⅰ型河段营养盐指标健康等级比例

（4）浮游藻类评价

该段浮游藻类分类单元数（*S*）为 4～35，平均值为 17；*S* 评价值得分为 0.27，以差和极差为主，其比例分别为 22% 和 50%（图 6-3），良好和一般的比例分别为 11% 和 17%。优势度指数（*D*）的范围为 0.11～0.70，平均值为 0.34；*D* 评价值得分为 0.67，主要以优秀和良好为主，其比例分别为 28% 和 50%，一般和差的比例各占 11%。Shannon-Weiner 指数（*H'*）范围为 1.54～4.16，平均值为 3.02；通过 Shannon-Weiner 指数分级评价结果显示，Shannon-Weiner 指数评价值得分为 0.89，以优秀为主，其比例为 78%，良好和一般的比例各占 11%。浮游藻类评价评价值得分为 0.61，其中以良好为主，其比例为

56%，优秀的比例为 11%，一般和差的比例各占 17%，通过浮游藻类评价，该河段水生态健康状态为良好。

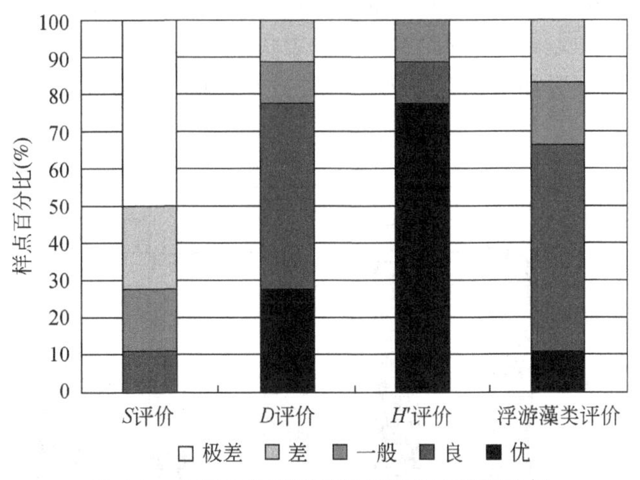

图 6-3　Ⅰ型河段浮游藻类指标健康等级比例

（5）底栖动物评价

河段底栖动物分类单元数（S）为 4～36，平均为 14，S 评价值得分为 0.55。通过分级评价显示，优秀级别占 40%（图 6-4），其他样点属于差和极差等级，分别占 40% 和 20%，说明不同样点间多样性差异较大。各样点优势度指数（D）为 0.23～0.91，均值为 0.45，D 评价值得分为 0.56。其中大部分属于良好级别，占 80%；其余 20% 属于差。EPT-F 为 0～0.36，平均为 0.14，EPT-F 评价值得分为 0.26；评价结果为优秀占 20%；其余为极差。BMWP 得分为 17～211.3，平均为 78.1，BMWP 评价值得分为 0.52。优秀、良好和一般的比例各为 20%，差占 40%，无极差级别。底栖综合评价值为 0.47，整体情况是优秀的占 20%；无良好级别，一般占 40%；差和极差各占 20%。综合来看，该类河段受人为干扰较小，底质类型多样，以致样点间底栖动物多样性差异较大，该河段类型水生态

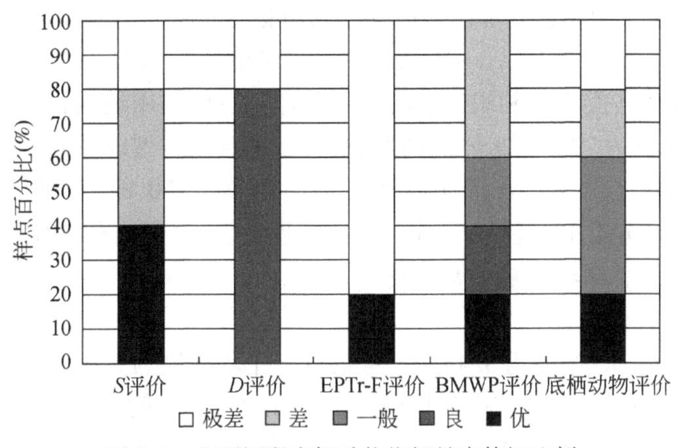

图 6-4　Ⅰ型河段底栖动物指标健康等级比例

健康整体上属于一般等级。

(6) 综合评价

通过对急流淡水源头上游河流河段水质理化指标、营养盐指标、浮游藻类和底栖动物的综合评价得出：该河段综合评价评价值得分为0.71，主要以优秀和良好为主，其比例为分别为33%和50%，一般和极差的比例分别为11%和6%，说明该河段水生态系统健康状态为良好（图6-5）。

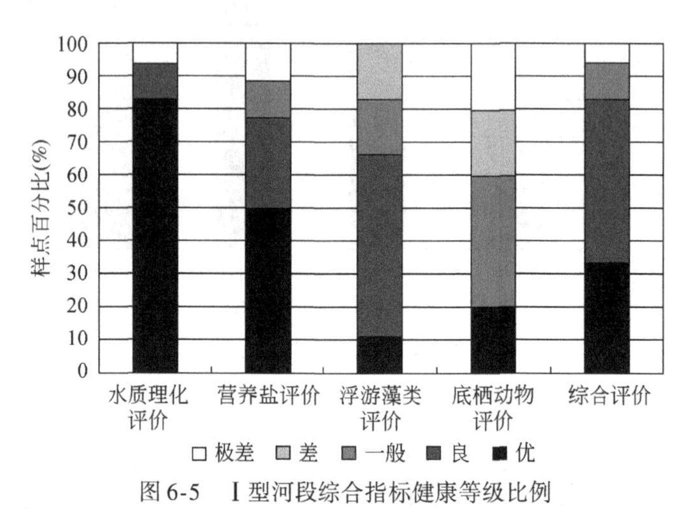

图6-5　Ⅰ型河段综合指标健康等级比例

6.1.2　Ⅱ-缓急流淡水丘陵谷地大中河流河段

(1) 类型概况

该类型河段广泛分布于东江上游山区和东江中游山地丘陵区，主要位于定南水寻乌水山地丘陵区、新丰江浰江中上游山地森林区、干流龙川段宽谷区、黄村水丘陵山地区、秋香江丘陵山地区、增江上游山地森林区、增江中游宽谷区、公庄水中上游宽谷区。河段平均比降为5.6‰，属于相对急流水体。河道平均海拔为117 m，因而河段平均水温相对较低。河道底质多样，河流级序以2～3级为主，河岸带植被覆盖率高，植物种类多样。以河段所在集水单元为各类土地利用类型的总面积计算，城镇用地面积比例为1%，农田比例为14%，林地比例为79%，水体比例为1%，土地利用类型以林地为主，人类活动干扰程度小。在该类河段上共鉴定出浮游藻类7门，76属，170种，细胞丰度为23.43×10^4 cells/L。底栖动物的分类单元总数62个，平均密度23 ind/m^2，有EPT清洁指示种，但也有污染指示种存在，总体看来是中等水质。

(2) 水质理化评价

该河段类型样点DO浓度为3.43～9.34mg/L，平均浓度为5.99mg/L；DO评价值得分为0.65，其中优秀和良好的比例共占63%（图6-6），一般、差和极差的比例分别为17%，17%和3%。EC浓度为24.5～136μm/cm，平均值为71.29μm/cm；EC的评价值得分0.89，其中优秀的比例为86%，良好的比例为14%。COD_{Mn}浓度为0.64～7.36mg/L，平均浓度为 2. 16mg/L；COD_{Mn}评价值得分 0. 94，其中优秀的比例占为 94%，良好和差的比例各占 3%。通过该河段水质理化指标评价的结果显示，水质理化指标评价值得分为 0. 83，其中优秀的比例为 69%，良好和一般的比例分别为 26% 和 6%，通过水质理化评价，说明该河段水生态健康状态为优秀。

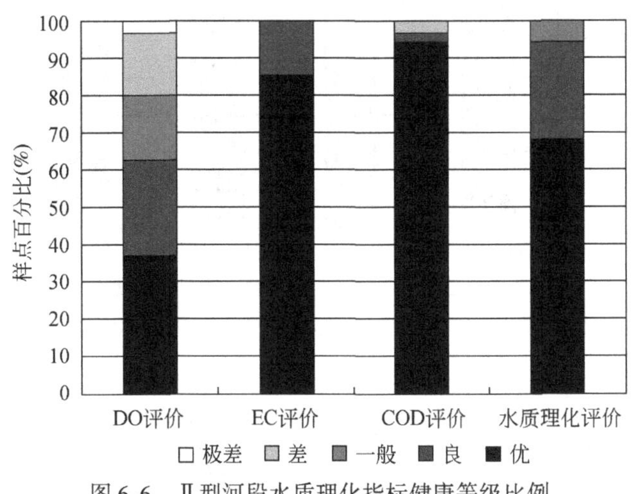

图 6-6　Ⅱ型河段水质理化指标健康等级比例

(3) 营养盐评价

该段 TP 浓度为 0. 001 ~ 0. 36mg/L，平均浓度为 0. 08mg/L；TP 评价值得分 0. 80，其中优秀和良好的比例共占 88%（图 6-7），一般和极差的比例分别为 9% 和 3%。TN 浓度为 0. 001 ~ 4. 08mg/L，平均浓度为 1. 13mg/L；TN 的评价值得分为 0. 43，优秀和良好的比例分别为 20% 和 14%，一般的比例为 11%，差和极差的比例共为 54%。NH_3-N 浓度为 0. 06 ~ 4. 06mg/L，平均浓度为 0. 55mg/L；NH_3-N 评价值得分为 0. 81，其中优秀和良好的比例分别为 71% 和 14%，一般和极差的比例分别为 3% 和 11%。通过该河段理化指标评价的结果显示，营养盐指标评价值得分为 0. 66，其中优秀和良好的比例共占 74%，一般、差和极差的比例分别为 11%、6% 和 9%，通过水质营养盐的评价，该河段水生态健康状态为良好。

(4) 浮游藻类评价

该段浮游藻类分类单元数（S）为 4 ~ 56，平均值为 23；S 评价值得分为 0. 43，其中优秀和良好的比例分别为 11% 和 17%（图 6-8），一般的比例为 11%，差和极差的比例共占 60%。优势度指数（D）的范围为 0. 13 ~ 0. 94，平均值为 0. 32；D 评价值得分为 0. 70，其中优秀和良好的比例共占 83%，一般、差和极差的比例分别为 9%、3% 和 6%。Shannon-Weiner 指数（H'）范围为 0. 44 ~ 4. 44，平均值为 3. 32；通过 H' 分级评价结果显示，H' 评价值得分 0. 92，其中优秀的比例为 86%，一般的比例为 6%，良好、差和极差的比例各占 3%。浮游藻类评价值得分 0. 68，其中优秀和良好的比例共占 83%，一般、差和极差的比例分别为 3%、11%、3%。通过浮游藻类评价，该河段水生态健康状态为良好。

(5) 底栖动物评价

该段底栖动物分类单元数（S）为 2 ~ 20，平均值为 10；S 评价值得分为 0. 50，分级评价显示，优秀、良好和一般的比例分别为 14%、24% 和 14%（图 6-9），差和极差比例

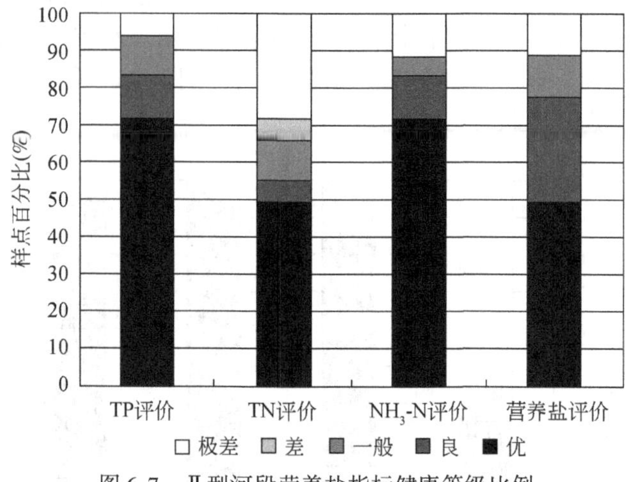

图 6-7　Ⅱ型河段营养盐指标健康等级比例

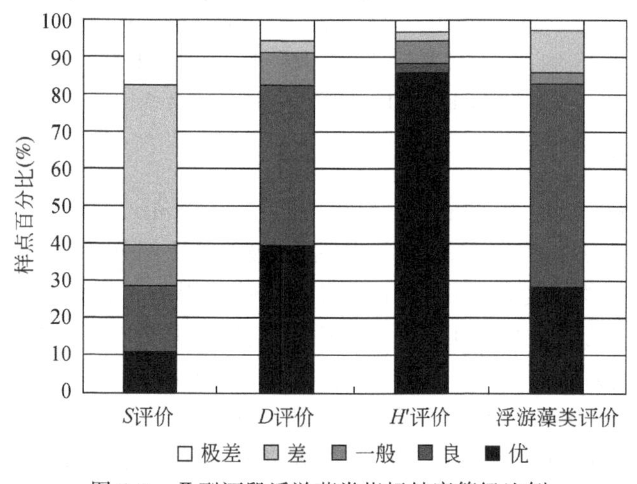

图 6-8　Ⅱ型河段浮游藻类指标健康等级比例

都为 24%。全流域各样点优势度指数（D）为 0.16～0.94，平均值为 0.53；D 评价值得分 0.46，其中优秀和良好的比例各占 5% 和 29%，一般、差和极差的比例分别为 33%、19% 和 14%。全流域 EPT-F 为 0～0.31，平均值为 0.06，EPT-F 评价值得分为 0.08；其中差和极差的比例分别为 14% 和 86%，可见该类型河段 EPT 指示种比例小，导致该项评价指标总体差。全流域 BMWP 得分为 7.0～94.1，平均为 42.6；BMWP 评价值为 0.42，其中优秀和良好的比例都为 10%，一般、差和极差的比例分别为 33%、29% 和 19%。底栖动物评价值得分 0.36，良好的比例仅占 10%，一般、差和极差的比例分别为 33%、48% 和 10%。综合来看，山间谷地型河段底栖评价结果整体属于差等级。

（6）综合评价

通过对缓急流淡水丘陵谷地大中河流型河段水质理化指标、营养盐指标、浮游藻类和底栖动物的综合评价得出：该河段综合评价值得分为 0.67，其中优秀和良好的比例共占

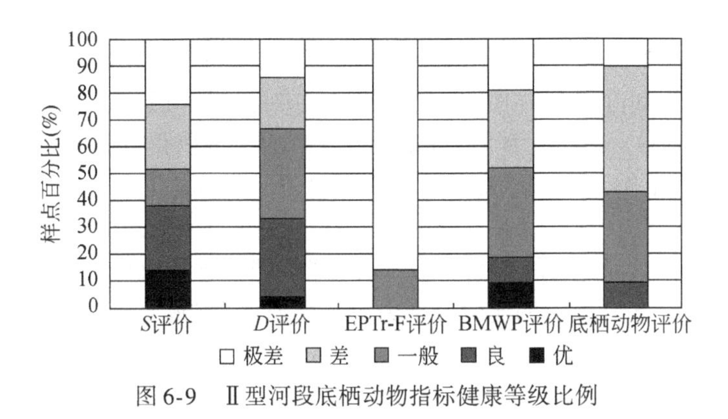

图 6-9　Ⅱ型河段底栖动物指标健康等级比例

77%（图 6-10），一般的比例为 23%，说明该河段水生态系统健康状态为良好。

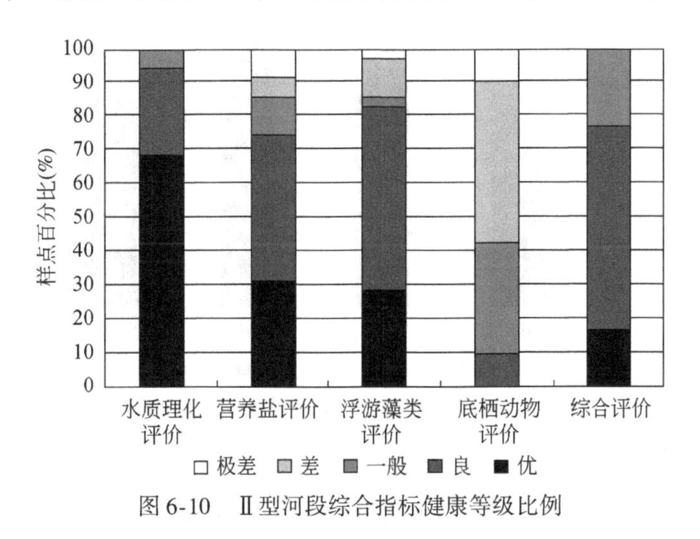

图 6-10　Ⅱ型河段综合指标健康等级比例

6.1.3　Ⅲ-缓流淡水平原大中河流河段

(1) 类型概况

该类型河段主要分布于船塘河平原、干流中上游段宽谷、西枝江中游宽谷、干流惠州段平原。河段平均比降为 1.89‰，属于缓流水体。河道平均海拔为 23 m，河道底质以泥沙、砾石和卵石为主，河流级序以 4～6 级为主，河岸带植被覆盖率高，植物种类多样。以河段所在集水单元为各类土地利用类型的总面积计算，城镇用地面积比例为 6%，农田比例为 43%，林地比例为 27%，水体比例为 7%，土地利用类型以农田为主，人类活动干扰程度较大。该河段类型水质一般，城镇段河流水质偏差。在该类河段上共鉴定出浮游藻类 7 门，65 属，134 种，细胞丰度为 38.00×10^4 cells/L；底栖动物的分类单元总数为 30 个，平均密度为 14.8 ind/m^2，其中 EPT 分类单元数为 5 个，所占类型区分类单元数的比例为 16%。

(2) 水质理化评价

该段 DO 浓度为 2.39 ~ 7.73mg/L，平均浓度为 5.37mg/L；DO 评价值得分 0.53，其中优秀和良好的比例共占 57%（图 6-11），差和极差的比例分别为 14% 和 29%。EC 浓度为 31.3 ~ 147.4μm/cm，平均值为 81.3μm/cm；EC 的评价值得分为 0.86，其中优秀的比例为 64%，良好的比例为 36%。COD_{Mn} 浓度为 1.2 ~ 6.6mg/L，平均浓度为 2.99mg/L；COD_{Mn} 评价值得分 0.86，其中优秀的比例占 79%，良好和一般的比例分别为 7% 和 14%。通过该河段水质理化指标评价的结果显示，水质理化指标评价值得分 0.71，其中优秀的比例为 57%，良好、一般和极差的比例分别为 14%、21% 和 7%，通过水质理化评价，说明该河段水生态健康状态为良好。

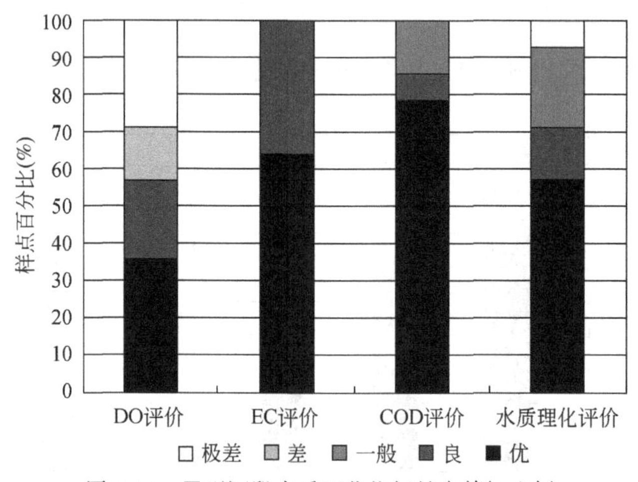

图 6-11 Ⅲ型河段水质理化指标健康等级比例

(3) 营养盐评价

该段 TP 浓度为 0.001 ~ 0.18mg/L，平均浓度为 0.09mg/L；TP 评价值得分为 0.76，其中优秀和良好的比例共占 71%（图 6-12），一般的比例为 29%。TN 浓度为 0.30 ~ 2.28mg/L，平均浓度为 1.36mg/L；TN 的评价值得分为 0.30，优秀和良好的比例分别为 14% 和 7%，一般的比例为 21%，极差的比例为 57%。NH_3-N 浓度为 0.04 ~ 3.30mg/L，平均浓度为 0.75mg/L；NH_3-N 评价值得分为 0.70，其中优秀的比例为 71%，差和极差的比例分别为 7% 和 21%。通过该河段理化指标评价的结果显示，营养盐指标评价值得分为 0.56，其中优秀和良好的比例分别为 21% 和 36%，一般、差和极差的比例分别为 14%、7% 和 21%，通过水质营养盐评价，说明该河段水生态健康状态为一般。

(4) 浮游藻类评价

该段浮游藻类分类单元数（*S*）为 11 ~ 33，平均值为 21；*S* 评价值得分为 0.37，其中良好的比例为 14%（图 6-13），一般的比例为 21%，差和极差的比例共占 64%。优势度指数（*D*）的范围为 0.15 ~ 0.48，平均值为 0.32；*D* 评价值得分为 0.70，其中优秀和良好的比例共占 71%，一般的比例为 29%。Shannon-Weiner 指数（*H'*）范围为 2.4 ~ 3.96，平均值为 3.27；通过该河段 *H'* 分级评价结果显示，*H'* 评价值得分为 0.97，全部样点都为优秀等级。浮游藻类评价值得分为 0.68，其中优秀和良好的比例共占 79%，一般的比例

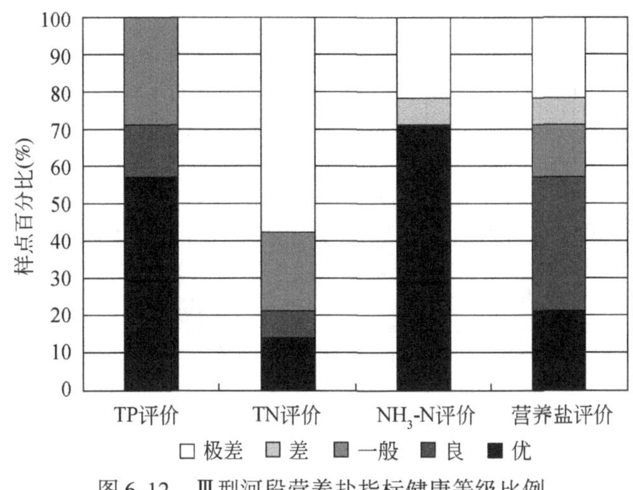

图 6-12 Ⅲ型河段营养盐指标健康等级比例

为 21%，通过浮游藻类评价，该河段水生态健康状态为良好。

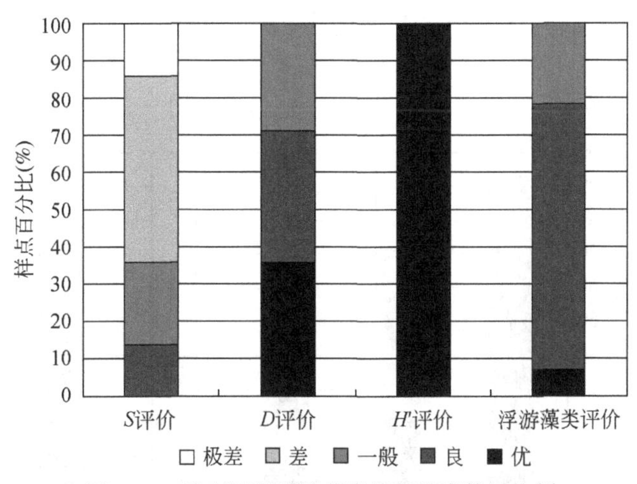

图 6-13 Ⅲ型河段浮游藻类指标健康等级比例

(5) 底栖动物评价

该段样点分类单元数（S）为 2～14，平均值为 6；S 评价值得分为 0.23，通过分级评价显示，良好、差和极差样点比例分别为 20%，20% 和 60%（图 6-14）。各样点优势度指数（D）为 0.29～1.00，平均值为 0.68；D 评价值得分为 0.30，良好比例占 20%，一般、差和极差的比例分别为 20%、10% 和 50%。全流域 EPT-F 为 0～0.07，平均值为 0.01；EPT-F 评价值得分为 0.03，样点均属于极差等级。全流域 BMWP 得分为 9～69，平均值为 26.8；评价值为 0.30，优秀和良好样点的比例共占 10%，一般和极差的比例分别为 30% 和 60%。底栖动物评价值为 0.22，一般、差和极差的比例分别为 20%、20% 和 60%。综合来看，大型宽谷平原农业背景区河段底栖生物多样性低，清洁指示种少，评价结果整体属于差等级。

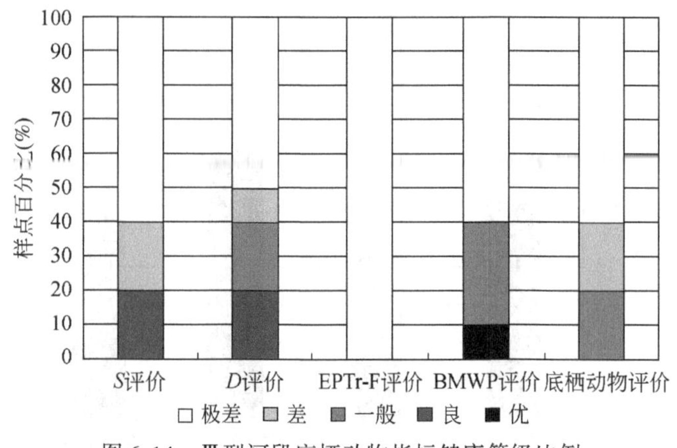

图 6-14　Ⅲ型河段底栖动物指标健康等级比例

(6) 综合评价

通过对Ⅲ-缓流淡水平原大中河流河段水质理化指标、营养盐指标、浮游藻类和底栖动物的综合评价得出：该河段综合评价值得分为 0.58，其中优秀和良好的比例分别为 14% 和 43%（图 6-15），一般和差的比例各占 21%，说明该河段水生态系统健康状态为一般。

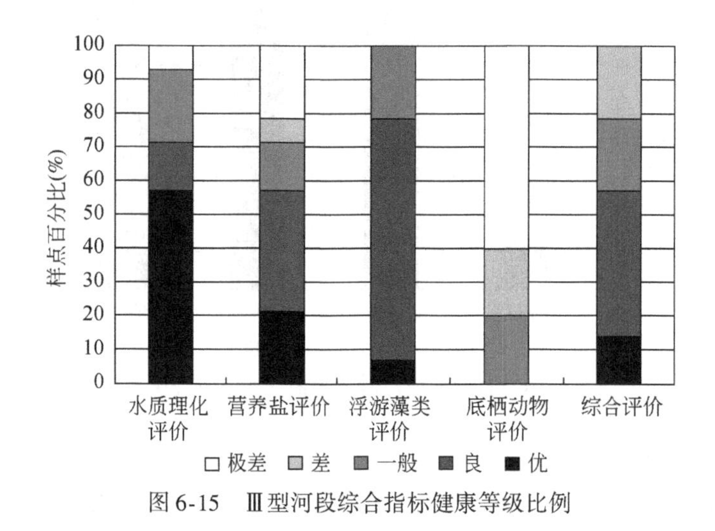

图 6-15　Ⅲ型河段综合指标健康等级比例

6.1.4　Ⅳ-冬暖缓流淡水大河河段

(1) 类型概况

该类型河段主要位于干流惠州段平原区、干流下游北部山地平原区。河段平均比降为 2.59‰，属于缓流水体。河道平均海拔为 8 m，因而河段平均水温相对较高。河道底质为泥沙和砾石，河流级序以 4～6 级为主，河岸带植被覆盖率高，植物种类单一，草本植物居多。以河段所在集水单元为各类土地利用类型的总面积计算，城镇用地面积比例为 9%，农田比例为19%，林地比例为52%，水体比例为15%，土地利用类型以林地为主，人类活动干扰程度小。在该类河段上共鉴定出浮游藻类6门，41属，67种，细胞丰度为41.18 ×104 cells/L。底栖动物的分类单元总数为18个，平均密度为33.33 ind/m^2，无EPT种出现。

（2）水质理化评价

该河段DO浓度在3.05～7.76mg/L，平均浓度为5.37mg/L；DO评价值得分为0.51，分级评价显示，优秀、一般和极差的比例各占33%（图6-16）。EC浓度为67.20～308.00μm/cm，平均值为149.53μm/cm；EC的评价值得分0.69，其中优秀的比例为67%。COD_{Mn}浓度为1.46～6.16mg/L，平均浓度为3.63mg/L；COD_{Mn}评价值得分0.77，其中优秀的比例为67%。通过该河段水质理化指标评价的结果显示，水质理化指标评价值得分为0.66，优秀和良好的比例共为66%，通过水质理化评价，该河段水生态健康状态为良好。

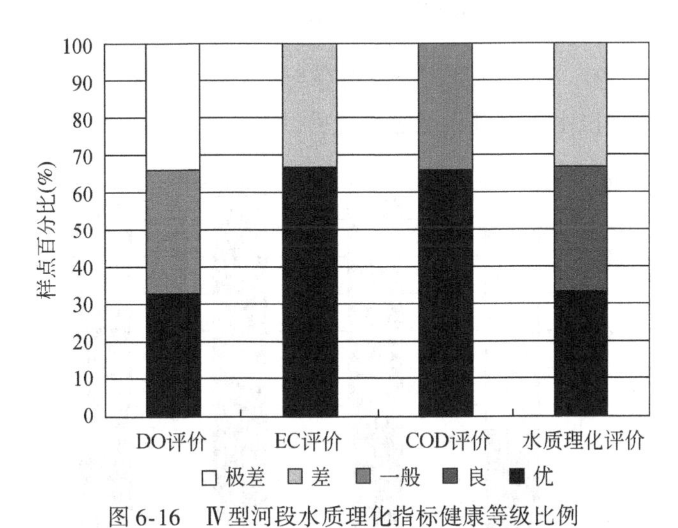

图6-16　Ⅳ型河段水质理化指标健康等级比例

（3）营养盐评价

该段TP浓度为0.06～0.27mg/L，平均浓度为0.14mg/L；TP评价值得分0.57，分级评价显示，优秀和良好的比例各占33%（图6-17）。TN浓度为1.20～8.23mg/L，平均浓度为3.59mg/L；TN的评价值得分为0.12，其中极差的比例为67%。NH_3-N浓度为0.11～13.00mg/L，平均浓度为4.79mg/L；NH_3-N评价值得分为0.40，其中极差的比例为67%。通过该河段营养盐指标评价的结果显示，营养盐指标评价值得分为0.35，其中良好、一般和极差的比例各占33%。通过水质营养盐评价，该河段水生态健康状态为差，污染较为严重，亟须治理。

（4）浮游藻类评价

该段浮游藻类分类单元数（*S*）为28～54，平均值为39；*S*评价值得分为0.78，分级评价结果，优秀、良好和一般的比例各占33%（图6-18）。优势度指数（*D*）的范围为0.16～0.31，平均值为0.22；*D*评价值得分为0.82，优秀的比例为67%。Shannon-Weiner指数（*H'*）范围为3.68～4.53，平均值为3.99；通过*H'*分级评价结果显示，*H'*评价值得

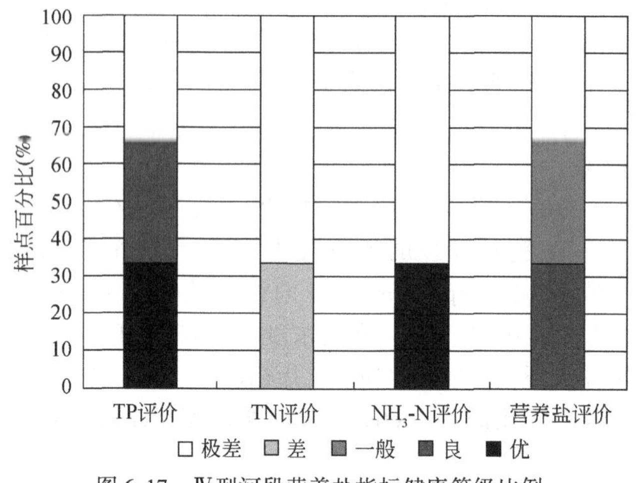

图 6-17 Ⅳ型河段营养盐指标健康等级比例

分 1，全部样点均为优秀。浮游藻类评价值得分为 0.86，其中优秀的比例为 67%，通过浮游藻类评价，说明该河段水生态健康状态为优秀。

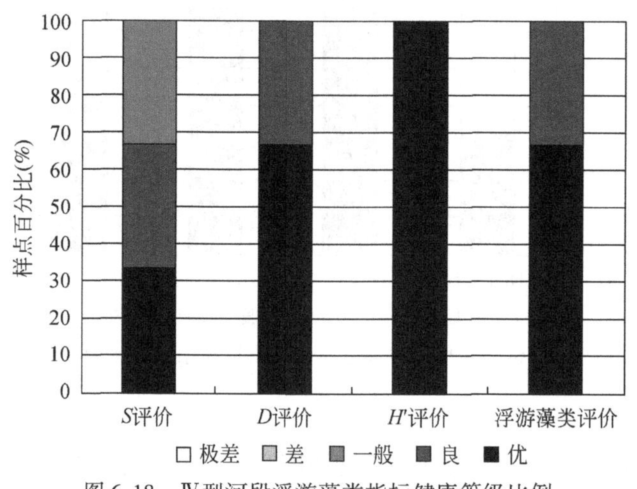

图 6-18 Ⅳ型河段浮游藻类指标健康等级比例

（5）底栖动物评价

河段类型底栖动物分类单元数（S）为 4～13，均值为 7；S 评价值得分为 0.32。通过分级评价显示，良好的比例为 33%（图 6-19），其余 67% 属于极差。各样点优势度指数（D）为 0.42～0.65，均值为 0.54；D 评价值得分为 0.46，一般级别占 67%，其余为差。无 EPT 种类出现。BMWP 得分为 17～45，均值为 27；BMWP 评价值得分为 0.33，一般级别占 33%，其余为差，占 67%。底栖动物综合评价值为 0.29，整体情况是无优秀、良好级别，一般、差、极差各占 33.3%。综合来看，水生态健康整体属于差等级。

（6）综合评价

通过对冬暖缓流淡水大河河段水质理化指标、营养盐指标、浮游藻类和底栖动物的综

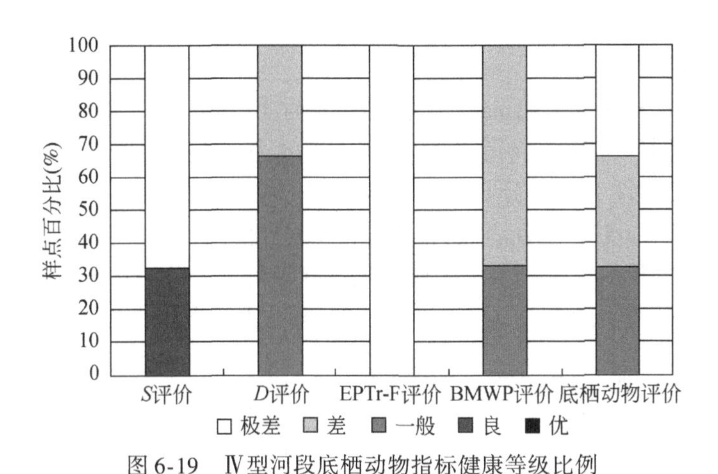

图 6-19　Ⅳ型河段底栖动物指标健康等级比例

合评价得出（图 6-20）：该河段综合评价值得分为 0.54，一般的比例为 67%，说明该河段水生态系统健康状态为一般。

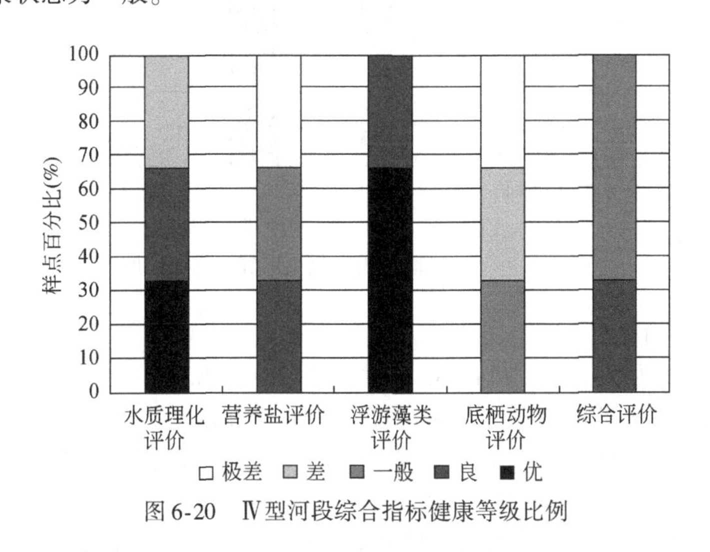

图 6-20　Ⅳ型河段综合指标健康等级比例

6.1.5　Ⅴ-极缓流湖沼淡水河段

（1）类型概况

该类型河段主要位于潼湖平原湿地区、干流下游北部平原区。河段平均比降为 0.97‰，属于缓流水体。河道平均海拔为 7 m，因而河段平均水温相对较高。河道底质为泥沙和砾石，河流级序以 3 ~ 6 级为主，河岸带植被覆盖率较高，植物种类单一，多为杂草及人工绿化植被。以河段所在集水单元为各类土地利用类型的总面积计算，城镇用地面积比例为 38%，农田比例为 38%，林地比例为 6%，水体比例为 9%，土地利用类型以城镇和农田为主，人类活动干扰程度大。该类河段上共鉴定出浮游藻类 7 门，52 属，87 种，细胞丰度为 189.83×10^4 cells/L。底栖动物的分类单元总数 2 个，平均密度为 2 ind/m^2，未出现 EPT 种，水体污染明显。

（2）水质理化评价

该段 DO 浓度为 3.70 ~ 5.41mg/L，平均浓度为 4.55mg/L；DO 评价值得分 0.35，其中一般和极差的比例各占 50%（图 6-21）。EC 浓度为 124.37 ~ 130.20μm/cm，平均值为 127.28μm/cm；EC 的评价值得分 0.74，全部样点为良好。COD_{Mn} 浓度为 2.18 ~ 5.08mg/L，平均浓度为 3.63mg/L；COD_{Mn} 评价值得分 0.80，优秀和良好的比例各占 50%。通过该河段水质理化指标评价的结果显示，水质理化指标评价值得分为 0.63，良好和一般的比例各占 50%。通过水质理化评价，说明该河段水生态健康状态为良好。

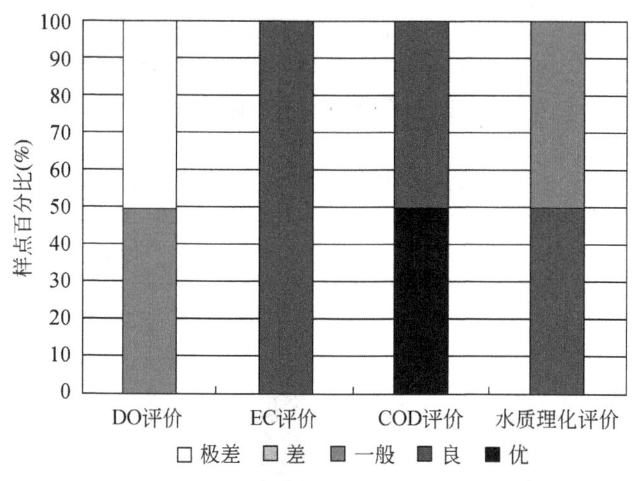

图 6-21 V 型河段水质理化指标健康等级比例

（3）营养盐评价

该河段 TP 浓度为 0.05 ~ 0.20mg/L，平均浓度为 0.12mg/L；TP 评价值得分 0.63，分级评价显示，优秀和差的比例各占 50%（图 6-22）。TN 浓度为 1.39 ~ 3.80mg/L，平均浓度为 2.59mg/L；TN 的评价值得分为 0.04，全部样点为极差等级。NH_3-N 浓度为 0.13 ~ 4.64mg/L，平均浓度为 2.38mg/L；NH_3-N 评价值得分为 0.50，优秀和极差的比例各占 50%。通过该河段营养盐指标评价的结果显示，营养盐指标评价值得分为 0.33，极差的比例为 50%，通过水质营养盐评价，说明该河段水生态健康状态为差，污染较为严重，亟须治理。

（4）浮游藻类评价

该段浮游藻类分类单元数（*S*）为 10 ~ 23，平均值为 17；*S* 评价值得分为 0.26，分级评价显示，一般和极差的比例各占 50%（图 6-23）。优势度指数（*D*）约为 0.25；*D* 评价值得分 0.78，全部样点为良好等级。Shannon-Weiner 指数（*H'*）范围为 2.94 ~ 3.73，平均值为 3.33；通过 *H'* 分级评价结果显示，*H'* 评价值得分为 0.99，全部样点为优秀等级。浮游藻类评价值得分为 0.67，全部样点为良好等级。通过浮游藻类评价，说明该河段水生态健康状态为良好。

（5）底栖动物评价

该类型河段底栖动物分类单元数（*S*）均值为 2；优势度指数（*D*）均值为 0.83，*D*

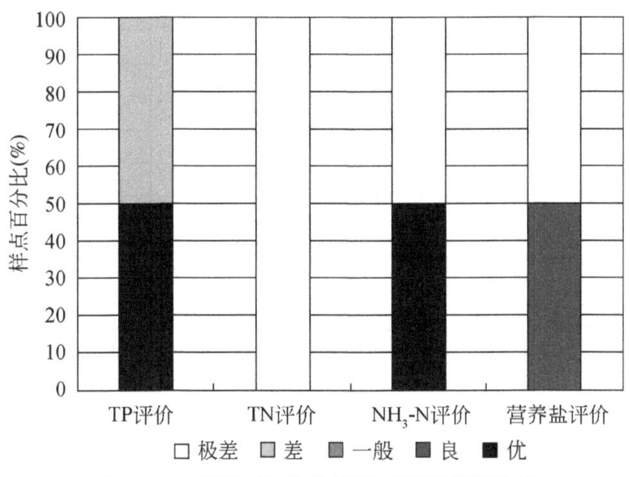

图6-22 V型河段营养盐指标健康等级比例

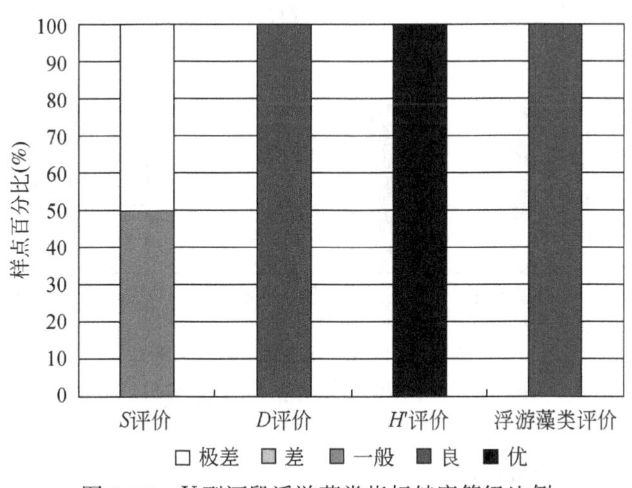

图6-23 V型河段浮游藻类指标健康等级比例

评价值得分为0.13；无EPT种类出现；BMWP得分为9，BMWP评价值得分为0.11。各项指标均为极差级别（图6-24）。综合来看，该河段类型由于处于下游低洼平原段，因此人类活动干扰强烈，城市化比例高，污染排泄物随之加大，导致底栖动物种类很少，群落结构单一，因此底栖动物评价结果属极差水平。

（6）综合评价

通过对湖沼淡水河段水质理化指标、营养盐指标、浮游藻类和底栖动物的综合评价得出：该河段综合评价值得分为0.50，其中良好和差的比例各占50%（图6-25），该河段水生态系统健康状态为一般。

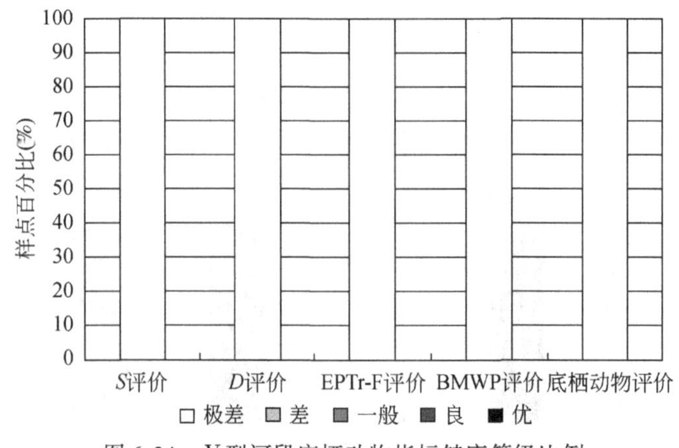

图 6-24　V 型河段底栖动物指标健康等级比例

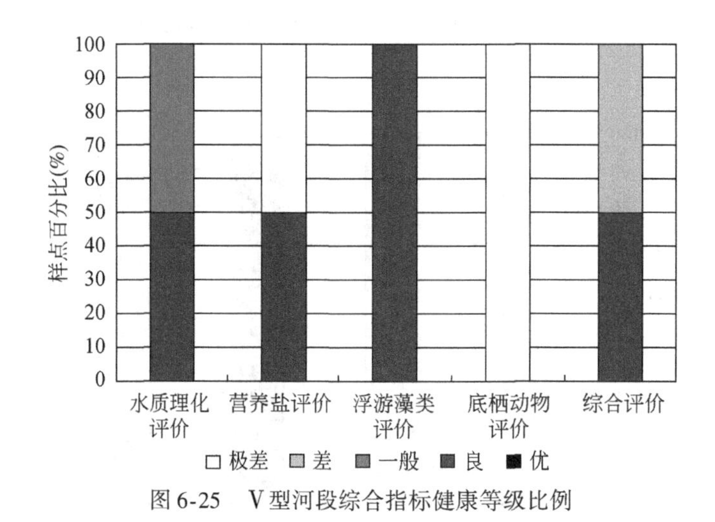

图 6-25　V 型河段综合指标健康等级比例

6.1.6　Ⅵ-城市河段

(1) 类型概况

该类型河段主要分布于深圳和东莞城市建成区等地，包括石马河淡水河上游平原、石马河—东引运河平原、沿海诸河滨海平原区内的诸多河段。河段平均比降为 2.88‰，属于缓流水体。河道平均海拔为 14.5 m，因而河段平均水温相对暖热。河道底质为泥沙或者人工基底，河流级序以 3 级为主，河岸带植被覆盖率低，植物种类单一，多为人工绿化植被。以河段所在集水单元为各类土地利用类型的总面积计算，城镇用地面积比例为 57%，农田比例为 12%，林地比例为 25%，水体比例为 2%，土地利用类型以城镇为主，河道两岸地面不透水面积比例高，人类活动干扰程度大，水质差。在该类河段上共鉴定出浮游藻类 5 门，47 属，84 种，细胞丰度为 172.53×10^4 cells/L；底栖动物的分类单元总数为 11 个，平均密度为 8.89 ind/m^2，未出现 EPT 种。

（2）水质理化评价

该河段DO浓度为0.32～5.13mg/L，平均浓度为2.92mg/L；DO评价值得分为0.13，分级评价结果以极差为主，比例为75%（图6-26），一般和差的比例分别为12.5%。EC浓度为243.00～590.67μm/cm，平均值为429.21μm/cm；EC的评价值得分0.14，主要以差和极差为主，其比例分别为38%和50%，一般的比例为12%。COD_{Mn}浓度为1.15～8.28mg/L，平均浓度为4.44mg/L；COD_{Mn}评价值得分为0.68，主要以优秀和良好为主，其比例各为38%，一般和差的比例各占12%。通过该河段水质理化指标评价的结果显示，水质理化指标评价值得分为0.20，其中主要以差和极差为主，其比例分别为25%和50%，一般的比例为25%，水质理化的评价角度，该河段水生态健康呈极差状态。

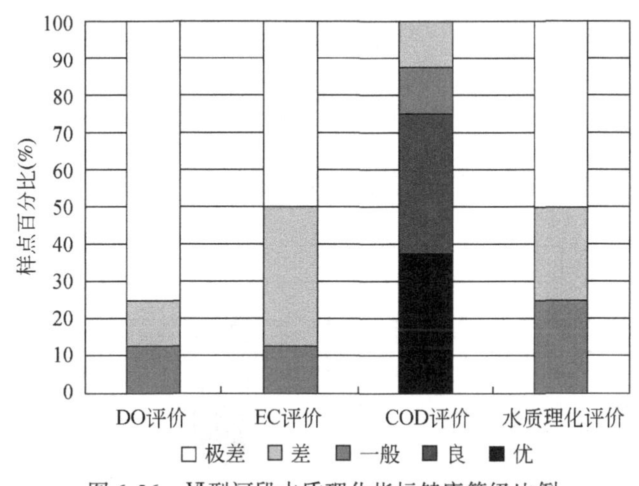

图6-26　Ⅵ型河段水质理化指标健康等级比例

（3）营养盐评价

该河段TP浓度为0.21～2.10mg/L，平均浓度为0.88mg/L；TP评价值得分为0.04，分级评价结果主要以差和极差为主，比例分别为12%和88%（图6-27）。TN浓度为8.19～19.13mg/L，平均浓度为12.03mg/L；TN的评价值得分为0，主要以极差为主，为全部样点的100%。NH_3-N浓度为1.46～22.20mg/L，平均浓度为13.41mg/L；NH_3-N评价值得分为0，主要以极差为主，为全部样点的100%。通过该河段水质理化指标分级评价的结果显示，营养盐指标评价值得分为0.01，全部样点均为极差等级。通过水质营养盐评价，该河段水生态健康极差，营养盐污染十分严重，亟须治理。

（4）浮游藻类评价

该河段浮游藻类分类单元数（*S*）为12～39，平均值为23；*S*评价值得分为0.44，分级评价结果其中以差和极差为主，其比例都为29%（图6-28），优秀、良好和一般的比例各占14%。优势度指数（*D*）的范围为0.13～0.74，平均值为0.42；*D*评价值得分为0.59，主要以良好和一般为主，其比例分别为43%和29%，优秀和差的比例各为14%。Shannon-Weiner指数（*H'*）范围为1.37～4.37，平均值为2.81；通过*H'*分级评价结果显示，*H'*评价值得分为0.82，以优秀和良好为主，比例分别为57%和29%，一般的比例为14%。浮游藻类评价值得分为0.62，其中优秀、良好和一般的比例比较均衡，各为29%，

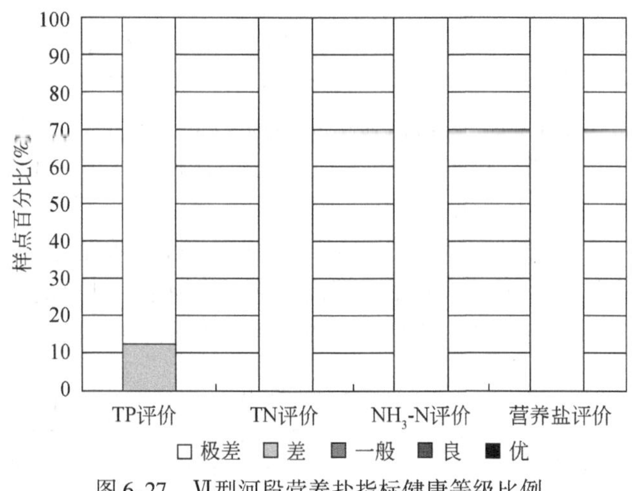

图 6-27 Ⅵ型河段营养盐指标健康等级比例

差的比例为 13%。通过浮游藻类评价，该河段水生态健康良好。

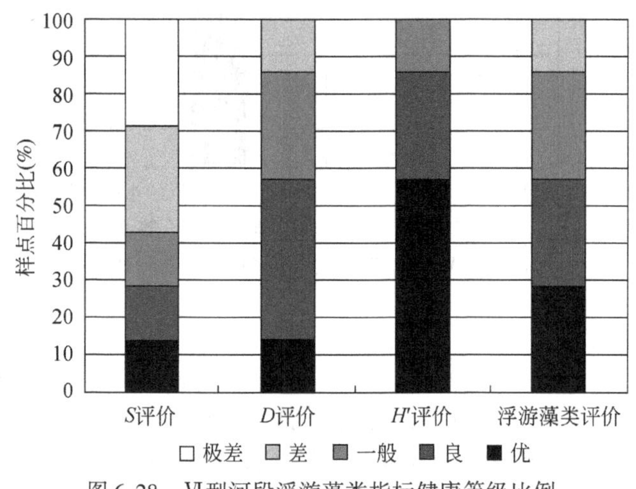

图 6-28 Ⅵ型河段浮游藻类指标健康等级比例

(5) 底栖动物评价

城市河段类型底栖动物分类单元数（S）为 2～6，均值为 3；S 评价值得分为 0.09，通过分级评价显示，差和极差的比例分别为 33% 和 67%（图 6-29）。各样点优势度指数（D）为 0.71～0.89，均值为 0.81；D 评价值得分为 0.16，差和极差的比例分别为 33% 和 67%。无 EPT 种类出现。BMWP 得分为 4～17，平均为 9.7；BMWP 评价值得分为 0.12，差和极差的比例分别为 33% 和 67%。底栖动物评价值得分为 0.10，整体情况为极差。综合来看，该河段类型底栖动物多样性低，群落结构单一，物种敏感值低，耐污种多，可见在高度城市化背景下，河渠大多已被污染，水生态健康整体属极差水平。

(6) 综合评价

通过对城市河段水质理化指标、营养盐指标、浮游藻类和底栖动物的综合评价得出：

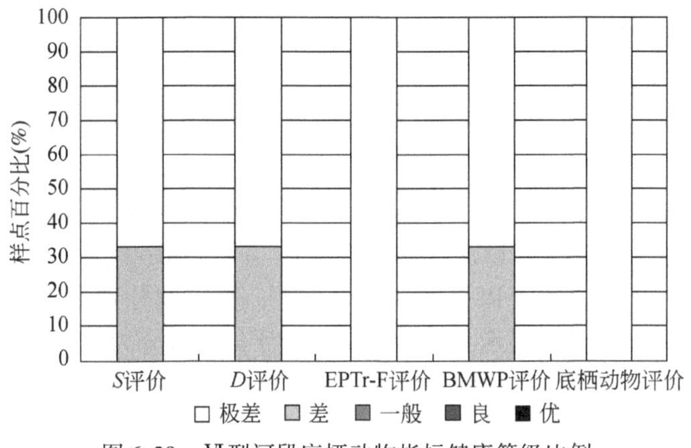

图6-29　Ⅵ型河段底栖动物指标健康等级比例

该河段综合评价值得分为0.24，主要以差为主，比例为63%（图6-30），一般和极差比例分别为13%和24%，说明该河段水生态系统健康状态差，污染极其严重，亟须治理。

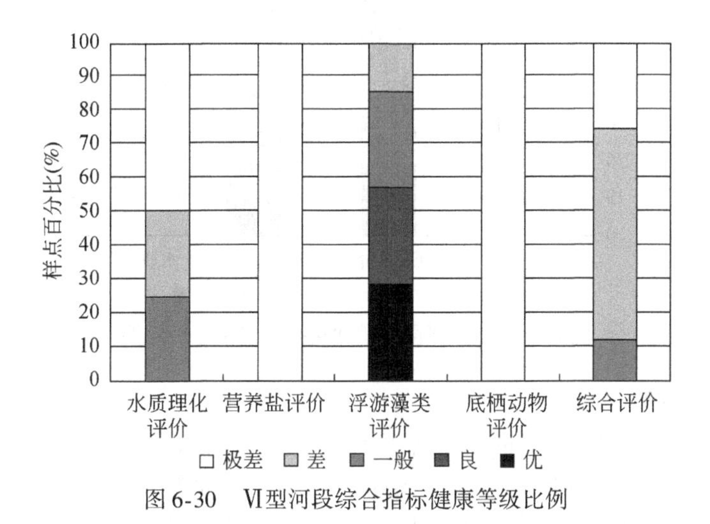

图6-30　Ⅵ型河段综合指标健康等级比例

6.1.7　Ⅶ-缓流淡-咸水河段

(1) 类型概况

该类型河段主要位于河口三角洲冲积平原区。河段平均比降为1.2‰，属于缓流水体。河道平均海拔为1m，因而河段平均水温相对较高。河道底质为泥沙，河岸带植被覆盖率低，植物种类单一，多为人工绿化植被。以河段所在集水单元为各类土地利用类型的总面积计算，城镇用地面积比例为56%，农田比例21%，林地比例为2%，水体比例为21%，土地利用类型以城镇为主，人类活动干扰程度大。在该类河段上共鉴定出浮游藻类7门，54属，94种，细胞丰度为97.84×10^4 cells/L，同时该类型区出现了海洋浮游藻类特征属，如圆筛藻属（*Coscinodiscus*），说明该区受到海水倒灌的影响，为流域淡水与咸水的过渡区域，水体盐度较大。该类型河段底栖动物的分类单元总数为 8 个，平均密度为 2 ind/m^2，多耐污染种类，也有部分耐盐种类，无 EPT 种出现，水质较差。

（2）水质理化评价

该段 DO 浓度为 2.01 ~ 3.17mg/L，平均浓度为 2.49mg/L；DO 评价值得分为 0.01，以极差为主，占全部样点的 100%（图 6-31）。EC 浓度为 93.60 ~ 210.67μm/cm，平均值为 134.63μm/cm；EC 的评价值得分为 0.73，主要以优秀和良好为主，其比例分别为 20% 和 60%，一般的比例为 20%。COD_{Mn} 浓度为 3.48 ~ 4.77mg/L，平均浓度为 4.14mg/L；COD_{Mn} 评价值得分为 0.73，主要以优秀和良好为主，其比例分别为 20% 和 80%。通过该河段水质理化指标评价的结果显示，水质理化指标评价值得分为 0.19，其中主要以极差为主，其比例为 60%，一般的比例为 40%，水质理化评价说明该段水生态健康状态为极差。

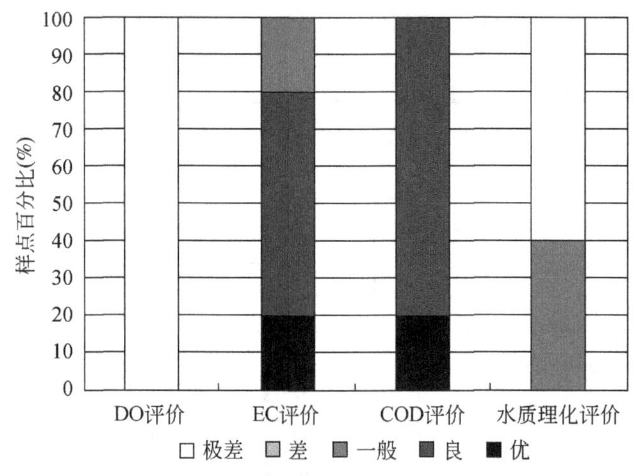

图 6-31　Ⅶ型河段水质理化指标健康等级比例

（3）营养盐评价

该段 TP 浓度为 0.07 ~ 0.25mg/L，平均浓度为 0.12mg/L；TP 评价值得分为 0.66，主要以优秀和良好为主，比例各占 40%（图 6-32）。TN 浓度为 1.57 ~ 5.26mg/L，平均浓度为 2.71mg/L；TN 的评价值得分为 0，以极差为主，占全部样点的 100%。NH_3-N 浓度为 0.49 ~ 2.67mg/L，平均浓度为 1.40mg/L；NH_3-N 评价值得分为 0.31，主要以差和极差为主，其比例分别为 20% 和 40%，良好和一般的比例各占 20%。通过该河段理化指标评价的结果显示，营养盐指标评价值得分为 0.26，以差和极差为主，比例分别为 20% 和 40%，一般的比例为 40%，从水质营养盐的评价角度分析，该河段水生态健康状态差，营养盐污染较为严重，亟须治理。

（4）浮游藻类评价

该段浮游藻类分类单元数（S）为 25 ~ 40，平均值为 31；S 评价值得分为 0.65，其中以一般为主，其比例为 60%（图 6-33），优秀和良好的比例各占 20%。优势度指数（D）的范围为 0.13 ~ 0.52，平均值为 0.27；D 评价值得分为 0.75，主要以优秀为主，其比例为 60%，良好和一般的比例各占 20%。Shannon-Weiner 指数（H'）范围为 3.05 ~ 4.32，平均值为 3.81；通过 H' 分级评价结果显示，H' 评价值得分 1，以优秀为主，占全部样点的

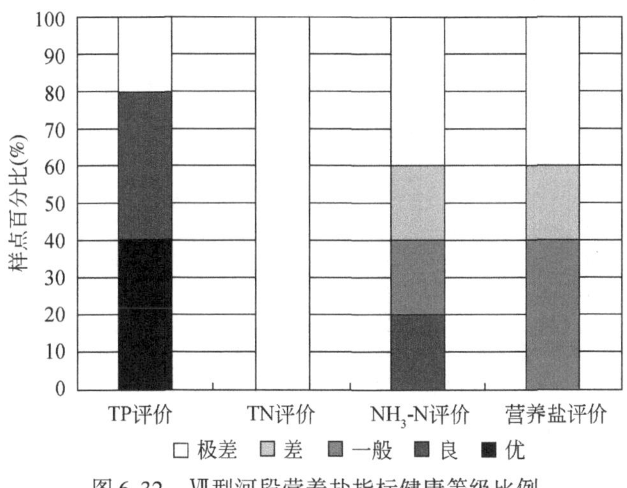

图6-32　Ⅶ型河段营养盐指标健康等级比例

100%。浮游藻类评价值得分为0.80，其中以优秀和良好为主，比例分别为40%和60%。通过浮游藻类评价，该河段水生态健康呈良好状态。

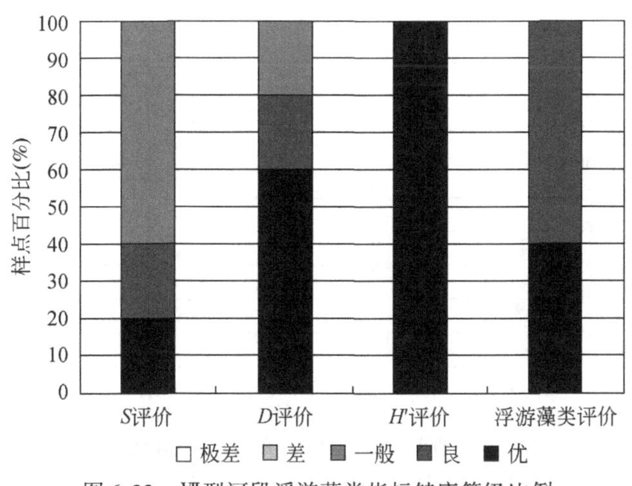

图6-33　Ⅶ型河段浮游藻类指标健康等级比例

（5）底栖动物评价

河段底栖动物分类单元数（S）为2~5，均值为3；S评价值得分为0.08，评价结果分级显示（图6-34）该类样点都属于极差级别。各样点优势度指数（D）为0.50~0.96，均值为0.64；D评价值得分为0.34，评价结果为无优秀、良好级别；一般占60%，差和极差各占20%。无EPT种类出现。BMWP得分为7~21，平均为12.8；BMWP评价值得分为0.16，差和极差的比例分别为40%和60%。底栖动物评价值得分为0.15，无优秀、良好和一般级别，差和极差的比例分别为20%和80%。综合来看，该河段类型主要位于东莞城市区，人类活动干扰大，工业排污严重，导致底栖动物多样性非常低，群落结构较为单一，水生态健康整体属极差水平。

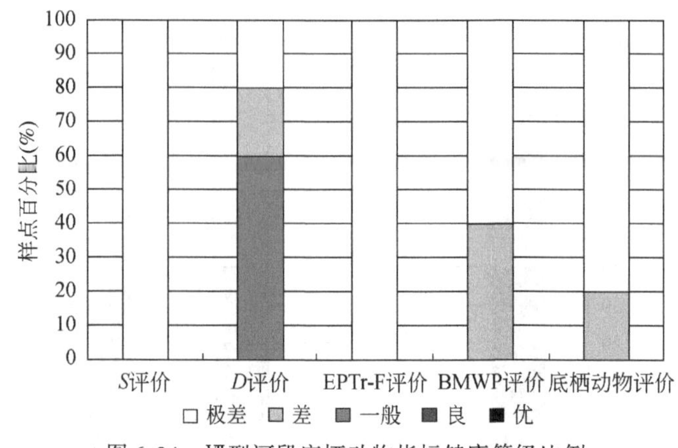

图 6-34 Ⅶ型河段底栖动物指标健康等级比例

（6）综合评价

通过对缓流淡-咸水河段水质理化指标、营养盐指标、浮游藻类和底栖动物的综合评价得出：该河段综合评价值得分为0.35，主要以差为主，比例为80%（图6-35），一般的比例为20%，说明该河段水生态系统健康状态差，污染较为严重，亟须治理。

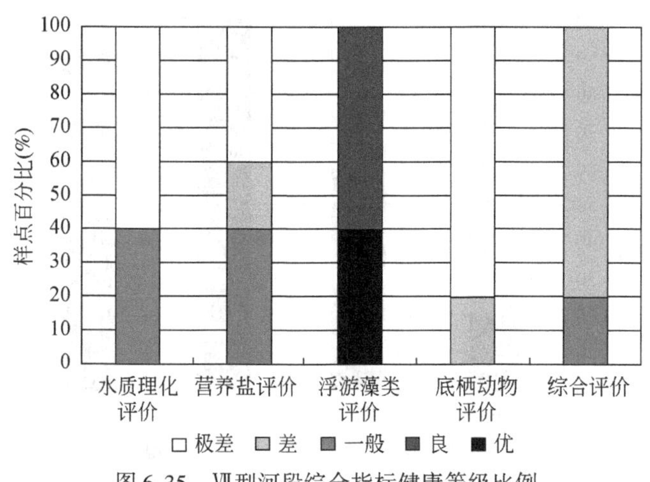

图 6-35 Ⅶ型河段综合指标健康等级比例

6.1.8 Ⅷ-水库

（1）类型概况

该类型主要包括新丰江水库、枫树坝水库和白盆珠等流域控制性大型水库及其他小型水库。河段平均比降为5.65‰，河道平均海拔为151 m，河流级序为3～4级，河岸带植被覆盖率较高，植物种类多样。以河段所在集水单元为各类土地利用类型的总面积计算，城镇用地面积比例为1%，农田比例6%，林地比例71%，水体比例17%，土地利用类型以林地为主，人类活动干扰程度小。在该类河段上共鉴定出浮游藻类8门，53属，91种，细胞丰度为17.04×10^4 cells/L。底栖动物的分类单元总数为18个，平均密度为3.64 ind/

m^2，水质总体较好。

（2）水质理化评价

该类型DO浓度为2.88～7.62mg/L，平均浓度为6.09mg/L；DO评价值得分为0.68，以优秀为主，占全部样点的60%（图6-36）。EC浓度为25.10～97.40μm/cm，平均值为49.96μm/cm；EC的评价值得分为0.94，全部样点均为优秀。COD_{Mn}浓度为0.86～4.61mg/L，平均浓度为2.05mg/L；COD_{Mn}评价值得分为0.92，主要以优秀和良好为主，其比例分别为80%和20%。通过该河段水质理化指标评价的结果显示，水质理化指标评价值得分为0.74，其中主要以优秀和良好为主，其比例分别为60%和20%，通过水质理化评价，该河段水生态健康呈良好状态。

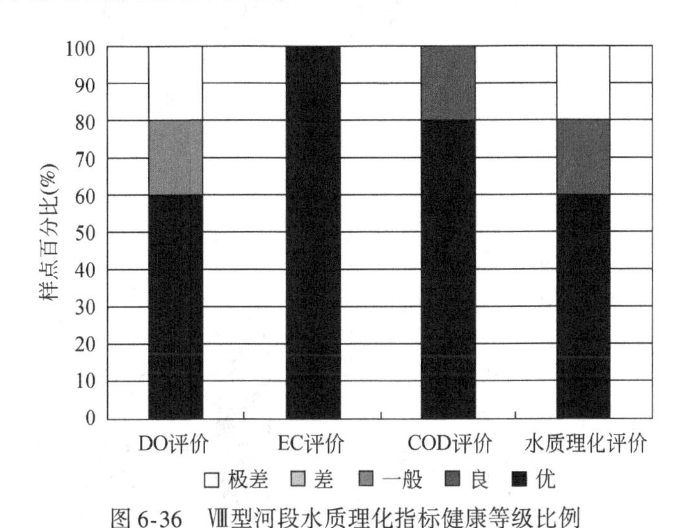

图6-36　Ⅷ型河段水质理化指标健康等级比例

（3）营养盐评价

该类型TP浓度为0.01～0.40mg/L，平均浓度为0.12mg/L；TP评价值得分为0.69，主要以优秀和良好为主，其比例分别为60%和20%（图6-37）。TN浓度为0.18～3.81mg/L，平均浓度为1.40mg/L；TN的评价值得分为0.53，以优秀和良好为主，其比例共为60%。NH_3-N浓度为0.06～3.35mg/L，平均浓度为0.77mg/L；NH_3-N评价值得分为0.80，其比例为80%。通过该河段理化指标分级评价的结果显示，营养盐指标评价值得分为0.67，其中优秀的比例为60%，从水质营养盐评价结果来看，该河段水生态健康为良好状态。

（4）浮游藻类评价

该类型浮游藻类分类单元数（S）为10～38，平均值为22；S评价值得分为0.41，优秀、良好和差的比例各占20%，极差的比例为40%（图6-38）。优势度指数（D）的范围为0.16～0.79，平均值为0.40；D评价值得分为0.61，主要以良好为主，优秀和良好的比例分别为20%和40%。Shannon-Weiner指数（H'）指数范围为1.28～4.12，平均值为2.99；通过H'分级评价结果显示，H'评价值得分为0.88，以优秀为主，其比例为80%。浮游藻类评价值得分为0.64，其中以优秀和良好比例为主，共占样点总数的比例为60%。从浮游藻类的评价角度分析，该河段水生态系统健康呈良好状态。

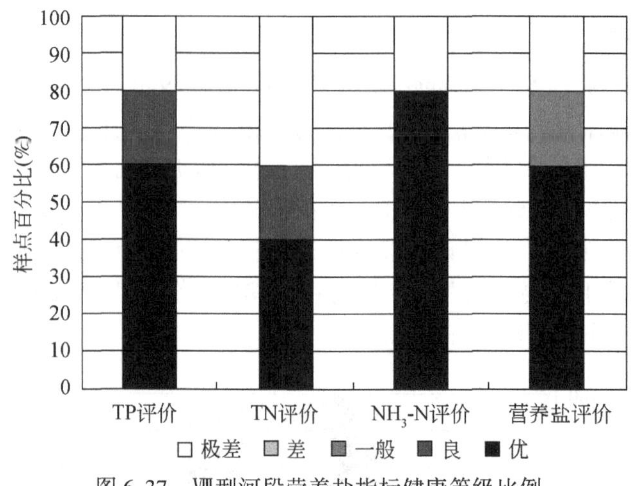

图 6-37 Ⅷ型河段营养盐指标健康等级比例

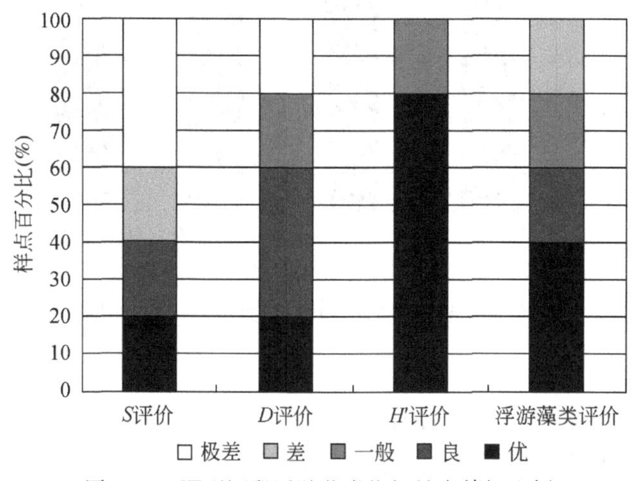

图 6-38 Ⅷ型河段浮游藻类指标健康等级比例

(5) 底栖动物评价

水库类型底栖动物分类单元数（S）为 3～8，均值为 6；S 评价值得分为 0.28，分级评价结果以差和极差级别为主（图 6-39），分别占 67% 和 33%。各样点优势度指数（D）为 0.17～0.67，均值为 0.44；D 评价值得分为 0.56，评价结果为优秀占 33%，无良好和极差级别，一般占 33%，差占 33%。无 EPT 种类出现。BMWP 得分为 17.3～35，平均为 28.8；BMWP 评价值得分为 0.30，所属级别为一般和差，比例分别为 33% 和 67%。底栖动物评价值得分为 0.29，差所占比例为 100%。综合来看，水库类型底栖动物多样性低，群落结构较为单一，水生态健康整体属于差等级。

(6) 综合评价

通过对该类型水质理化指标、营养盐指标、浮游藻类和底栖动物的综合评价得出：该类型综合评价值得分为 0.63，主要以良好和一般为主，所占比例分别为 40%（图 6-40），

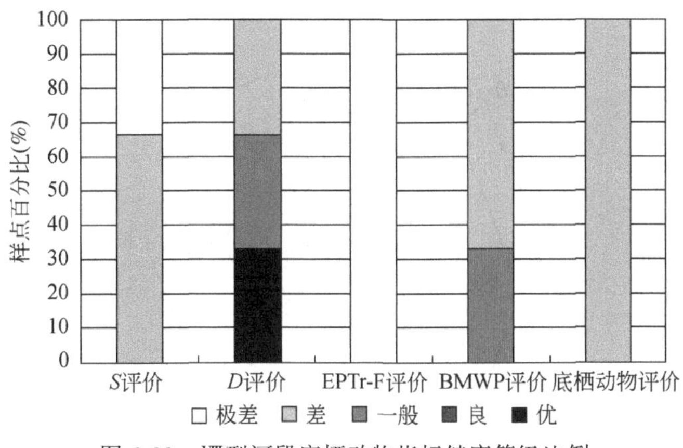

图 6-39　Ⅷ型河段底栖动物指标健康等级比例

说明该河段水生态系统健康状态良好。

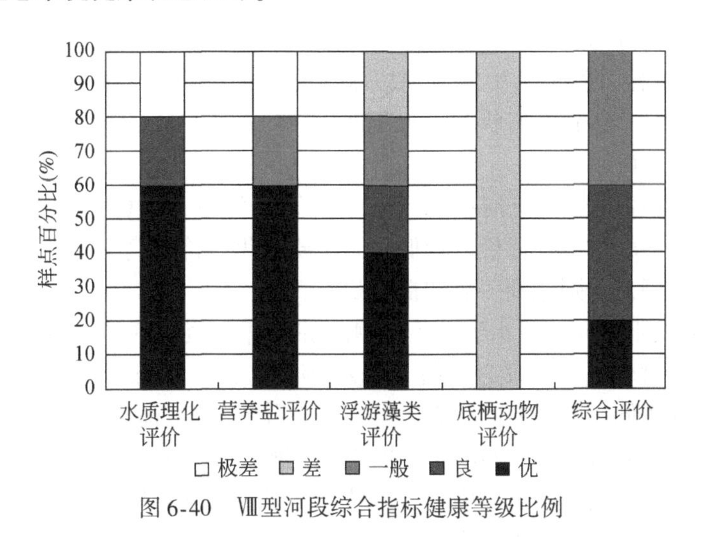

图 6-40　Ⅷ型河段综合指标健康等级比例

6.2　综合对比各河段类型健康评价结果

各河段类型综合对比结果如图 6-41 所示。

从图 6-41 中可以看出，8 个河段类型中没有一个类型是处于优秀健康状态。其中有 3 类处于良好状态，即：Ⅰ-急流淡水源头上游河流河段、Ⅱ-缓急流淡水丘陵谷地大中河流河段和Ⅷ-水库。也有 3 类处于一般水平，即：Ⅲ-缓流淡水平原大中河流河段、Ⅳ-冬暖缓流淡水大河河段和Ⅴ-极缓流湖沼淡水河段。只有Ⅵ-城市河段和Ⅶ-缓流淡-咸水河段类型健康状态为差。

各河段类型不同评价因素的对比结果如图 6-42 所示。

Ⅰ-急流淡水源头上游河流河段水生态系统健康综合评价值（0.71）在各河段类型中最高，达到良好状态，浮游藻类评价值低，但水质理化、营养盐和底栖动物评价值均最

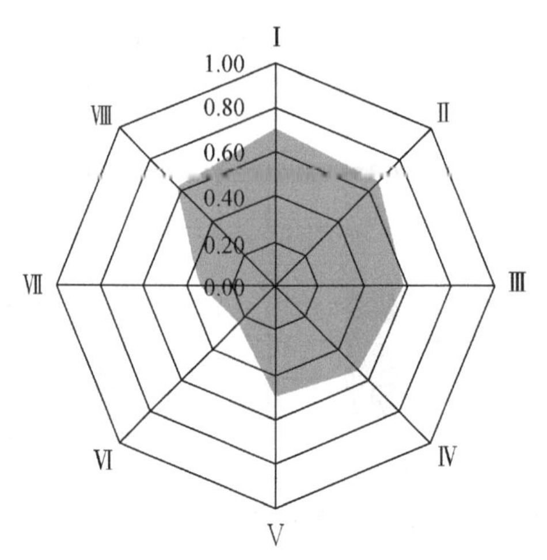

图 6-41　各河段类型水生态系统健康等级综合对比

高，尤其是水质理化方面达到了优秀状态。

Ⅱ-缓急流淡水丘陵谷地大中河流河段水生态系统健康综合评价值高（0.67），在各河段类型中排名第二，达到良好状态，水质理化、营养盐和底栖动物评价值高，浮游藻类评价值中等，达到良好水平。

Ⅲ-缓流淡水平原大中河流河段水生态系统综合评价值（0.58）在各类型中位列中等，达到一般状态。底栖动物评价值较低，而水质理化评价值高，为良好状态，营养盐和浮游藻类评价值中等，分别达到一般和良好状态。

Ⅳ-冬暖缓流淡水大河河段水生态系统健康综合评价值中等（0.54），达到一般状态。浮游藻类评价值相对较高，水质理化评价值中等，为良好状态，底栖动物评价值中等偏低，但营养盐评价值低，属于差的状态，存在一定程度的富营养化现象。

Ⅴ-极缓流湖沼淡水河段生态系统健康综合评价值（0.50）在各类型中偏低，为一般状态。水质理化和浮游藻类评价值中等，但营养盐评价值低，属于差的状态；底栖动物评价值最低，属于极差状态。该类型水质偏差，存在总氮等营养盐超标现象。

Ⅵ-城市河段为所有河段类型中综合评价值最低（0.24），水生态系统健康处于差的状态。水质理化评价值明显低于其他类型，尤其营养盐评价值极低（0.01），远低于其他类型，处于极差等级。说明该类型水质恶化，存在严重的富营养化现象。

Ⅶ-缓流淡-咸水河段综合评价值低（0.35），稍好于Ⅵ-高度城市化背景区城市河渠（城市河段），水生态系统健康仍处于差的状态。该类型由于处在咸淡水交汇位置，存在海水倒灌现象，水质营养盐评价值略好于高度城市化背景区城市河渠，但水质理化和底栖动物低，为极差状态。

Ⅷ-水库水生态系统健康综合评价值高（0.63），达到良好状态，仅次于Ⅱ-山间谷地型河段，在各河段类型中排名第三。底栖动物评价值中等。水质理化、营养盐和浮游藻类评价值较为均衡，均达到了良好的状态。

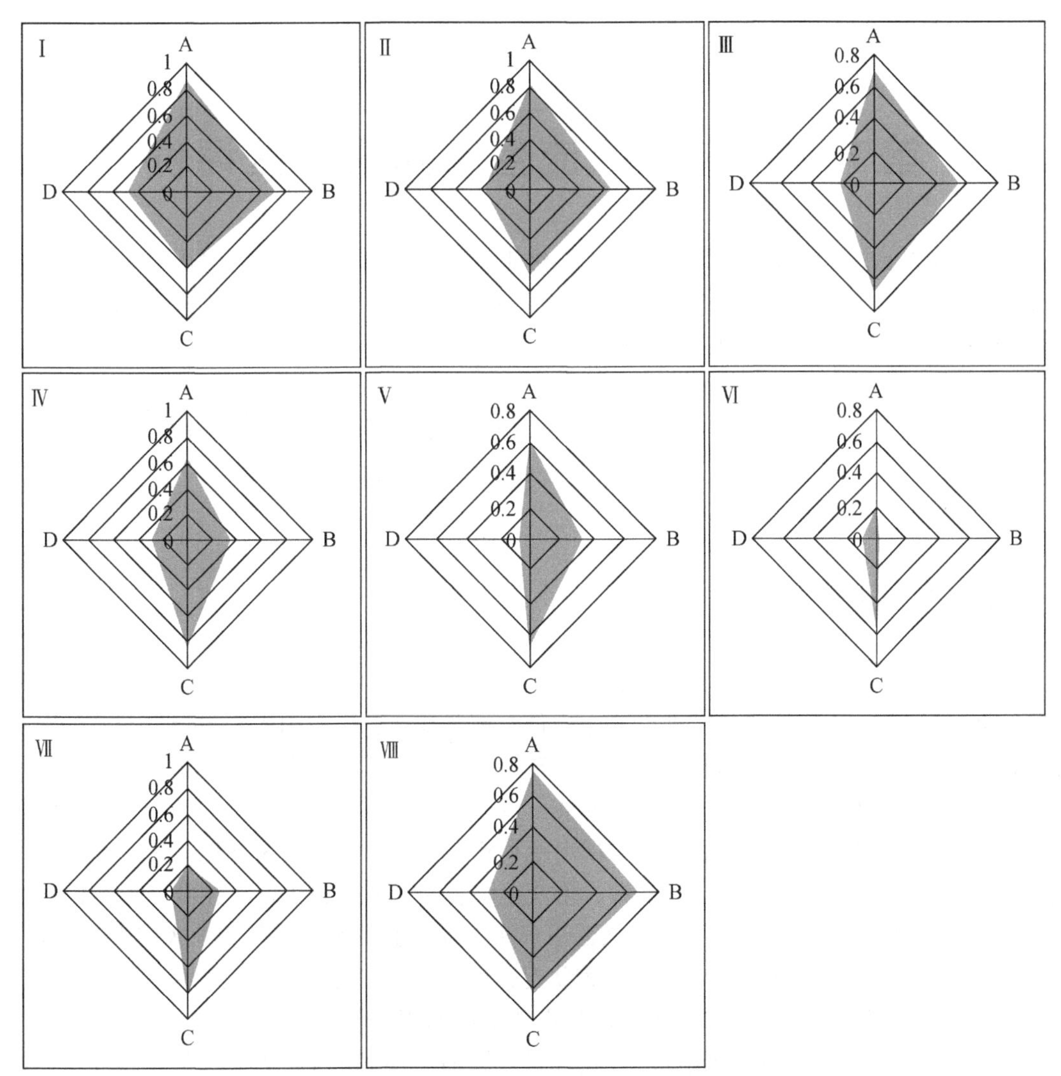

图6-42　各河段类型水生态系统健康各因素评价对比结果图示

A——水质理化评价；B——营养盐评价；C——浮游藻类评价；D——底栖动物评价

第 7 章　东江河流生态健康分区评价

东江河流生态健康评价的顺序为：先一级水生态功能区（区）、后二级水生态功能区（亚区），按照从上游区域向下游区域的顺序，依次进行评价。最后是整个流域的水生态健康总体评价与区域水生态健康对比分析。

7.1　东江上游山区河流水源涵养水生态功能区（RFⅠ）河流生态健康评价结果

7.1.1　区域概况

东江上游山区河流水源涵养水生态功能区，位于东经 113°57′42″～115°52′37″，北纬 23°40′19″～25°12′19″；全区地势西北高东南低，地跨江西、广东两省，包括江西省的寻乌县南部、定南县东南部、安远县南部，广东省的龙川县北部、和平县、兴宁市西部、连平县大部、河源市辖区西部、新丰县大部等县、市。

区域界线的确定，以东江上游枫树坝水库和新丰江水库的主要来水区为中心范围，大致包括了定南水、寻乌水、鱼潭江上游、浰江上游、大溪河、新丰江等主要子流域的积水区，区域面积总计为 $1.09\times10^4\ km^2$。该区是东江流域的主要水源涵养区，区域中 NDVI 平均值为 0.82，显示出该区良好的植被覆盖状况；区内地势和地形起伏度较大，海拔平均值为 413.5m（DEM 数据），是东江流域降水量相对丰富的区域。

水生态系统中的河岸带/湖泊带湿地、河道/湖泊水体和河底/湖底淤泥等多种多样的水生环境，为水生生物和陆地生物提供了不同的生境，是多种野生动物栖息、繁衍、迁徙和越冬的场所。该区域中有 21 个自然保护区，总面积约为 $10.2\times10^4 hm^2$，占区域总面积的 9.4%，其中水生生物或者两栖动物保护区有 4 个。由于人类活动影响相对较弱，该区域水生生物区系的多样性较高，外来种类入侵植物比例低，基本保持着本地生物区系的特点。

本生态功能区划分出两个水生态功能亚区：枫树坝上游山地林果生态系统溪流水生态保育亚区（$RFⅠ_1$）和新丰江上游山地森林生态系统溪流水生态保护亚区（$RFⅠ_2$）。

7.1.2　功能区水生态健康整体评价

（1）水质理化评价

该区河流 DO 浓度为 2.88～7.85mg/L，平均浓度为 6.25mg/L；通过 DO 分级评价结果显示（图7-1），DO评价值得分为0.72，其中优秀和良好的比例共为75%，一般、差和极差的比例分别为15%、5%和5%。EC浓度为20.93～113μm/cm，平均值为66.98μm/cm；通过EC分级评价结果显示，EC的评价值得分为0.90，其中优秀的比例为95%，良好的比例为5%。COD_{Mn}浓度为0.23～4.61mg/L，平均浓度为1.81mg/L；通过COD_{Mn}分级评价结果显示，COD_{Mn}评价值得分为0.96，其中优秀和良好的比例分别为95%和5%。通过该功能区水质理化指标分级评价的结果显示，水质理化指标评价值得分为0.83，其中优秀及良好的比例共为95%，极差的比例为5%，根据水质理化对水生态健康的评价结果，该功能区呈优秀状态。

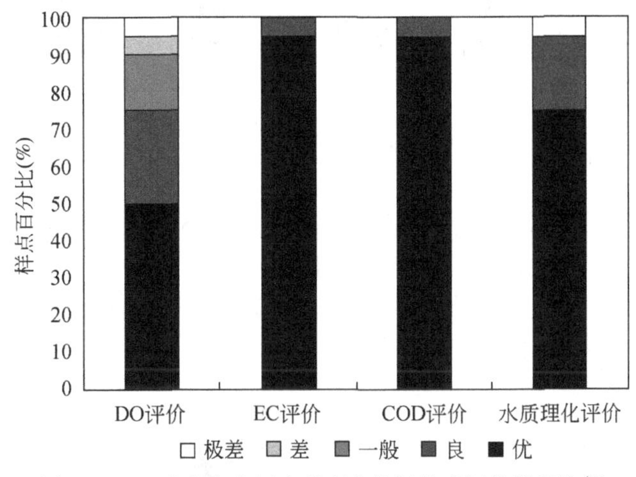

图7-1　RF Ⅰ水生态区水质理化指标健康评价等级比例

（2）营养盐评价

该区TP浓度为0.001～0.40mg/L，平均浓度为0.09mg/L；通过TP分级评价结果显示（图7-2），TP评价值得分为0.77，其中优秀和良好的比例为样点总数的80%，一般和极差的比例各为10%。TN浓度为0.001～3.81mg/L，平均浓度为0.99mg/L；通过TN分级评价结果显示，TN的评价值得分为0.55，其中优秀和良好的比例共为55%，而一般和差的比例分别为5%和10%，极差的比例为30%。NH_3-N浓度为0.06～3.35mg/L，平均浓度为0.43mg/L；通过NH_3-N分级评价结果显示，NH_3-N评价值得分为0.85，其中优秀和良好的比例共为85%，而一般和极差的比例分别为5%和10%。通过该功能区营养盐指标分级评价的结果显示，营养盐指标评价值得分为0.71，其中优秀和良好的比例为样点总数的70%，一般、差和极差的比例分别为15%，5%和10%，水质营养盐的健康评价说明该功能区为良好状态。

（3）浮游藻类评价

该区藻类分类单元数（S）为6～56，平均值为25；通过S分级评价结果显示（图7-3），S评价值得分为0.46，其中优秀和良好的比例共为40%，一般的比例为10%，而差和极差的比例共为50%。优势度指数（D）的范围为0.14～0.53，平均值为0.29；通过D分级评价结果显示，D评价值得分为0.73，其中优秀和良好的比例为样点总数的80%，一般的比例为20%。Shannon-Wiener指数（H'）范围为1.75～4.44，平均值为

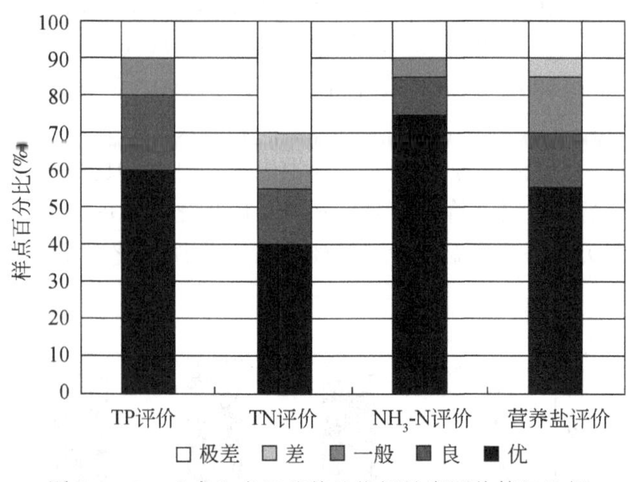

图 7-2 RF Ⅰ水生态区营养盐指标健康评价等级比例

3.43；通过 H' 分级评价结果显示，H' 评价值得分为 0.95，其中优秀和良好的比例分别为 90% 和 5%，一般的比例为 5%。通过该功能区浮游藻类分级评价的结果显示，浮游藻类评价值得分为 0.71，其中优秀和良好的比例共为 80%，一般和差的比例共为 20%，浮游藻类的健康评价说明该功能区呈现良好状态。

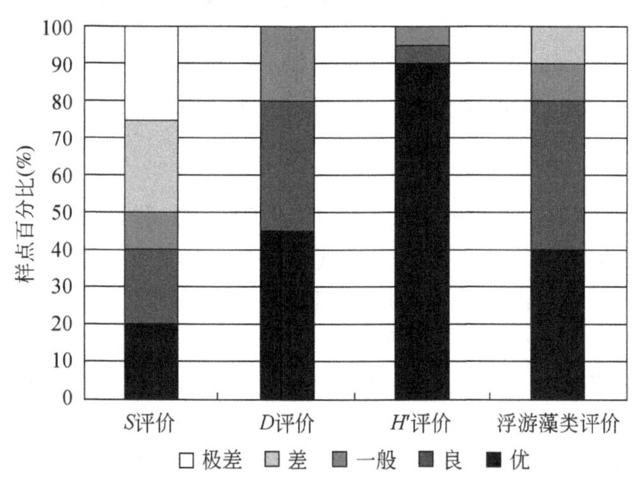

图 7-3 RF Ⅰ水生态区浮游藻类指标评价健康等级比例

（4）底栖动物评价

该一级区底栖动物分类单元数（S）为 3 ~ 20，均值为 11，高于全流域整体平均水平；S 评价值得分为 0.43，通过分级评价显示（图 7-4），优秀、良好和一般的比例各占 18%，差和极差的比例分别为 27% 和 18%。各样点优势度指数（D）为 0.16 ~ 0.75，均值为 0.44，低于全流域平均水平；D 评价值得分为 0.46，优秀和良好的比例分别为 18% 和 36%，一般和差的比例分别为 18% 和 27%。EPT-F 范围为 0 ~ 0.31，均值为 0.08，高于全流域平均水平；EPT-F 评价值得分为 0.11，差和极差的比例分别为 9% 和 91%。BMWP

得分为12.0～94.1，平均为46.9，明显高于全流域平均水平；BMWP评价值得分为0.32，良好、一般、差和极差的比例分别为9%、36%、36%和18%。底栖动物综合评价值得分为0.33，良好和一般的比例各占9%和36%，差和极差的比例各占45%和9%。综合来看，东江上游山区河流水源涵养水生态功能区的底栖动物评价结果处于差的健康等级，虽然EPT和BMWP相对其他区域得分较高，但仍只是在部分清洁样点，大部分非溪流源头样点水质健康状况仍处于一般或差等级。

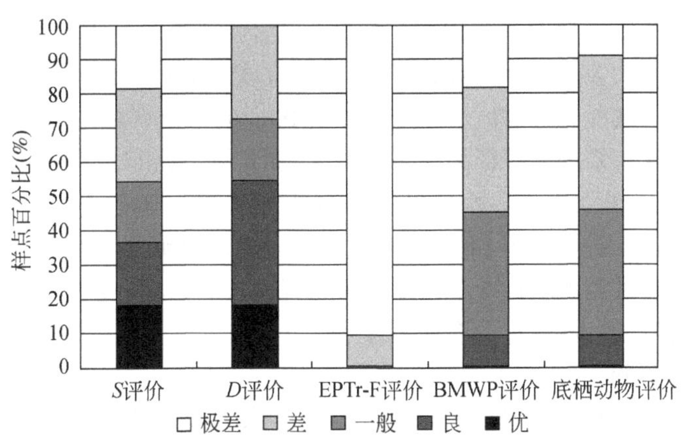

图7-4　RF Ⅰ水生态区底栖动物指标健康评价等级比例

（5）综合评价

通过对东江上游山区河流水源涵养水生态功能区水质理化指标、营养盐指标、浮游藻类和底栖动物的综合评价得出（图7-5）：该功能区综合评价值得分为0.70，优秀和良好的比例共为85%，一般的比例为15%，差和极差的样点数为0，说明该功能区水生态系统健康呈良好状态。

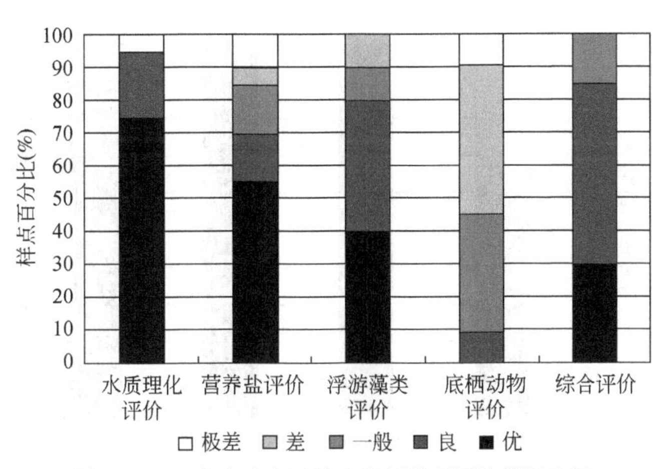

图7-5　RF Ⅰ水生态区综合指标健康评价等级比例

7.1.3　水生态功能亚区水生态健康评价

7.1.3.1　枫树坝上游山地林果生态系统溪流水生态保育亚区（RFⅠ$_1$）河流生态健康评价结果

（1）亚区概况

该亚区以丘陵和低山为主（海拔200～1000m），是东江流域上游地区，区内大部分地域隶属于江西省。绝大多数地区海拔大于200m，占该区总面积的96.59%，其中海拔介于200～500m的丘陵区域占71.55%，介于500～1000m的低山区域占24.71%。土壤类型以红壤和黄壤为主。河流系统的特征为，干流和支流的纵坡均相对较大、水流较急，流域内建有一座大型水库枫树坝水库。水质特征表现为Cr、Ni、Cu、Zn、As、Cd、Pb等重金属、高锰酸钾指数、总磷平均值均优于Ⅰ类水质标准、溶解氧平均值均优于Ⅱ类水质标准，氨氮平均值优于Ⅲ类水质标准。该区城镇化程度相对较低，经济相对欠发达，所以河岸带人工固化相对较弱，植被覆盖度高。

（2）水质理化评价

该功能亚区DO浓度为2.88～7.39mg/L，平均浓度为5.82mg/L；DO评价值得分为0.63，其中优秀和良好的比例共为70%，一般和极差的比例分别为20%和10%（图7-6）。EC浓度为37.80～103.00μm/cm，平均值为66.48μm/cm；EC的评价值得分为0.90，全部样点为优秀级别。COD_{Mn}浓度为0.69～4.61mg/L，平均浓度为2.37mg/L；COD_{Mn}评价值得分为0.92，其中优秀比例为90%，良好比例为10%。通过该亚区水质理化指标分级评价的结果显示，水质理化指标评价值得分为0.77，其中优秀和良好的比例分别为70%和20%，一般、差和极差的比例之和仅占样点总数的10%，从水质理化性质的评价角度，该功能亚区水生态健康呈良好状态。

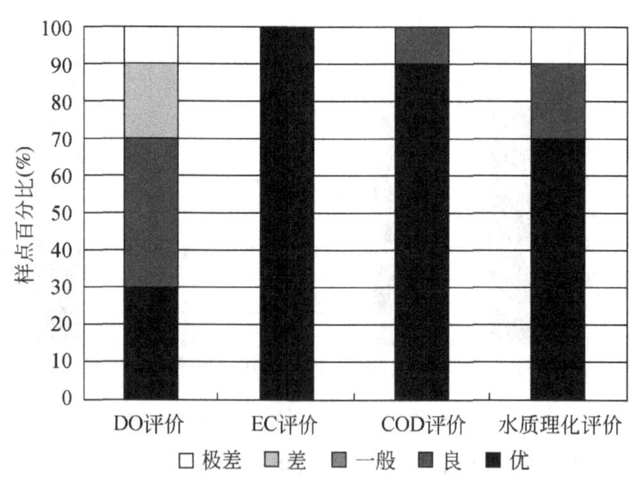

图7-6　RFⅠ$_1$水生态亚区水质理化指标健康等级比例

(3) 营养盐评价

该功能亚区 TP 浓度为 0.001 ~ 0.40mg/L，平均浓度为 0.12mg/L；通过 TP 分级评价结果显示（图 7-7），TP 评价值得分为 0.67，其中优秀和良好的比例共为 70%。一般及极差的比例分别为 10% 和 20%。TN 浓度为 0.001 ~ 3.81mg/L，平均浓度为 1.49mg/L；TN 的评价值得分为 0.36，其中优秀和良好的比例各占 20%，差和极差的比例占样点总数的 60%。NH_3-N 浓度为 0.06 ~ 3.35mg/L，平均浓度为 0.62mg/L；NH_3-N 评价值得分为 0.79，其中优秀的比例为 80%，极差的比例为 20%。通过该亚区营养盐指标分级评价的结果显示，营养盐指标评价值得分为 0.58，其中优秀和良好的比例共为 50%，一般、差和极差的比例分别为 20%、10% 和 20%，表示该亚区水质营养盐性质为一般状态，存在一定的健康风险。

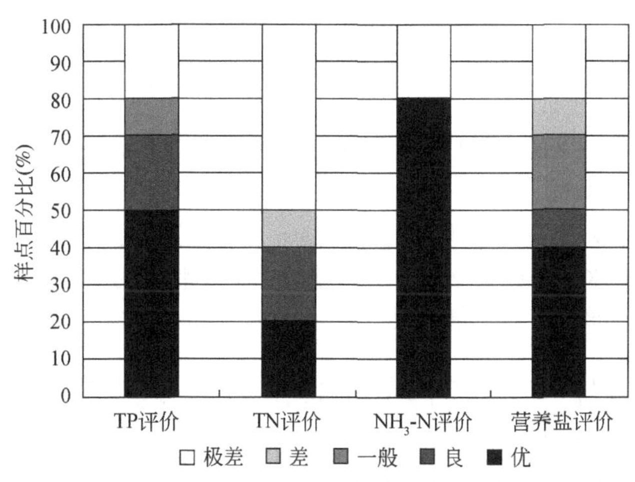

图 7-7 RFⅠ$_1$水生态亚区营养盐指标健康等级比例

(4) 浮游藻类评价

该功能亚区浮游藻类分类单元数（*S*）为 12 ~ 56，平均值为 34；*S* 评价值得分为 0.69，其中优秀和良好的比例共为 70%，一般、差和极差的比例各占 10%（图 7-8）。优势度指数（*D*）的范围为 0.14 ~ 0.45，平均值为 0.27；*D* 评价值得分 0.75，其中优秀和良好的比例共为 80%，一般的比例为 20%。Shannon-Wiener 指数（*H'*）范围为 2.73 ~ 4.44，平均值为 3.75；*H'* 评价值得分为 0.98，全部样点为优秀。通过该亚区浮游藻类分级评价的结果显示，浮游藻类评价值得分为 0.81，其中优秀及良好的比例共为 90%，一般的比例为 10%，通过水质浮游藻类健康评价，该功能亚区水生态健康呈优秀状态。

(5) 底栖动物评价

该亚区底栖动物分类单元数（*S*）为 5 ~ 20，平均为 11，高于 RFⅠ整体平均水平；*S* 评价值得分为 0.59，通过分级评价显示（图 7-9），优秀、良好比例各占 22%，一般级别占 11%，差和极差的比例为 33% 和 11%。各样点优势度指数（*D*）为 0.16 ~ 0.75，均值为 0.42，略低于 RFⅠ平均水平；*D* 评价值得分为 0.59，其中优秀和良好的比例分别为 22% 和 33%，一般和差的比例均为 22%。EPT-F 范围为 0 ~ 0.31，均值为 0.09，略高于 RFⅠ平均水平；评价值得分为 0.08，差和极差的比例为 11% 和 89%。BMWP 得分为 25.0 ~ 94.1，

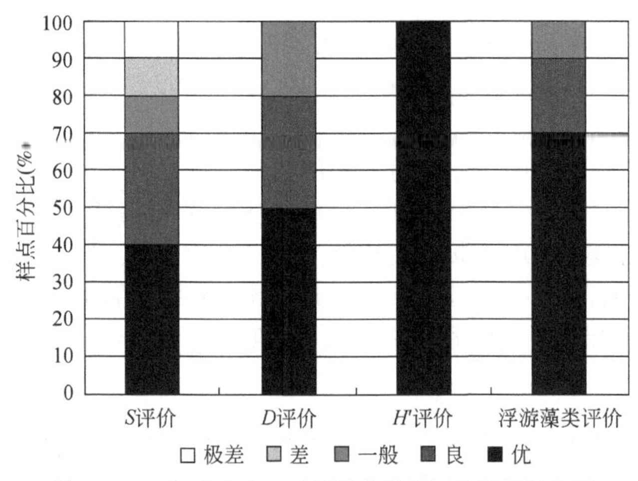

图 7-8 RFⅠ$_1$水生态亚区浮游藻类指标健康等级比例

平均为51.78，明显高于RFⅠ平均水平；BMWP评价值得分为0.41，良好、一般、差和极差的比例分别为11%、44%、33%和11%。底栖动物评价值得分是0.42，良好的比例为11%，一般占44%，差和极差的比例分别为33%和11%。综合来看，RFⅠ$_1$枫树坝上游山地林果生态系统溪流水生态保育亚区水生态健康处于一般级别，S、EPT和BMWP明显高于RFⅠ平均水平，是该功能区内健康较好的一个亚区。

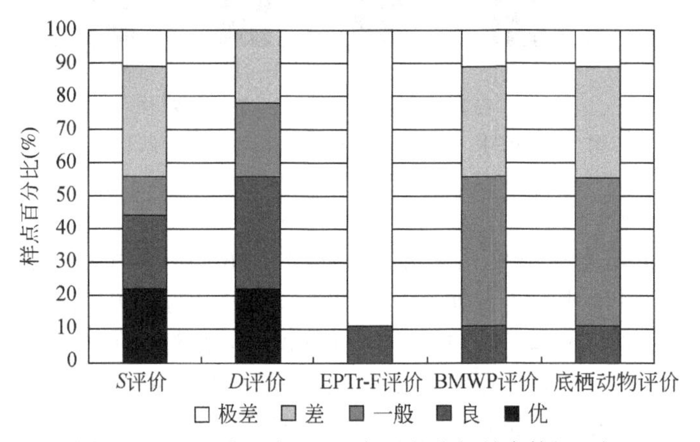

图 7-9 RFⅠ$_1$水生态亚区底栖动物指标健康等级比例

(6) 综合评价

通过对枫树坝上游山地林果生态系统溪流水生态保育亚区水质理化指标、营养盐指标、浮游藻类和底栖动物的综合评价得出：该功能亚区综合评价值得分为0.64，优秀和良好的比例共为70%，一般的比例为30%（图7-10），说明该功能亚区水生态系统健康呈良好状态。

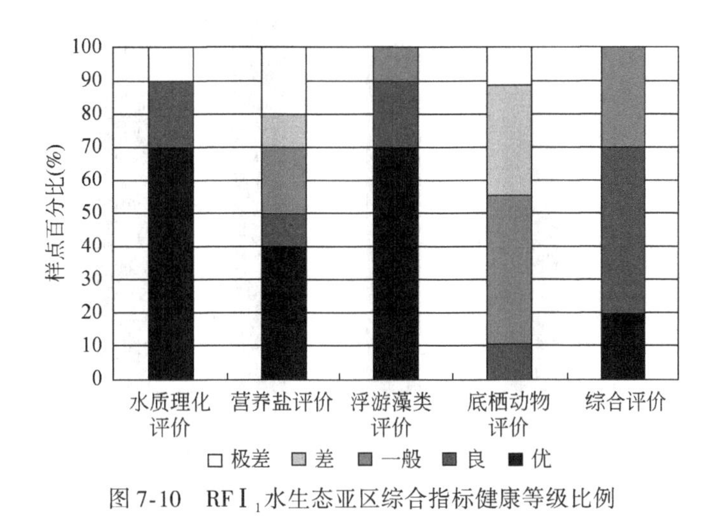

图 7-10　RFⅠ$_1$水生态亚区综合指标健康等级比例

7.1.3.2　新丰江上游山地森林生态系统溪流水生态保护亚区（RFⅠ$_2$）河流生态健康评价结果

（1）亚区概况

该区海拔特征与RFⅠ$_1$区相近，以丘陵和低山为主（海拔为200～1000m），大多数地区海拔也大于200m，占本亚区总面积的78.23%，相较RFⅠ$_1$区有所减少，其中海拔介于200～500m的丘陵区域占47.75%，高度介于500～1000m的低山区域占29.39%。水质特征表现为，Cr、Ni、Cu、Zn、As、Cd、Pb等重金属、高锰酸钾指数均优于Ⅰ类水质标准，总磷、总氮、氨氮、溶解氧平均值均优于Ⅱ类水质标准。如果以平均值进行比较，各项水质数据平均值均未超标。因此该亚区水质状况优良，基本达到水源地及生态保护区要求，是东江流域水体水质最好的区域。该亚区位于东江上游源头区域，海拔较高，城镇化相对较低，经济相对欠发达，但与RFⅠ$_1$区相比河岸硬化度略高，植被覆盖度略低。

（2）水质理化评价

该功能亚区DO浓度为4.76～7.85mg/L，平均浓度为6.67mg/L；DO评价值得分为0.80，其中优秀和良好的比例共为80%，一般和差的比例各占10%。EC浓度为20.93～113.00μm/cm，平均值为67.48μm/cm；EC的评价值得分为0.89，优秀比例为90%，良好比例为10%。COD_{Mn}浓度为0.23～2.00mg/L，平均浓度为1.26mg/L；COD_{Mn}评价值得分为1.00，全部样点为优秀等级。通过该亚区水质理化指标分级评价的结果显示，水质理化指标评价值得分为0.90，其中优秀和良好的比例分别为80%和20%（图7-11），水质理化性质说明该亚区水生态健康呈优秀状态。

（3）营养盐评价

该功能亚区TP浓度为0.02～0.15mg/L，平均浓度为0.06mg/L；通过TP分级评价结果显示，TP评价值得分为0.87，其中优秀和良好的比例分别为70%和20%，一般的比例为10%。TN浓度为0.06～1.30mg/L，平均浓度为0.50mg/L；TN的评价值得分为0.74，其中优秀和良好的比例共为70%，一般、差和极差的比例各占10%。NH_3-N浓度为0.07～

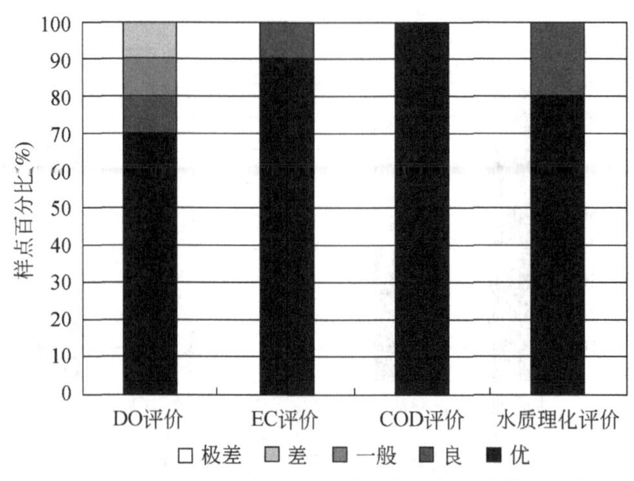

图 7-11　RFⅠ$_2$水生态亚区水质理化指标健康等级比例

0.75mg/L，平均浓度为 0.24mg/L；NH_3-N 评价值得分为 0.91，其中优秀和良好的比例分别为 70% 和 20%，一般的比例为 10%。通过该亚区营养盐指标分级评价的结果显示，营养盐指标评价值得分为 0.84，其中优秀和良好的比例分别为 70% 和 20%，一般的比例为 10%（图 7-12），根据水质营养盐综合评价结果，该亚区呈优秀状态。

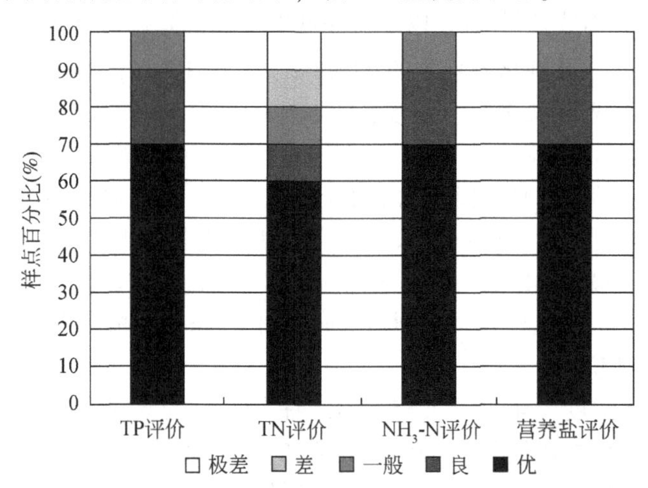

图 7-12　RFⅠ$_2$水生态亚区营养盐指标健康等级比例

（4）浮游藻类评价

该功能亚区浮游藻类分类单元数（*S*）为 6～31，平均值为 16；*S* 评价值得分为 0.24，其中良好和一般的比例各为 10%，差和极差的比例共为 80%（图 7-13）。优势度指数（*D*）的范围为 0.18～0.53，平均值为 0.31；*D* 评价值得分为 0.72，其中优秀和良好的比例共为 80%，一般的比例为 20%。Shannon-Wiener 指数（*H'*）范围为 1.75～4.11，平均值为 3.12；*H'*评价值得分为 0.91，优秀和良好的比例共为 90%，一般的比例为 10%。通过该亚区浮游藻类分级评价的结果显示，浮游藻类评价值得分为 0.62，其中优秀和良好的比例共为 70%，一般和差的比例分别为 10% 和 20%，说明该亚区为良好状态。

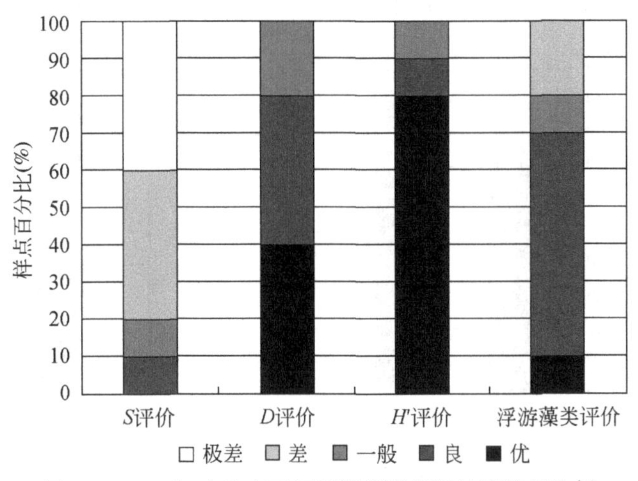

图7-13　RFⅠ$_2$水生态亚区浮游藻类指标健康等级比例

（5）底栖动物评价

该亚区底栖动物分类单元数（*S*）为3～10，平均为6，低于RFⅠ整体平均水平；*S*评价值得分为0.29，通过分级评价显示（图7-14），一般和极差比例各占50%。各样点优势度指数（*D*）为0.33～0.66，均值为0.50，高于RFⅠ平均水平；评价值得分为0.50，良好和差的比例各占50%。该亚区无EPT种类出现。BMWP得分为12～38，平均为25，明显低于RFⅠ平均水平，评价值得分为0.19，没有样点评价在优秀、良好、一般级别，差和极差的比例各占50%。底栖动物评价值得分为0.25，全部样点等级为差。综合来看，RFⅠ$_2$新丰江上游山地森林生态系统溪流水生态保护亚区水生态健康处于差的级别，*S*、EPT和BMWP明显低于RFⅠ平均水平，总体评价结果差于RFⅠ$_1$。

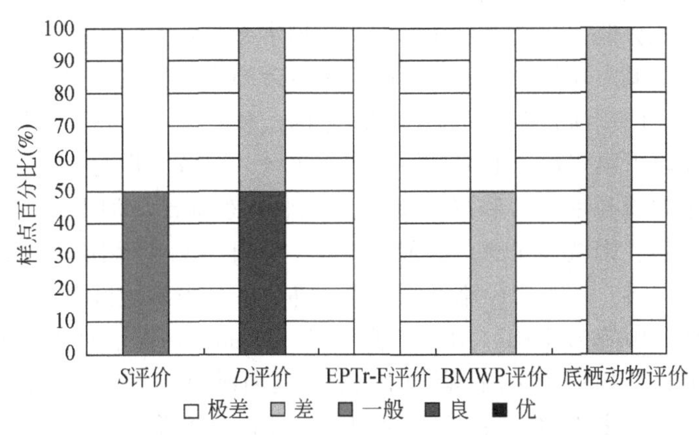

图7-14　RFⅠ$_2$水生态亚区底栖动物指标健康等级比例

（6）综合评价

通过对新丰江上游山地森林生态系统溪流水生态保护亚区水质理化指标、营养盐指标、浮游藻类和底栖动物的综合评价得出（图7-15）：该功能亚区综合评价值得分为0.76，优秀和良好的比例分别为40%和60%，说明该功能亚区水生态系统健康呈良好状态。

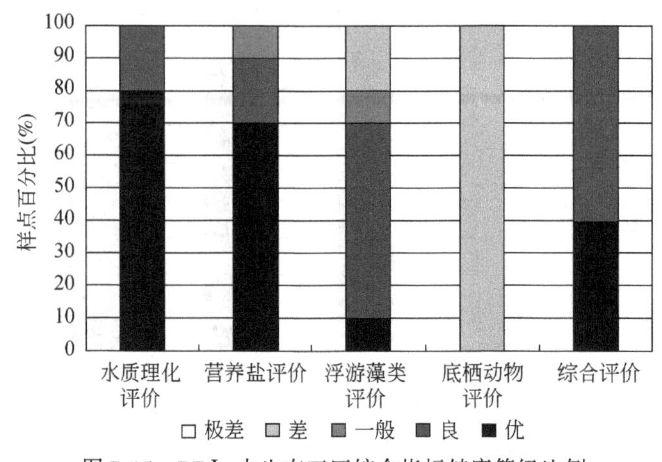

图7-15　RFⅠ$_2$水生态亚区综合指标健康等级比例

7.2　东江中游谷间曲流水量增补水生态功能区（RFⅡ）河流生态健康评价结果

7.2.1　区域概况

东江中游水量增补谷间曲流水生态区，位于东经113°32′30″～115°31′6″，北纬22°59′59″～24°34′17″，全区主要位于广东省境内。区域界线的确定，以该区东、西两侧山区地势高，中间河谷区地势低，北部以东江上游枫树坝水库和新丰江水库主要集水区南界为分界线，南部则以中部低山丘陵与南部平原区的过渡带为主要界线，包括了西部山区的流溪河水库、增江上游、西福河，东部上游区的康禾河、秋香河、白盆珠水库，以及中部的东江干流枫树坝水库以下惠州市以上部分的主要积水区。区域面积为1.53×10^4 km^2。在行政区域上主要包括了龙川县南部、和平县南部、连平县东南部、河源市辖区大部分、龙门县、紫金县、博罗县、增城县北部、惠东县北部、惠阳县东北部小部分地区等。

该区位于东江中游，是东江径流量的主要增补区域。中游地区东北侧的龙川南部、河源东部、紫金等地，山峰为中山，山体最高可达1300m，河源、博罗等地，山体较为矮小，一般不超过海拔300m。区内半埋藏阶地常与高河漫滩一起成为河流中下游两岸大面积的冲积平原，是区内主要的水稻田区。东江流域中游地区第一级半埋藏阶地分布地区包括惠东县城、龙川县登云、博罗县柏塘、增江、龙门县城等城镇所在地。

该区是东江流域三个一级水生态功能区中降水最为丰沛的区域，由于罗浮山和九连山等山地的抬升作用，西部年降水量较大，处于东江中下游暴雨高发区，年平均降水量为1800～2400mm，区内山区具有较好的森林覆盖，林地覆盖率大约为82%，其中高密度林地约占70%，因此具有较好的水源涵养作用。东江支流秋香江、公庄水等支流均在此区域汇入东江干流，该区域增补的多年平均径流量占东江多年平均总径流量的30%～40%。东江水质在该区域中总体良好，因此该区域在水生态功能方面，仍然具有明显的水量维持和水资源供给功能。

该区现有自然保护区共24个，其中国家级保护区1个，省级保护区4个，市级保护区5个，县级保护区14个，保护区总面积为8.515×10^4 hm^2。与东江上游山区河流水源涵养水生态功能区域相比，该区域内的自然保护区主要以保护流域内的陆地森林生态系统为主，少有保护两栖或者水生动物及其生境的自然保护区。

该生态功能区划分出四个水生态功能亚区：东江中上游丘陵农林生态系统曲流水生态调节亚区（$RFⅡ_1$）、增江中上游山地森林生态系统溪流水生态保育亚区（$RFⅡ_2$）、东江中游宽谷农业城镇生态系统曲流水生态调节亚区（$RFⅡ_3$）和秋香江中上游山地林农生态系统溪流水生态保育亚区（$RFⅡ_4$）。

7.2.2　功能区水生态健康整体评价

(1) 水质理化评价

该区DO浓度为3.01～9.34mg/L，平均浓度为6.07mg/L；通过DO分级评价结果显示（图7-16），DO评价值得分为0.66，其中优秀和良好的比例分别为45%和20%，一般、差和极差的比例分别为10%、15%和10%。EC浓度为25.10～147.40μm/cm，平均值为72.45μm/cm；通过EC分级评价结果显示，EC评价值得分为0.88，其中优秀的比例为80%，良好的比例为20%。COD_{Mn}浓度为0.86～7.36mg/L，平均浓度为2.37mg/L；通过COD_{Mn}分级评价结果显示，COD_{Mn}评价值得分为0.92，其中优秀的比例为88%，良好、一般和差的比例分别为5%、5%和2%。通过该功能区水质理化指标评价，水质理化指标评价值得分为0.82，其中优秀和良好的比例分别为68%和20%，一般的比例为12%，通过水质理化评价，该功能区水生态健康呈优秀状态。

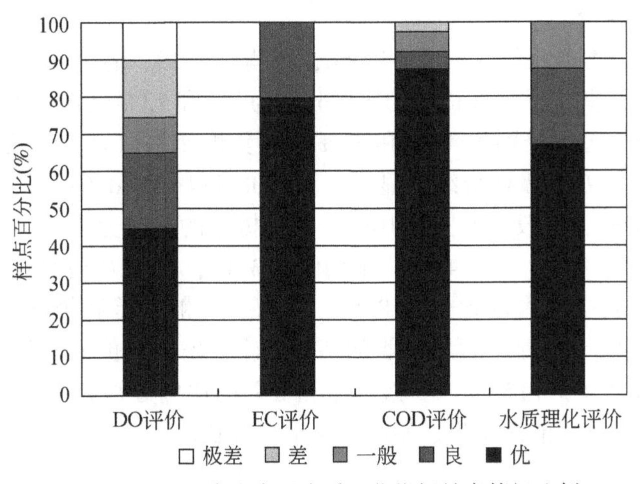

图7-16　RFⅡ水生态区水质理化指标健康等级比例

(2) 营养盐评价

该区 TP 浓度为 0.001 ~ 0.18mg/L，平均浓度为 0.08mg/L；通过 TP 分级评价结果显示，TP 评价值得分为 0.80，其中优秀和良好的比例分比别为 58% 和 28%（图 7-17），一般的比例为 14%。TN 浓度为 0.15 ~ 4.08mg/L，平均浓度为 1.20mg/L；通过 TN 分级评价结果显示，TN 评价值得分为 0.40，其中优秀和良好的比例分别为 20% 和 10%，而一般、差的比例分别为 18% 和 12%，极差的比例为 40%。NH_3-N 浓度为 0.04 ~ 4.06mg/L，平均浓度为 0.59mg/L；通过 NH_3-N 分级评价结果显示，NH_3-N 评价值得分为 0.79，其中优秀和良好的比例分别为 75% 和 10%，极差的比例为 15%。通过该功能区营养盐指标评价结果显示，营养盐指标评价值得分为 0.64，其中优秀和良好的比例共为 71%，一般、差和极差的比例分别为 13%、3% 和 13%，水质营养盐评价结果来看，该功能区水生态健康呈良好状态。

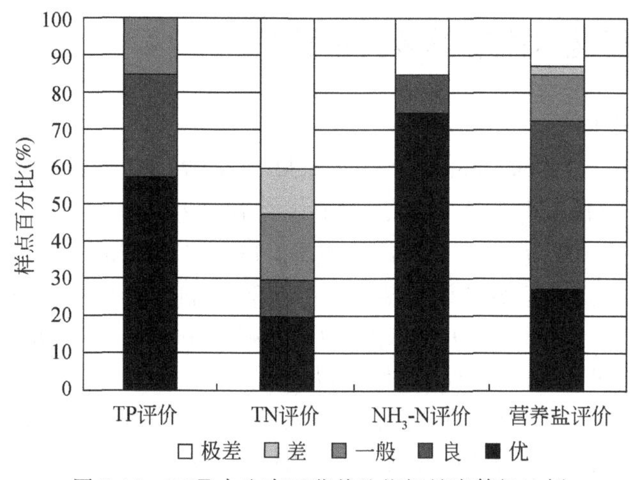

图 7-17　RFⅡ水生态区营养盐指标健康等级比例

(3) 浮游藻类评价

该区浮游藻类分类单元数（*S*）为 4 ~ 46，平均值为 19；通过 *S* 分级评价结果显示，*S* 评价值得分为 0.34，其中优秀和良好的比例分别为 3% 和 13%（图 7-18），一般的比例为 13%，而差和极差的比例分别为 41% 和 30%。优势度指数（*D*）的范围为 0.11 ~ 0.94，平均值为 0.34；通过 *D* 分级评价结果显示，*D* 评价值得分为 0.68，其中优秀和良好的比例分别为 38% 和 40%，一般的比例为 10%，差和极差的比例分别为 5% 和 7%。Shannon-Wiener 指数（*H'*）范围为 0.44 ~ 4.40，平均值为 3.12；通过 *H'* 分级评价结果显示，*H'* 评价值得分为 0.90，其中优秀的比例为 85%，良好、一般、差和极差的比例分别为 3%、8%、3% 和 1%。通过该功能区浮游藻类的评价，浮游藻类评价值得分为 0.64，其中优秀和良好的比例分别为 18% 和 58%，一般、差和极差的比例分别为 13%、9% 和 2%。从浮游藻类的角度评价，该功能区水生态系统健康呈良好状态。

(4) 底栖动物评价

该区底栖动物分类单元数（*S*）为 2 ~ 36，平均为 9，略低于 RFⅠ；*S* 评价值得分为 0.43，通过分级评价显示，优秀、良好、一般的比例为 13%，22% 和 5%（图 7-19），差

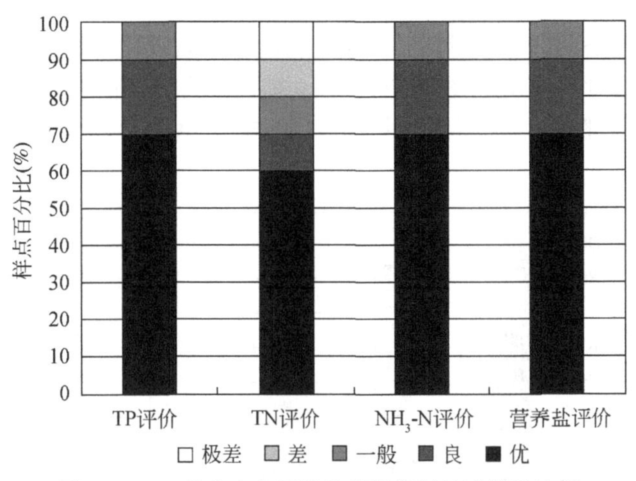

图7-18　RFⅡ水生态区浮游藻类指标健康等级比例

和极差的比例共占60%，说明总体S较低。各样点优势度指数（D）为0.23～1.00，均值为0.57，高于RFⅠ平均水平；D评价值得分为0.43，良好比例35%，一般、差和极差的比例相应为26%、13%和26%，总体属于一般级别。EPT-F范围为0～0.36，均值为0.06，略低于RFⅠ平均水平；EPT-F评价值得分为0.11，优秀比例为4%，差和极差的比例为9%和87%，说明大部分样点几乎没有EPT出现，仅有极少数样点水质清洁，有较多EPT种类出现。BMWP得分为7.0～211.3，平均为44.8，略低于RFⅠ平均水平；BMWP评价值得分为0.44，优秀和良好的比例分别为17%和9%，一般、差和极差的比例分别为30%、22%和22%。底栖动物评价整体评价值得分为0.35，优秀和良好的比例各为4%，一般占30%，差和极差的比例分别占44%和17%。综合来看，东江中游谷间曲流水量增补水生态功能区的水生态健康处于差级别，S、EPT和BMWP综合评价结果均略低于北部的RFⅠ区，总体水生态健康差于北部的RFⅠ区域，但优于南部的RFⅢ区。

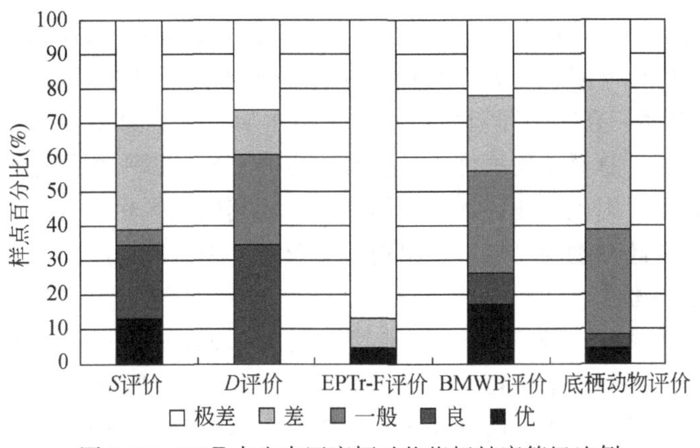

图7-19　RFⅡ水生态区底栖动物指标健康等级比例

(5) 综合评价

通过对东江中游谷间曲流水量增补水生态功能区水质理化指标、营养盐指标、浮游藻类和底栖动物的综合评价得出（图 7-20）：该功能区综合评价值得分为 0.65，优秀和良好的比例共为 73%，一般和差的比例分别为 22% 和 5%，说明该功能区水生态系统健康呈良好状态。

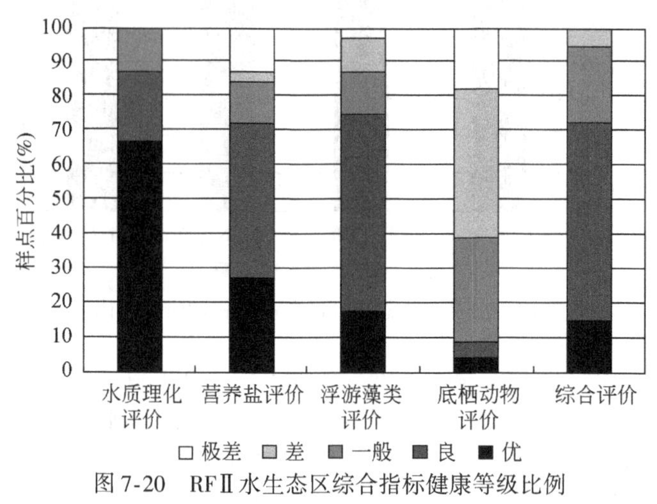

图 7-20　RFⅡ水生态区综合指标健康等级比例

7.2.3　水生态功能亚区水生态健康评价

7.2.3.1　东江中上游丘陵农林生态系统曲流水生态调节亚区（$RFII_1$）河流生态健康评价结果

(1) 亚区概况

该亚区地貌类型以平原和丘陵为主，海拔介于 50 ~ 500m 的区域占该区总面积的 94.12%，局部地段为海拔 500 ~ 1000m，乃至于超过海拔 1000m 的山地。植被以亚热带、热带常绿阔叶、落叶阔叶灌丛（常含稀树）为主。水质分析结果显示，Cr、Ni、Cu、Zn、As、Cd、Pb 等重金属、高锰酸钾指数均优于Ⅰ类水质标准，总磷、氨氮、溶解氧平均值均优于Ⅱ类水质标准，总氮平均值优于Ⅲ类水质标准。如果以平均值进行比较，各项水质数据平均值均未超标。因此该亚区水质总体良好，较其他亚区相比，只有个别点源污染河段有超标现象，主要超标物为总氮，未出现Ⅴ类及劣Ⅴ类水质情况。

(2) 水质理化评价

水体 DO 浓度为 4.25 ~ 9.34mg/L，平均浓度为 6.32mg/L；DO 评价值得分为 0.70，其中优秀和良好的比例分别为 42% 和 33%（图 7-21）。一般和差的比例分别为 8% 和 17%。EC 浓度为 48.33 ~ 125.70μm/cm，平均值为 80.79μm/cm；EC 的评价值得分为 0.86，其中优秀的比例为 83%，良好的比例为 17%。COD_{Mn}浓度为 0.91 ~ 2.41mg/L，平均浓度为 1.72mg/L；COD_{Mn}评价值得分为 0.99，全部样点均为优秀。该亚区水质理化指标评价显示，水质理化指标评价值得分为 0.85，其中优秀和良好的比例分别为 75% 和

25%，通过水质理化评价，该功能亚区水生态健康呈优秀状态。

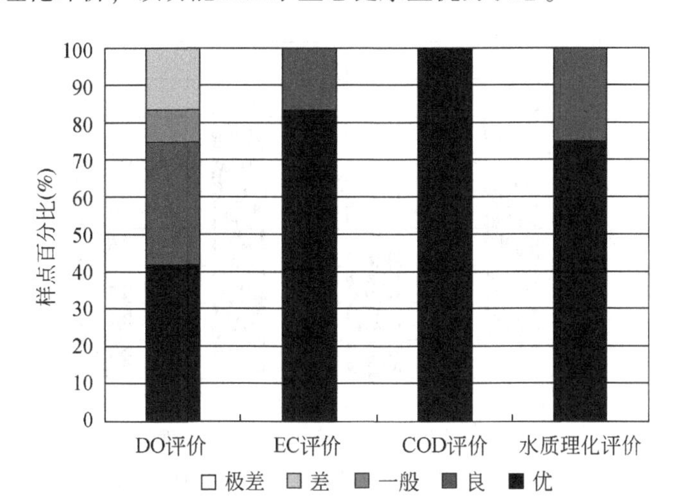

图7-21　RFⅡ$_1$水生态亚区水质理化指标健康等级比例

（3）营养盐评价

该区TP浓度为0.03～0.16mg/L，平均浓度为0.07mg/L；通过TP分级评价结果显示，TP评价值得分为0.82，其中优秀和良好的比例共为92%（图7-22），一般的比例为8%。TN浓度为0.31～4.08mg/L，平均浓度为1.22mg/L；TN的评价值得分为0.48，其中优秀和良好的比例分别为33%和17%，而一般、差的比例各占8%，极差的比例为34%。NH_3-N浓度为0.06～4.06mg/L，平均浓度为0.89mg/L；NH_3-N评价值得分为0.71，其中优秀和良好的比例分别为67%和8%，极差的比例为25%。该亚区营养盐指标评价显示，营养盐指标评价值得分为0.64，其中优秀和良好的比例分别为42%和33%，差和极差的比例分别为8%和17%，通过营养盐评价，该功能亚区水生态健康呈良好状态。

（4）浮游藻类评价

该区浮游藻类分类单元数（S）为8～34，平均值为18；S评价值得分为0.30，其中良好的比例为8%（图7-23），一般的比例为17%，而差和极差的比例分别为50%和25%。优势度指数（D）的范围为0.18～0.69，平均值为0.34；D评价值得分为0.67，其中优秀和良好的比例分别为25%和59%，一般和差的比例各占8%。Shannon-Wiener指数（H'）范围为1.65～3.77，平均值为3.07；H'评价值得分为0.94，其中优秀的比例为92%，一般的比例为8%。通过该亚区浮游藻类评价的结果显示，浮游藻类评价值得分为0.64，其中优秀和良好的比例分别为9%和75%，一般和差的比例各占8%。通过浮游藻类评价，该功能亚区水生态健康呈良好状态。

（5）底栖动物评价

该亚区底栖动物分类单元数（S）为8～18，平均值为14，高于RFⅡ平均S；S评价值得分为0.78。通过分级评价显示，样点分属于优秀、良好和差，比例分别为40%、40%和20%（图7-24）。各样点优势度指数（D）为0.34～0.42，均值为0.37，低于RFⅡ平均水平；D评价值得分为0.65，良好占80%，一般占20%。EPT-F范围为0～0.14，

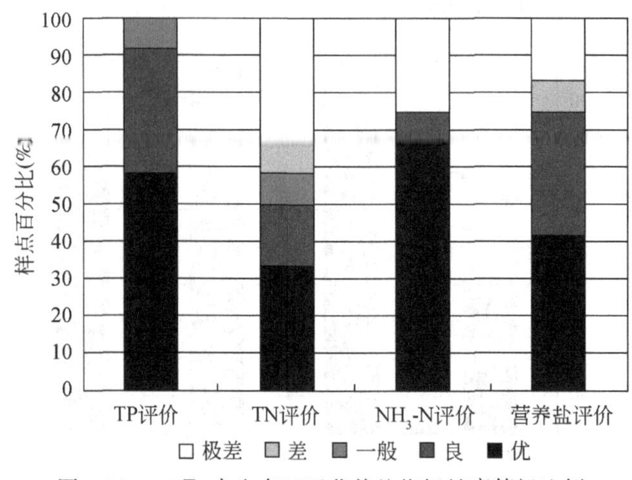

图 7-22 RFⅡ$_1$水生态亚区营养盐指标健康等级比例

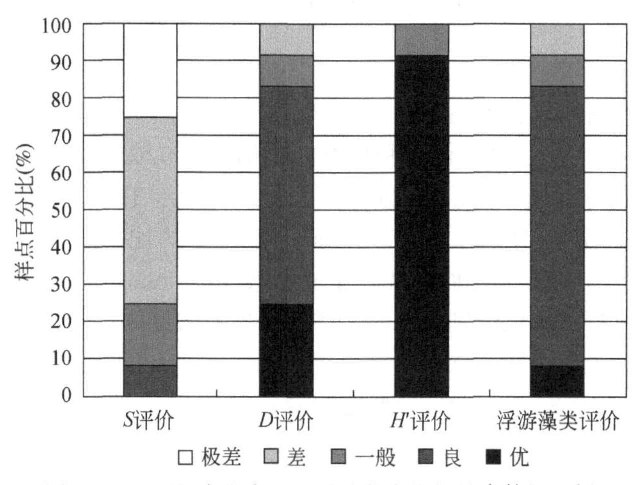

图 7-23 RFⅡ$_1$水生态亚区浮游藻类指标健康等级比例

均值为 0.05，略低于 RFⅡ平均水平；EPT-F 评价值得分为 0.06。BMWP 得分为 19.5 ~ 86.6，平均为 61.04，明显高于 RFⅡ平均水平；BMWP 评价值得分为 0.55，优秀和良好的比例各为 20%，良好和一般的比例分别为 40% 和 20%。底栖动物评价值得分为 0.51，无优秀和极差级别；良好，一般和差级分别是 20%、60% 和 20%。综合来看，该亚区物种多样性高，虽极少清洁指示种出现但物种总体敏感值较高，总体水生态健康处于相对良好的状态。

（6）综合评价

通过对东江中上游丘陵农林生态系统曲流水生态调节亚区水质理化指标、营养盐指标、浮游藻类和底栖动物的综合评价得出（图 7-25）：该功能区综合评价值得分为 0.69，优秀和良好的比例分别为 25% 和 50%，一般比例为 25%，说明该功能亚区水生态系统健康呈良好状态。

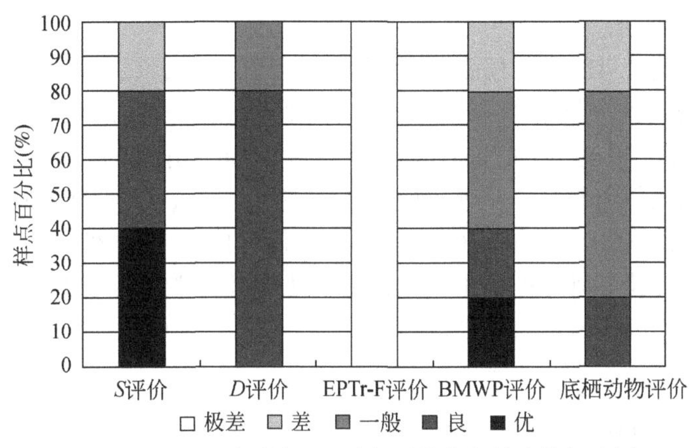

图 7-24　RF II_1 水生态亚区底栖动物指标健康等级比例

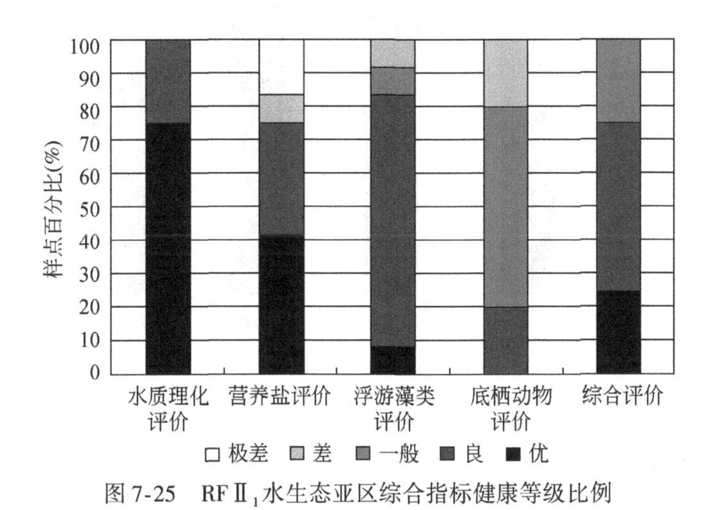

图 7-25　RF II_1 水生态亚区综合指标健康等级比例

7.2.3.2　增江中上游山地森林生态系统溪流水生态保育亚区（RF II_2）河流生态健康评价结果

(1) 亚区概况

该亚区仍然属于山地丘陵地貌，绝大部分地域海拔介于 50～500m，但与同样以山地丘陵地貌为主的其他亚区相比，0～50m 高程区域所占比例显著增加，由不到 1% 上增至 14.67%。该亚区最主要的地貌起伏类型为小起伏山地和中起伏山地，分别占该亚区总面积的 30.5% 和 30.77%，其次为微起伏地貌、丘陵和平原，分别占 18.02% 和 14.46%。与 RF II_1 亚区相比地貌起伏程度较大。水质分析结果显示，Cr、Ni、Cu、Zn、As、Cd、Pb 等重金属、高锰酸钾指数均优于Ⅰ类水质标准，总磷、氨氮、溶解氧平均值均优于Ⅱ类水质标准，总氮平均值优于Ⅲ类水质标准。如果以平均值进行比较，各项水质数据平均值均未超标，但个别样点出现了Ⅴ类水质，这可能因为部分采样点位于人类活动较强烈区域，因而与某些受人为干扰严重的点源污染有关。由于位于山区的缘故，人类活动干扰减小，故河岸硬化比例较小，植被覆盖度较高。

（2）水质理化评价

该区 DO 浓度为 4.47 ~ 7.71mg/L，平均浓度为 6.22mg/L；DO 评价值得分为 0.71，其中优秀和良好的比例分别为 50% 和 13% （图 7-26），一般和差的比例分别为 25% 和 12%。EC 浓度为 30.40 ~ 113.47μm/cm，平均值为 58.10μm/cm；EC 的评价值得分为 0.92，其中优秀的比例为 88%，良好的比例为 12%。COD_{Mn}浓度为 0.86 ~ 7.36mg/L，平均浓度为 2.63mg/L；COD_{Mn}评价值得分为 0.89，优秀的比例为 88%，差的比例为 12%。通过该亚区水质理化指标评价的结果显示，水质理化指标评价值得分为 0.84，其中优秀及良好的比例分别为 75% 和 13%，一般占 12%，从水质理化评价角度，该功能亚区水生态健康状态为优秀。

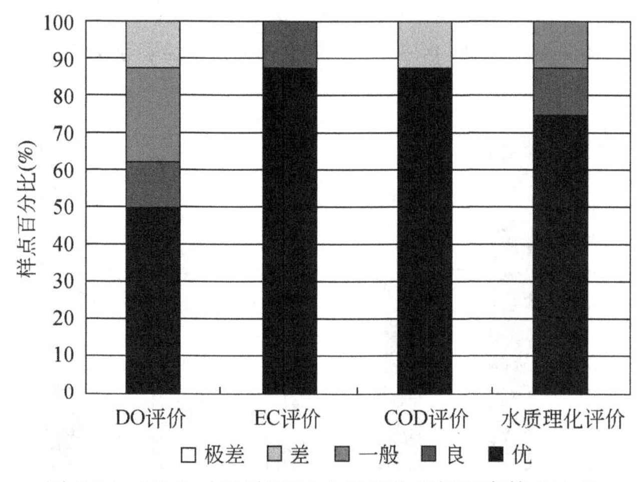

图 7-26　RF Ⅱ$_2$水生态亚区水质理化指标健康等级比例

（3）营养盐评价

该区 TP 浓度为 0.001 ~ 0.18mg/L，平均浓度为 0.07mg/L；通过 TP 分级评价结果显示，TP 评价值得分为 0.80，其中优秀和良好的比例分别为 50% 和 38% （图 7-27），一般的比例为 12%。TN 浓度为 0.69 ~ 1.79mg/L，平均浓度为 1.19mg/L；TN 的评价值得分为 0.27。其中良好仅占 13%，而一般、差和极差的比例分别为 25%、12% 和 50%。NH_3-N 浓度为 0.12 ~ 0.54mg/L，平均浓度为 0.25mg/L；NH_3-N 评价值得分为 0.92，其中优秀和良好的比例分别为 88% 和 12%。通过该亚区营养盐指标评价的结果显示，营养盐指标评价值得分为 0.67，其中优秀和良好的比例分别为 13% 和 63%，一般比例为 24%，通过营养盐评价，功能亚区水生态健康状态为良好。

（4）浮游藻类评价

该区浮游藻类分类单元数（*S*）为 10 ~ 34，平均值为 18；*S* 评价值得分为 0.30，其中良好的比例仅为 13% （图 7-28），而差和极差的比例分别为 50% 和 37%。优势度指数（*D*）的范围为 0.18 ~ 0.86，平均值为 0.40；*D* 评价值得分为 0.61，其中优秀和良好的比例分别为 37% 和 24%，一般、差和极差的比例各占 13%。Shannon-Wiener 指数（*H*′）范围为 1.03 ~ 3.98，平均值为 2.92；*H*′评价值得分为 0.85，其中优秀的比例为 74%，一般和差的比例各占 13%。通过该亚区浮游藻类评价结果显示，浮游藻类评价值得分为 0.59，

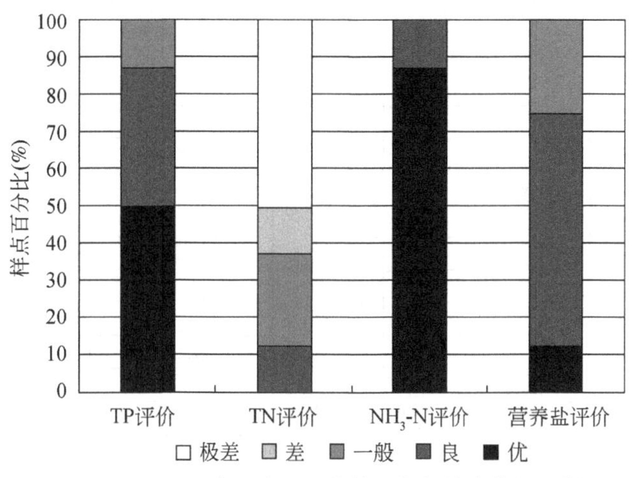

图 7-27　RFⅡ$_2$水生态亚区营养盐指标健康等级比例

其中优秀和良好的比例分别为 13% 和 50%，一般和差的比例分别为 12% 和 25%。通过浮游藻类评价，该功能亚区水生态健康状态为一般。

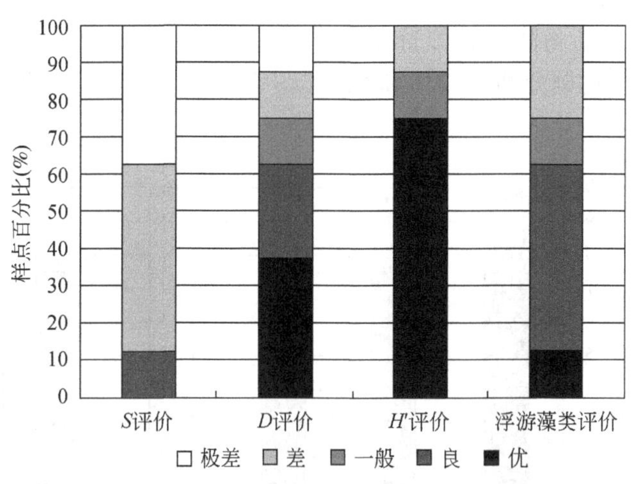

图 7-28　RFⅡ$_2$水生态亚区浮游藻类指标健康等级比例

（5）底栖动物评价

该亚区底栖动物分类单元数（*S*）为 5 ~ 9，平均为 7，低于 RFⅡ平均 *S*；*S* 评价值得分为 0.32。通过分级评价显示，一般、差和极差的比例为 25%、50% 和 25%（图 7-29）。各样点优势度指数（*D*）为 0.33 ~ 0.74，均值为 0.58，高于 RFⅡ平均水平；*D* 评价值得分为 0.41，良好的比例为 25%，一般和差的比例分别占 25% 和 50%。EPT-F 范围为 0 ~ 0.2 范围内，均值为 0.05，略低于 RFⅡ平均水平；EPT-F 评价值得分为 0.08，差和极差的比例为 25% 和 75%。BMWP 得分为 22 ~ 34.3，平均为 26.45，明显低于 RFⅡ平均水平；BMWP 评价值得分为 0.33。评价结果分属于一般和差，分别占 25% 和 75%。底栖动物评价值得分为 0.29，属于差级。综合来看，RFⅡ$_2$增江中上游山地森林生态系统溪流水生态

保育亚区除 D 较高外，其余指标均低于 RFⅡ平均水平，是该功能区中水生态健康较差的一个亚区。

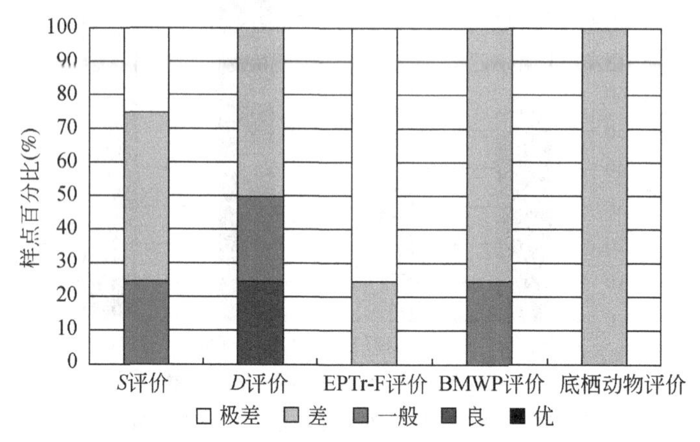

图 7-29　RFⅡ$_2$水生态亚区底栖动物指标健康等级比例

(6) 综合评价

通过对增江中上游山地森林生态系统溪流水生态保育亚区水质理化指标、营养盐指标、浮游藻类和底栖动物的综合评价得出（图 7-30）：该功能亚区综合评价值得分为 0.65，优秀和良好的比例分别为 13% 和 62%，一般比例为 25%，说明该功能亚区水生态系统健康状态为良好。

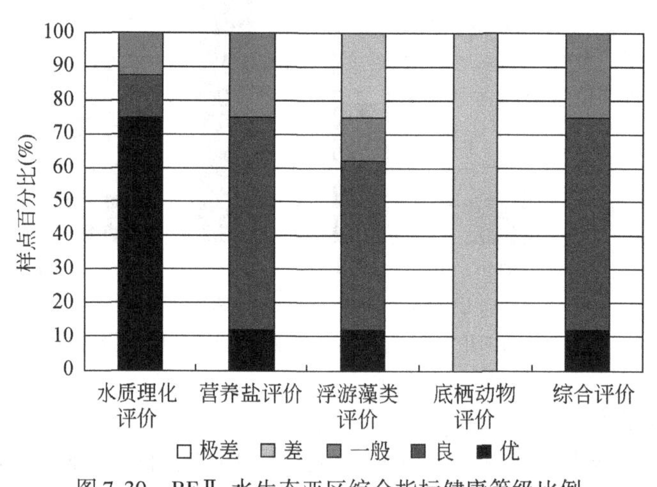

图 7-30　RFⅡ$_2$水生态亚区综合指标健康等级比例

7.2.3.3　东江中游宽谷农业城镇生态系统曲流水生态调节亚区（RFⅡ$_3$）河流生态健康评价结果

(1) 亚区概况

该亚区主要是东江中游干流所在的区域，亚区内最主要的地貌起伏类型为小起伏山地，占该亚区总面积的 29.69%，其次为微起伏地貌，占 22.75%。其他地貌类型除了大起伏山地比例较小外，其余所占比例相似。水质分析结果显示，Cr、Ni、Cu、Zn、As、Cd、Pb等重金属、高锰酸钾指数均优于Ⅰ类水质标准，总磷、溶解氧、氨氮平均值均优于Ⅱ类水质标准，总氮平均值优于Ⅲ类水质标准。如果以平均值进行比较，各项水质数据平均值均未超标。该区中水质污染指标主要为总氮，与RFⅡ$_2$亚区相比，水质污染状况略低，主要体现为氨氮没有超标样点，也没有出现Ⅴ类及劣Ⅴ类水质，但总氮超标率及超标个数较前一亚区相比均略高。该亚区位于流域的中游平原区，因靠近城镇人口密集区，故河岸硬化比例较大。

（2）水质理化评价

该区DO浓度为3.01～7.73mg/L，平均浓度为5.54mg/L；DO评价值得分为0.56，其中优秀和良好的比例分别为36%和18%（图7-31），一般、差和极差的比例分别为9%、9%和27%。EC浓度为43.00～147.40μm/cm，平均值为90.15μm/cm；EC的评价值得分为0.84，其中优秀的比例为55%，良好的比例为45%。COD_{Mn}浓度为1.35～6.61mg/L，平均浓度为3.23mg/L；COD_{Mn}评价值得分为0.84，优秀的比例为73%，良好的比例为9%，一般的比例为18%。通过该亚区水质理化指标评价的结果显示，水质理化指标评价值得分为0.75，其中优秀和良好的比例分别为55%和18%，一般的比例占27%，水质理化评价结果来看，该亚区水生态健康状态为良好。

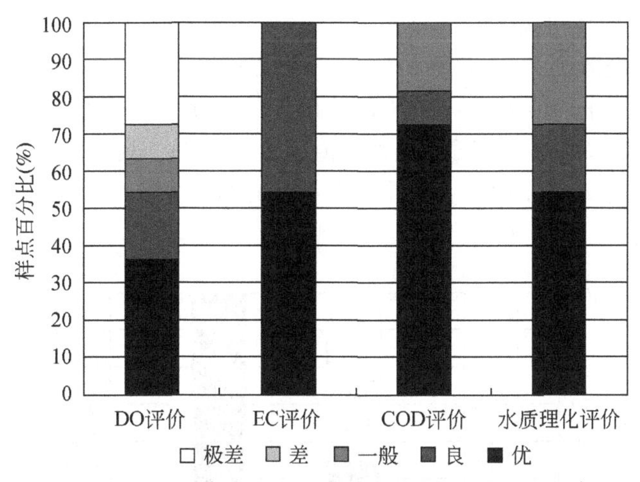

图7-31 RFⅡ$_3$水生态亚区水质理化指标健康等级比例

（3）营养盐评价

该区TP浓度为0.02～0.18mg/L，平均浓度为0.10mg/L；通过TP分级评价结果显示，TP评价值得分为0.71，其中优秀和良好的比例分别为45%和27%（图7-32），一般的比例为27%。TN浓度为0.50～2.28mg/L，平均浓度为1.30mg/L；TN的评价值得分为0.28，其中良好的比例仅占9%，而一般、差和极差的比例分别为27%、18%和45%。NH_3-N浓度为0.04～2.66mg/L，平均浓度为0.55mg/L；NH_3-N评价值得分为0.77，其中优秀的比例为82%，极差的比例为18%。通过该亚区营养盐指标评价的结果显示，营养盐指标评价值得分为0.57，其中优秀和良好的比例分别为18%和36%，一般和极差的比例分别为27%和18%，通过营养盐评价，该亚区水生态健康状态为一般。

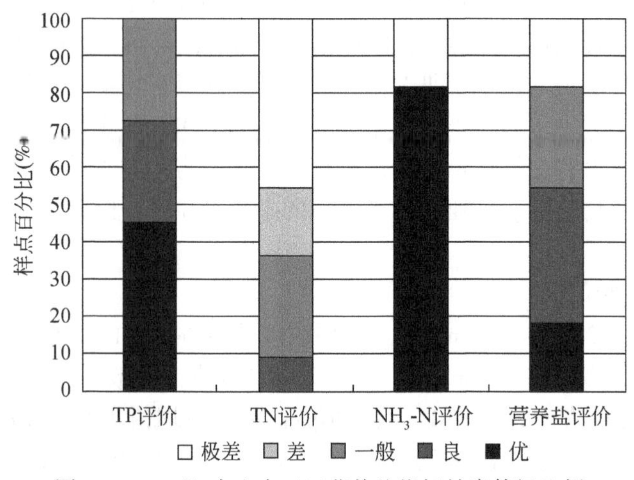

图 7-32　RF Ⅱ$_3$水生态亚区营养盐指标健康等级比例

（4）浮游藻类评价

该区浮游藻类分类单元数（S）为 11 ~ 29，平均值为 20；S 评价值得分为 0.35，其中良好的比例仅为 9%（图 7-33），一般的比例为 18%，而差和极差的比例分别为 55% 和 18%。优势度指数（D）的范围为 0.13 ~ 0.45，平均值为 0.26；D 评价值得分为 0.77，其中优秀和良好的比例分别为 55% 和 27%，一般比例为 18%。Shannon-Weiner 指数（H'）范围为 2.40 ~ 4.36，平均值为 3.45；H' 评价值得分为 0.98，全部样点为优秀。通过该亚区浮游藻类评价的结果显示，浮游藻类评价值得分为 0.70，其中优秀和良好的比例分别为 18% 和 64%，一般的比例为 18%。从浮游藻类的角度评价，该功能亚区水生态系统健康状态为良好。

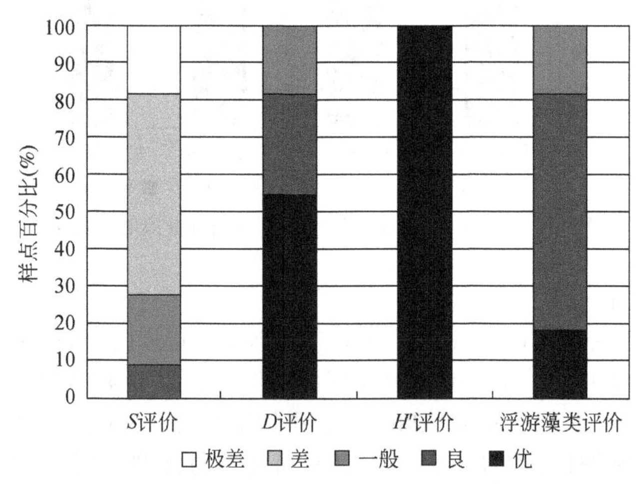

图 7-33　RF Ⅱ$_3$水生态亚区浮游藻类指标健康等级比例

（5）底栖动物评价

该亚区底栖动物分类单元数（S）为 2 ~ 14，平均为 6，低于 RF Ⅱ 平均 S；S 评价值得分为0.26。通过分级评价显示（图7-34），良好比例为25%，差和极差占13%和63%。各样点优势度指数（D）为0.29～1.00，均值为0.75，明显高于RFⅡ平均水平；D评价值得分为0.23，良好比例13%；一般、差和极差的比例相应为12%、12%和63%。EPT-F范围为0～0.21，均值为0.03，低于RFⅡ平均水平，EPT-F评价值得分为0.06，差和极差的比例为12%和88%，大部分样点几乎没有EPT出现。BMWP得分为7～72，平均为28.6，明显低于RFⅡ平均水平；BMWP评价值得分为0.35，优秀的比例为25%，良好、一般和极差的比例分别为13%和63%。底栖动物评价值得分为0.23，一般占25%，差和极差的比例分别占25%和50%。综合来看，RFⅡ$_3$东江中游宽谷农业城镇生态系统曲流水生态调节亚区底栖评价结果属差级，劣于RFⅡ$_1$东江中上游丘陵农林生态系统曲流水生态调节亚区，但稍优于RFⅡ$_2$增江中上游山地森林生态系统溪流水生态保育亚区。

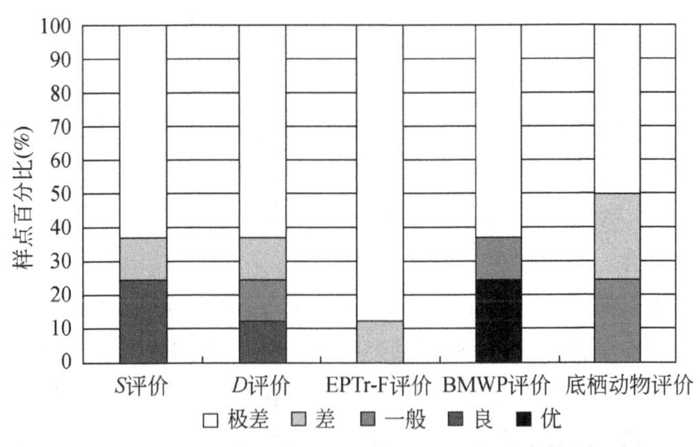

图7-34　RFⅡ$_3$水生态亚区底栖动物指标健康等级比例

(6) 综合评价

通过对东江中游宽谷农业城镇生态系统曲流水生态调节亚区水质理化指标、营养盐指标、浮游藻类和底栖动物的综合评价得出（图7-35）：该功能区综合评价值得分为0.60，优秀和良好的比例分别为9%和55%，一般和差的比例各占18%，说明该功能区水生态系统健康状态为一般。

7.2.3.4　秋香江中上游山地林农生态系统溪流水生态保育亚区（RFⅡ$_4$）河流生态健康评价结果

(1) 亚区概况

该亚区相对于本生态功能区中的前三个亚区而言，海拔0～50m的区域面积较小，仅占2.03%，而海拔500～1000m的低山区域面积较大，达13%。该亚区最主要的地貌起伏类型为小起伏山地，占亚区总面积的33.35%，另外为中起伏山地和微起伏地貌，分别占27.47%和22.86%，其他地貌起伏类型所占比例均不超过10%。水质分析结果显示，Cr、Ni、Cu、Zn、As、Cd、Pb等重金属、高锰酸钾指数均优于Ⅰ类水质标准，总磷、氨氮、溶解氧平均值均优于Ⅱ类水质标准，总氮平均值优于Ⅲ类水质标准。如果以平均值进行比较，各项水质数据平均值均未超标。但从单个样本的水质状况看，该区中水质污染指标为

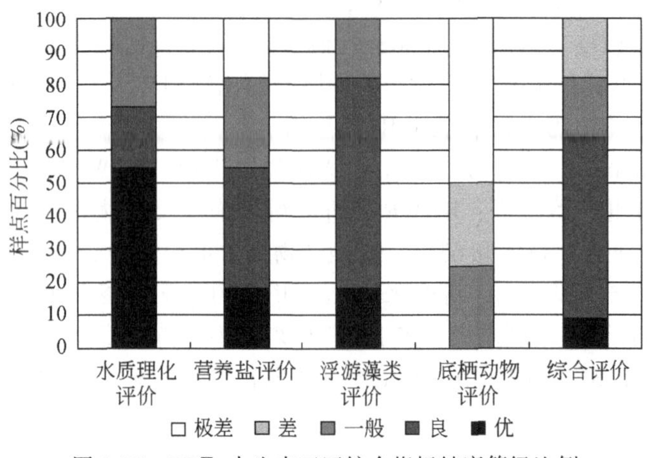

图 7-35　RFⅡ$_3$水生态亚区综合指标健康等级比例

总氮、总磷及氨氮，超标程度均较小，且约有15%的样点出现水体富营养化的特征，表明该亚区中主要为人为因素造成的点源污染，而这与该亚区受人类活动强烈干扰有关，如该亚区中部分地区为人类密集生活区和矿场采集活动集中区。

（2）水质理化评价

该区DO浓度为3.43～8.46mg/L，平均浓度为6.25mg/L；DO评价值得分为0.68，其中优秀和良好的比例分别为56%和11%（图7-36），差和极差的比例分别22%和11%。EC浓度为25.10～102.50μm/cm，平均值为52.46μm/cm；EC的评价值得分为0.93，全部样点为优秀。COD_{Mn}浓度为0.87～4.68mg/L，平均浓度为1.96mg/L；COD_{Mn}评价值得分为0.93，优秀比例为89%，良好的比例为11%。通过该亚区水质理化指标分级评价的结果显示，水质理化指标评价值得分为0.85，其中优秀和良好的比例分别为67%和22%，一般的比例为11%，通过水质理化评价，该功能亚区水生态健康状态为优秀。

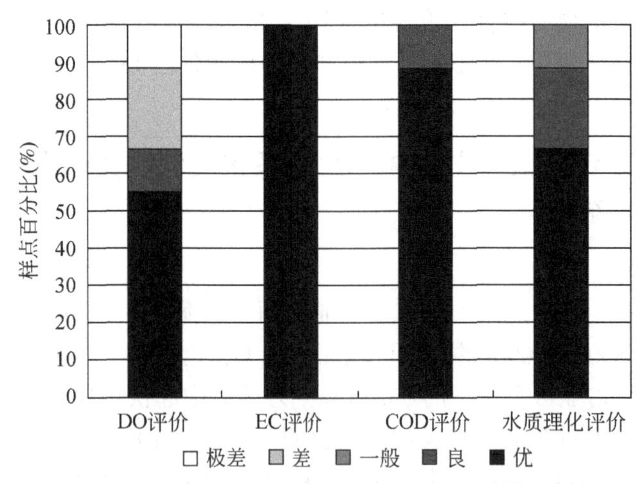

图 7-36　RFⅡ$_4$水生态亚区水质理化指标健康等级比例

（3）营养盐评价

该区 TP 浓度为 0.001 ~ 0.14mg/L，平均浓度为 0.05mg/L；通过 TP 分级评价结果显示，TP 评价值得分为 0.87，其中优秀的比例为 78%（图 7-37），良好和一般的比例各占 11%。TN 浓度为 0.15 ~ 3.78mg/L，平均浓度为 1.04mg/L；TN 的评价值得分为 0.57，其中优秀比例为 44%，而一般、差和极差的比例分别为 11%、11% 和 33%。NH_3-N 浓度为 0.06 ~ 2.73mg/L，平均浓度为 0.52mg/L；NH_3-N 评价值得分为 0.81，其中优秀和良好比例共为 89%，差和极差的比例共为 11%。通过该亚区营养盐指标分级评价的结果显示，营养盐指标评价值得分为 0.72，其中优秀及良好的比例分别为 33% 和 56%，极差的比例为 11%，通过水质营养盐评价，该功能亚区水生态健康状态为良好。

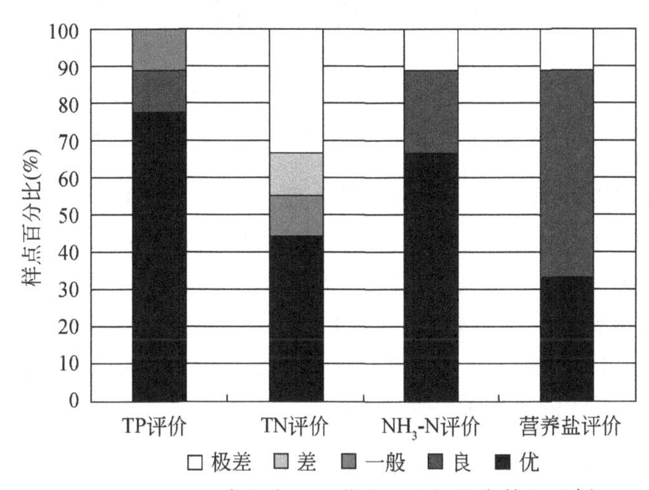

图 7-37　RFⅡ$_4$水生态亚区营养盐指标健康等级比例

（4）浮游藻类评价

该区浮游藻类分类单元数（*S*）为 4 ~ 46，平均值为 21；*S* 评价值得分为 0.40，其中优秀和良好的比例分别为 11% 和 22%（图 7-38），一般和差的比例各占 11%，极差的比例为 44%。优势度指数（*D*）的范围为 0.11 ~ 0.94，平均值为 0.38；*D* 评价值得分为 0.63，其中优秀和良好的比例分别为 33% 和 44%，极差比例为 22%。Shannon-Wiener 指数（*H'*）范围为 0.44 ~ 4.40，平均值为 2.97；*H'* 评价值得分为 0.80，其中优秀的比例为 67%，良好、差和极差的比例各占 11%。通过该亚区浮游藻类评价的结果显示，浮游藻类评价值得分为 0.61，其中优秀和良好的比例各占 33%，一般、差和极差的比例各占 11%。从浮游藻类的角度评价，该功能区水生态系统健康状态为良好。

（5）底栖动物评价

该亚区底栖动物分类单元数（*S*）为 3 ~ 36，平均为 12，明显高于 RFⅡ平均 *S*；*S* 评价值得分为 0.44，通过分级评价显示（图 7-39），优秀和良好的比例各占 17%，差和极差的比例为 50% 和 17%。各样点优势度指数（*D*）为 0.23 ~ 0.84，均值为 0.48，低于 RFⅡ平均水平；*D* 评价值得分为 0.52，良好比例 33%，一般和极差的比例相应为 50% 和 17%。EPT-F 范围为 0 ~ 0.36，均值为 0.1，略高于 RFⅡ平均水平；EPT-F 评价值得分为 0.22，优秀比例为 17%，其余属于极差，说明大部分样点几乎没有 EPT 出现，仅有极少数样点

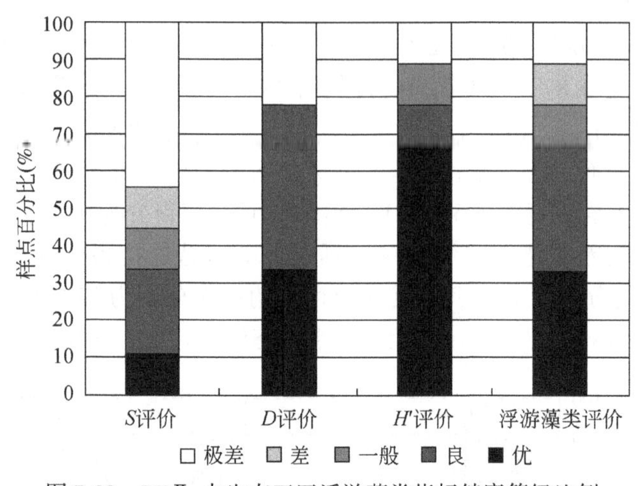

图 7-38 RFⅡ$_4$水生态亚区浮游藻类指标健康等级比例

水质清洁，有较多 EPT 种类出现。BMWP 得分为 17.3～211.3，平均为 65，明显于 RFⅡ平均水平；BMWP 评价值得分为 0.54，优秀和良好的比例各占 17%，一般、差和极差的比例分别为 17%、50% 和 17%。底栖动物评价值得分为 0.43，优秀的比例为 17%，一般占 33%，差的比例为 50%。综合来看，RFⅡ$_4$秋香江中上游山地林农生态系统溪流水生态保育亚区底栖评价处于一般级别，*S*、EPT 和 BMWP 综合评价结果均高于 RFⅡ平均值，总体水生态健康是该一级区内较好的一个亚区。

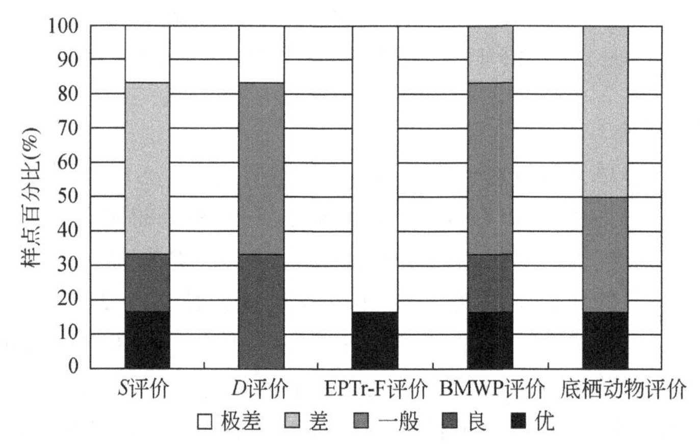

图 7-39 RFⅡ$_4$水生态亚区底栖动物指标健康等级比例

（6）综合评价

通过对秋香江中上游山地林农生态系统溪流水生态保育亚区水质理化指标、营养盐指标、浮游藻类和底栖动物的综合评价得出（图 7-40）：该功能区综合评价值得分为 0.67，优秀和良好的比例分别为 11% 和 67%，一般的比例为 22%，说明该功能亚区水生态系统健康状态为良好。

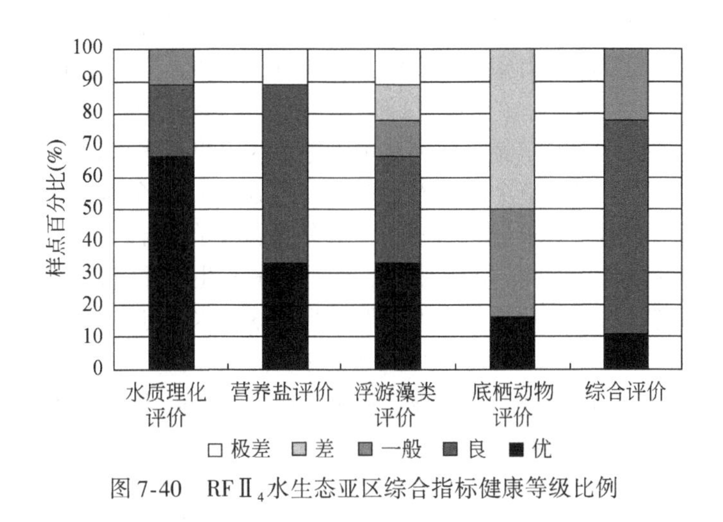

图7-40　RFⅡ_4水生态亚区综合指标健康等级比例

7.3　东江下游感潮河网水量均衡水生态功能区（RFⅢ）河流生态健康评价结果

7.3.1　区域概况

东江下游感潮河网水量均衡水生态功能区域，位于东经113°25′50″～115°6′0″，北纬22°23′25″～23°22′38″，全区域地势总体为东高、西低，以东江三角洲平原和低山丘陵为主。该区域主要包括博罗县南部、增城县南部、惠东县南部、惠阳县大部、惠州市辖区、东莞市、深圳市等县、市，区域界线的走向，大致呈与中部低山丘陵和南部三角洲平原区的过渡带相平行，主要以罗浮山脉、九连山脉、青云山脉、莲花山脉的南端为界，区域面积为0.87×10^4 km^2。该区域主要包括了西枝江白盆珠水库以下、淡水河、石马河，以及东江干流惠州市以下河段集水区所在范围。

东江流域下游河网地区整体地貌特征为平坦低洼。该地区平坦的地势使得河流密度增加，河汊如网，石龙以下汇集了增江、沙河等源于北面罗浮山的多条山地河溪，水沙丰富。下游地区因泥沙易于滞留而河道内常发育大型江心洲。该区域是东江流域暴雨集中分布的地区，虽然地势抬升作用不明显，但在台风影响下仍具有较丰沛的降水，年平均降水量为1700～1800mm。

东江三角洲河网区位于该区域内石龙以下，是以潮水控制为主的范围，北面以东江北干流为界，东南到南支流，西面至狮子洋，面积约为0.32×10^4 km^2，其中河涌水面积为58 km^2，河网密度达18.2%，现有堤围244条，堤线长244 km。河道平均比降为0.39‰。该区域河流水文的另一大水文特征，表现在河水受潮水顶托明显，潮水顶托远达东莞石龙镇的鲤鱼洲。

东江流域下游地区河型多为分汊型，包括双汊和复汊两亚类。下游靠近中游部分，心滩大且多，河流分为双汊，该处河流分汊的原因包括河流自身发展和人类活动影响两个方面。河口地区的河型为复汊，河床分成多汊，形成游荡型河，其边缘沉积形成广阔平坦的三角洲。

该区域没有大型水库，但东莞、深圳和惠阳等地区中小型水库数量较多，是区域饮用水资源补充的重要保障。对于整个流域而言该区域的流域水源涵养功能较弱。该区域由于工农业生产和人居生活用水需求量不断增加，水资源供求矛盾异常突出。也正是由于本地区工业发展迅速，城市化程度高、需水量大，保护流域水生态系统水量基本均衡将是该区应发挥的最重要的流域水生态功能。此外，保护当地饮用水源地、保护东深供水水源地及其输水线路畅通等，也是该区域的流域水生态主体功能之一。

与其他两个水生态功能区域相比，该区域重金属含量要高于前两个区域。并且高锰酸钾指数、总磷、氨氮含量均较高，区域超标率也较之前两区域明显偏大，水质总体变差，Ⅴ类和劣Ⅴ类水时有出现。

该区已建成有的然保护区共25个，其中国家级自然保护区1个，省级自然保护区3个，市级自然保护区13个，县级自然保护区8个。拟建的自然保护区共12个，其中省级自然保护区1个，市级自然保护区11个。已建和拟建自然保护区总面积9.7×10^4 hm^2，其中与水生态系统直接相关的保护目标包括河口/海滨红树林、水库河岸湿地和野生稻及其生境等，保护面积达1.3×10^4 hm^2，占已建和拟建自然保护区总面积的60.5%。这些自然保护区将在水源地保护和生物多样性保护中发挥重要作用。

该生态功能区划分出三个水生态功能亚区：东江下游三角洲城镇生态系统河网水生态恢复亚区（$RFⅢ_1$）、西枝江中下游岭谷农林生态系统曲流水生态调节亚区（$RFⅢ_2$）和石马河淡水河平原丘陵城市生态系统河渠水生态恢复亚区（$RFⅢ_3$）。

7.3.2 功能区水生态健康整体评价

（1）水质理化评价

该区DO浓度为0.32～8.15mg/L，平均浓度为4.43mg/L；通过DO分级评价结果显示，DO评价值得分0.37，其中优秀和良好的比例分别为23%和7%（图7-41）。一般和差的比例各为10%，极差的比例为50%。EC浓度为21.90～636.00μm/cm，平均值为205.41μm/cm；通过EC分级评价结果显示，EC的评价值得分为0.61，其中优秀和良好的比例共为63%，一般、差和极差的比例分别为7%、13%和17%。COD_{Mn}浓度为1.15～19.47mg/L，平均浓度为3.98mg/L；通过COD_{Mn}分级评价结果显示，COD_{Mn}评价值得分为0.78，其中优秀和良好的比例分别为60%和27%，一般、差和极差的比例分别为7%、3%和3%。通过该功能区水质理化指标评价的结果显示，水质理化评价指标的评价得分为0.49，其中优秀和良好的比例分别为30%和13%，一般和差的比例分别为17%和10%，极差的比例为30%。通过水质理化评价，该功能区水生态健康状态为一般。

（2）营养盐评价

该区TP浓度为0.001～2.10mg/L，平均浓度为0.37mg/L；通过TP分级评价结果显示，TP的评价值得分为0.53，其中优秀和良好的比例分比别为40%和17%（图7-42），

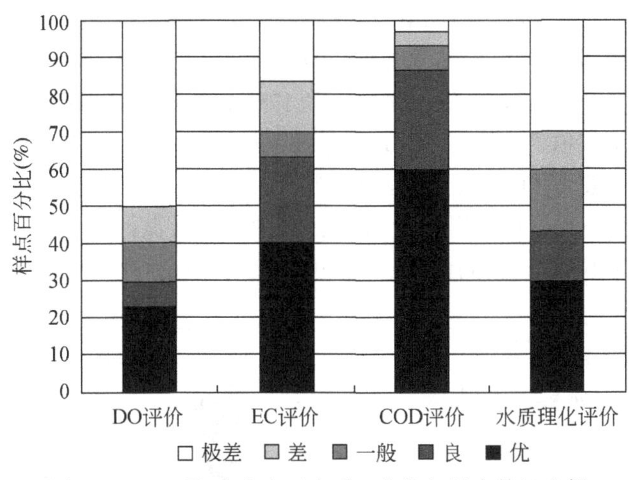

图7-41　RF Ⅲ 水生态区水质理化指标健康等级比例

一般的比例为3%，差和极差的比例分别为7%和33%。TN浓度为0.12～25.10mg/L，平均浓度为5.40mg/L；通过TN分级评价结果显示，TN的评价值得分为0.18，其中优秀和良好的比例分别为14%和3%，而一般和差的比例分别为3%和7%，极差的比例为73%。NH_3-N浓度为0.10～22.20mg/L，平均浓度为5.35mg/L；通过NH_3-N分级评价结果显示，NH_3-N评价值得分为0.40，其中优秀和良好的比例分别为30%和7%，良好、一般和差的比例各为7%，极差的比例为49%。通过该功能区营养盐指标评价的结果显示，营养盐指标评价值得分0.35，其中优秀和良好的比例分别为13%和20%，一般、差和极差的比例分别为13%、7%和47%，从水质营养盐的评价角度，该功能区水生态健康状态为差，健康风险较大。

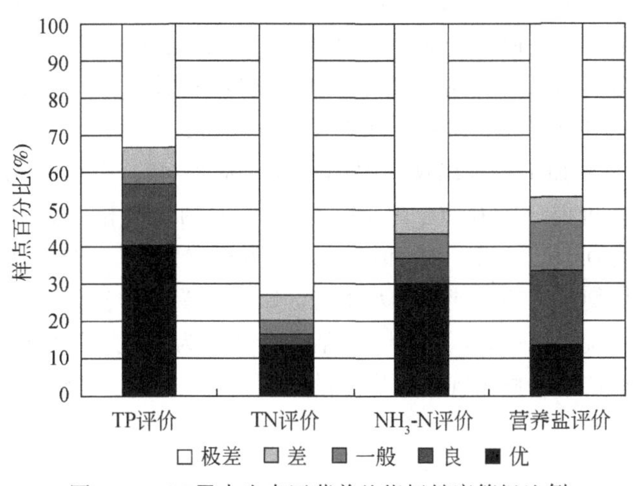

图7-42　RFⅢ水生态区营养盐指标健康等级比例

(3）浮游藻类评价

该区浮游藻类分类单元数（S）为10～54，平均值为25；通过S分级评价结果显示，S评价值得分为0.47，其中优秀和良好的比例分别为11%和17%（图7-43），一般的比例为31%，而差和极差的比例分别为24%和17%。优势度指数（D）的范围为0.13～0.74，平均值为0.34；通过D分级评价结果显示，D评价值得分为0.68，其中优秀和良好的比例分别为24%和52%，一般和差的比例分别为17%和7%。Shannon-Wiener指数（H'）范围为1.37～4.53，平均值为3.27；通过H'分级评价结果显示，H'评价值得分0.92，其中优秀的比例为83%，良好和一般的比例分别为10%和7%。通过该功能区浮游藻类分级评价的结果显示，浮游藻类评价值得分为0.69，其中优秀及良好的比例分别为21%和59%，一般和差的比例各为10%。通过浮游藻类评价，该功能区水生态健康状态为良好。

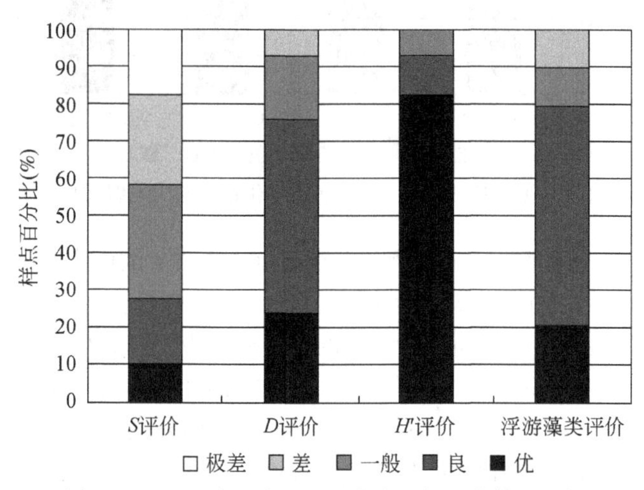

图7-43　RFⅢ水生态区浮游藻类指标健康等级比例

（4）底栖动物评价

底栖动物分类单元数（S）为2～13，平均为4，明显低于RFⅠ和RFⅡ平均分类单元数；S评价值得分为0.13，通过分级评价显示，良好的比例为6%（图7-44），其余为差和极差等级，比例分别为12%和82%。各样点优势度指数（D）为0.42～0.96，均值为0.70，高于RFⅠ和RFⅡ平均水平；D评价值得分为0.28，一般、差和极差的比例分别为41%、18%和41%。无EPT种类出现。BMWP得分为4～45，平均为16.2，是三个一级区中最低的；BMWP评价得分为0.20，一般、差和极差的比例相应为12%、35%和53%。底栖动物评价得分为0.16，一般、差和极差的比例相应为6%、18%和76%。综合来看，下游感潮河网水量均衡水生态功能区的水生态健康处于差级，各项指标均为三个一级水生态功能区中最差的，说明该一级区是受人类活动干扰最为强烈，污染严重，导致底栖动物多样性极低，未有清洁指示种出现，水生态健康情况差。因此，今后应该成为管理整治的重点区域。

（5）综合评价

通过对东江上游山区河流水源涵养水生态功能区水质理化指标、营养盐指标、浮游藻类和底栖动物的综合评价得出（图7-45）：该功能区综合评价值得分为0.46，优秀和良好的比例分别为10%和20%，一般、差和极差的比例分别为23%、37%和10%，说明该功能区水生态系统健康状态为差，健康风险较大。

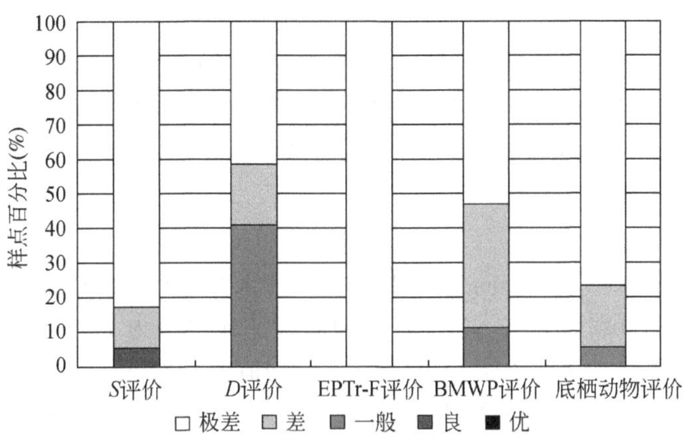

图7-44　RFⅢ水生态区底栖动物指标健康等级比例

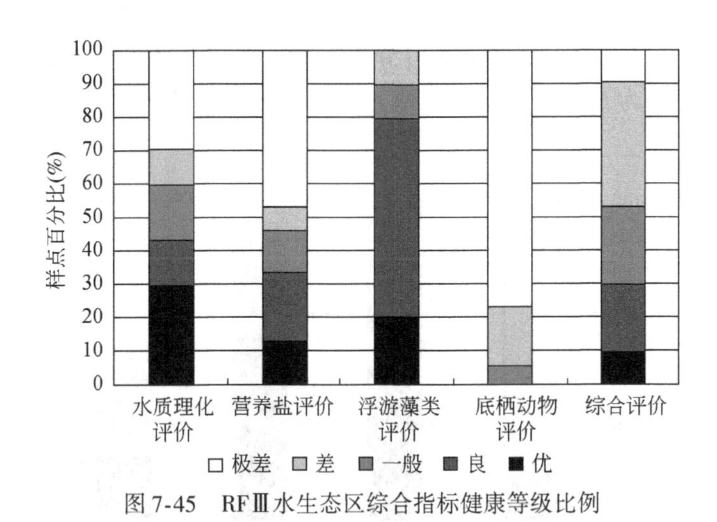

图7-45　RFⅢ水生态区综合指标健康等级比例

7.3.3　水生态功能亚区水生态健康评价

7.3.3.1　东江下游三角洲城镇生态系统河网水生态恢复亚区（RFⅢ$_1$）河流生态健康评价结果

(1) 亚区概况

地貌上均以海拔小于200m的平原和起伏不大的丘陵为主，该亚区为东江三角洲所在的区域，72.04%的土地海拔高度仅仅处在0～50m。水质分析结果显示，高锰酸钾指数均优于Ⅱ类水质标准；溶解氧平均值优于Ⅲ类水质标准；总磷平均值优于Ⅳ类水质标准；氨氮、总氮平均值均为劣Ⅴ类水质标准。如果采用调查点多因子均值综合指数法确定水质类别，其中Ⅰ类水体占3.6%，Ⅱ类水体占17.9%，Ⅲ类水体占7.1%，Ⅳ类水体占32.1%，Ⅴ类水体占10.7%，劣Ⅴ类为28.6%，总体主要为Ⅴ类及劣Ⅴ类水体。该亚区，主要为东江下游平原城镇生活和工业区，受人类活动影响显著，这是该亚区水质富营养化程度高的最重要原因。

该亚区位于流域的下游河网平原区，靠近城镇，人口密集，人类活动干扰大，河岸人工固化设施多，故河岸硬化比例较大。挖沙、防洪、引水等多种人类活动导致的河道变化，使得下游潮汐动力得到明显增强，潮汐动力作用范围向上延伸，潮汐传播速度加快，潮区界、潮流界、咸潮界等上移。

（2）水质理化评价

该区 DO 浓度为 2.01～8.15mg/L，平均浓度为 4.65mg/L；DO 评价值得分 0.40，其中优秀和良好的比例分别为 26% 和 5%，一般和差的比例各为 11%，极差的比例为 48%（图 7-46）。EC 浓度为 50.47～314.00μm/cm，平均值为 118.49μm/cm；EC 的评价值得分为 0.77，优秀的和良好的比例分别为 47% 和 37%，一般和差的比例分别为 11% 和 5%。COD_{Mn}浓度为 1.15～8.28mg/L，平均浓度为 3.26mg/L；COD_{Mn}评价值得分为 0.82，优秀的比例为 64%，良好的比例为 26%，一般和差的比例各为 5%。通过该亚区水质理化指标评价的结果显示，水质理化指标评价值得分为 0.54，其中优秀和良好的比例分别为 32% 和 21%，一般的比例为 21%，极差的比例为 26%，通过水质理化评价，该功能亚区水生态健康状态为一般。

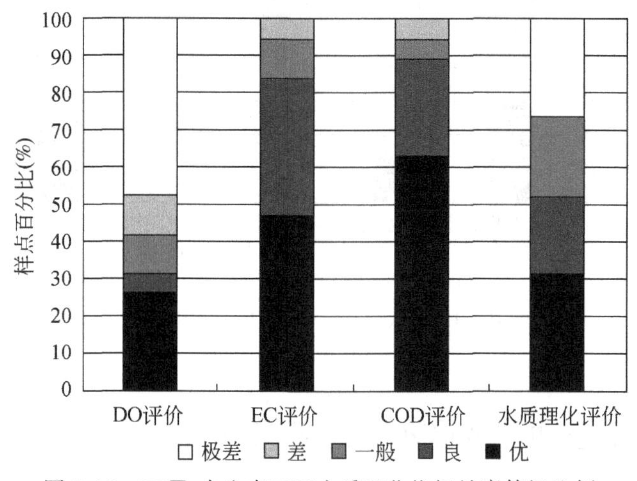

图 7-46　RFⅢ$_1$水生态亚区水质理化指标健康等级比例

（3）营养盐评价

该区 TP 浓度为 0.001～0.76mg/L，平均浓度为 0.14mg/L；通过 TP 分级评价结果显示，TP 评价值得分为 0.69，其中优秀的比例为 53%（图 7-47），良好的比例为 26%，差和极差的比例分别为 5% 和 16%。TN 浓度为 0.35～9.96mg/L，平均浓度为 2.63mg/L；TN 的评价值得分为 0.14，其中优秀、良好和一般的比例各为 5%，而差和极差的比例分别为 11% 和 74%。NH_3-N 浓度为 0.10～22.20mg/L，平均浓度为 2.36mg/L；NH_3-N 评价值得分为 0.49，其中优秀的比例为 32%，良好、一般和差的比例各为 11%，极差的比例 36%。通过该亚区营养盐指标评价的结果显示，营养盐指标评价值得分为 0.40，其中优秀和良好的比例分别为 11% 和 25%，一般、差和极差的比例分别为 21%、11% 和 32%，通过营养盐评价，该功能亚区水生态健康状态为差。

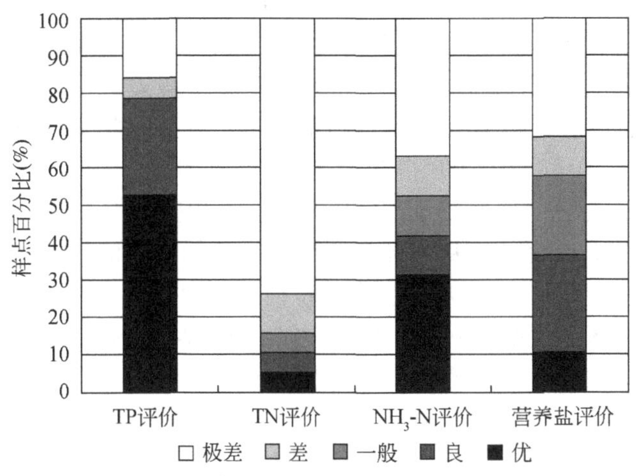

图 7-47　RFⅢ$_1$水生态亚区营养盐指标健康等级比例

(4) 浮游藻类评价

该区浮游藻类分类单元数（S）为 10 ~ 54，平均值为 26；S 评价值得分为 0.50，其中优秀和良好的比例各为 11%，一般的比例为 50%，差和极差的比例分别为 22% 和 6%（图 7-48）。优势度指数（D）的范围为 0.13 ~ 0.74，平均值为 0.32；D 评价值得分为 0.70，其中优秀和良好的比例分别为 28% 和 55%，一般和差的比例分别为 11% 和 6%。Shannon-Wiener 指数（H'）范围为 1.37 ~ 4.53，平均值为 3.45；H'评价值得分 0.96，其中优秀的比例为 94%，一般的比例为 6%。通过该亚区浮游藻类评价的结果显示，浮游藻类评价值得分为 0.72，其中优秀和良好的比例分别为 17% 和 71%，一般和差的比例各为 6%。通过浮游藻类评价，该功能亚区水生态健康状态为良好。

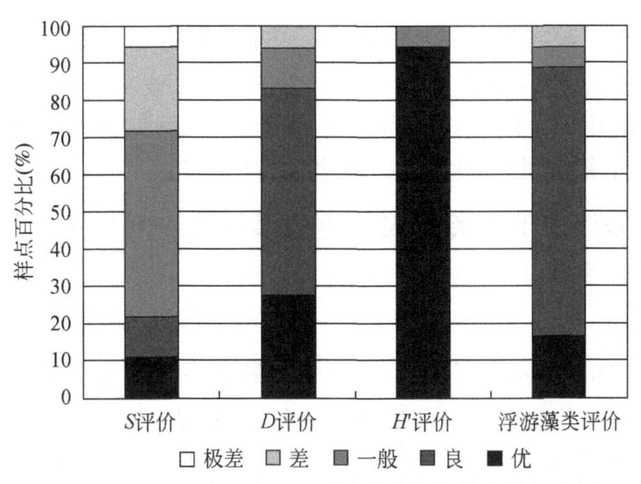

图 7-48　RFⅢ$_1$水生态亚区浮游藻类指标健康等级比例

(5) 底栖动物评价

该亚区底栖动物分类单元数（S）为 2 ~ 6，平均为 3，明显低于 RFⅢ平均分类单元数；通过分级评价显示，S 评价值得分为0.09，样点全部属于差和极差等级，说明该区域内大部分样点底栖动物多样性较低。各样点优势度指数（D）为0.5～0.96，均值为0.72；D 评价值得分为0.26，高于RFⅢ平均水平，一般、差和极差的比例分别为39%、15%和46%（图7-49），总体属于差级。由于无EPT种类出现，因此EPT-F评价结果为极差，EPT-F评价值得分为0.03。BMWP得分为7～21，平均为13.9，BMWP评价值得分为0.17，低于RFⅢ平均水平。样点属于差和极差，比例相应为46%和54%。底栖动物评价值为0.14，整体情况是无优秀、良好和一般级别，差和极差的比例相应为15%和85%。综合来看，$RFⅢ_1$东江下游三角洲城镇生态系统河网水生态恢复亚区在该一级功能区内属于水生态健康差的亚区。可见城镇人为干扰影响对于底栖动物的影响很大，直接导致底栖动物多样性降低，清洁种消失，评价结果普遍属于差级。

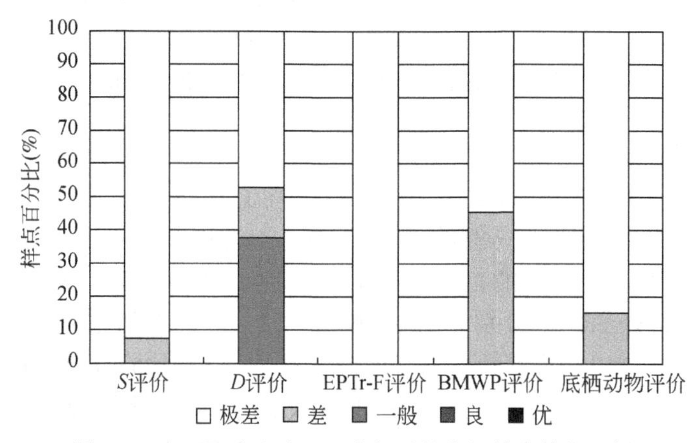

图7-49　$RFⅢ_1$水生态亚区底栖动物指标健康等级比例

（6）综合评价

通过对东江下游三角洲城镇生态系统河网水生态恢复亚区水质理化指标、营养盐指标、浮游藻类和底栖动物的综合评价得出（图7-50）：该功能亚区综合评价值得分为0.49，优秀和良好的比例分别为11%和21%，一般的比例为26%，差和极差的比例分别为36%和5%，说明该功能区水生态系统健康呈一般状态。

7.3.3.2　西枝江中下游岭谷农林生态系统曲流水生态调节亚区（$RFⅢ_2$）河流生态健康评价结果

（1）亚区概况

该亚区海拔介于0～50m的区域占45.76%，最主要的地貌起伏类型为微起伏的低缓丘陵。该亚区东江干流水流平缓，江面宽阔，主要支流为西枝江下游，江水水流也相对平缓。水质分析结果显示，高锰酸钾指数、溶解氧均优于Ⅱ类水质标准，总磷、氨氮平均值优于Ⅲ类水质标准，总氮平均值优于Ⅳ类水质标准。水质污染指标为总氮、总磷及氨氮，水体污染程度与前述$RFⅡ_4$亚区相当，但总氮超标程度较$RFⅡ_4$亚区略高。由于该亚区位于东江下游的东部山区，城镇化相对较低，经济相对欠发达，测点多位于山区，居民点较少，因而人工固化河道占比例相对较弱。

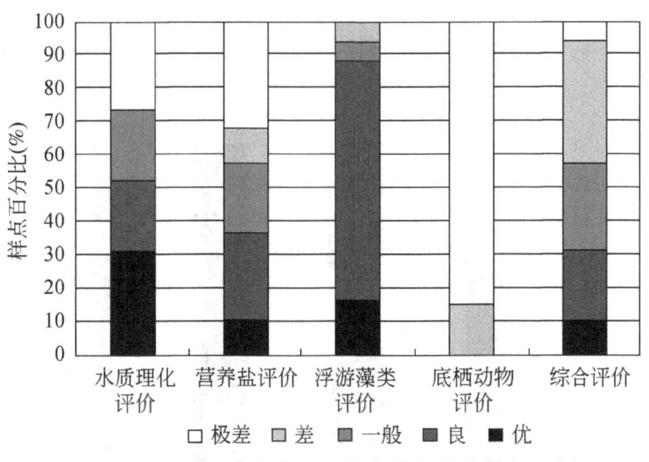

图 7-50　RFⅢ$_1$水生态亚区综合指标健康等级比例

（2）水质理化评价

该区 DO 浓度为 6.26 ~ 7.92mg/L，平均浓度为 7.04mg/L；DO 评价值得分 0.87，样点主要集中在优秀与良好等级上（图 7-51）。EC 浓度为 21.90 ~ 37.23μm/cm，平均值为 30.14μm/cm；EC 的评价值得分 0.99，其样点全部集中在优秀这一等级。COD_{Mn}浓度为 1.23 ~ 2.88mg/L，平均浓度为 1.99mg/L；COD_{Mn}评价值得分为 0.96，样点全部为优秀等级。通过该亚区水质理化指标评价的结果显示，水质理化指标评价值得分为 0.94，样点全部为优秀等级，通过水质理化评价，该功能亚区水生态健康状态为优秀。

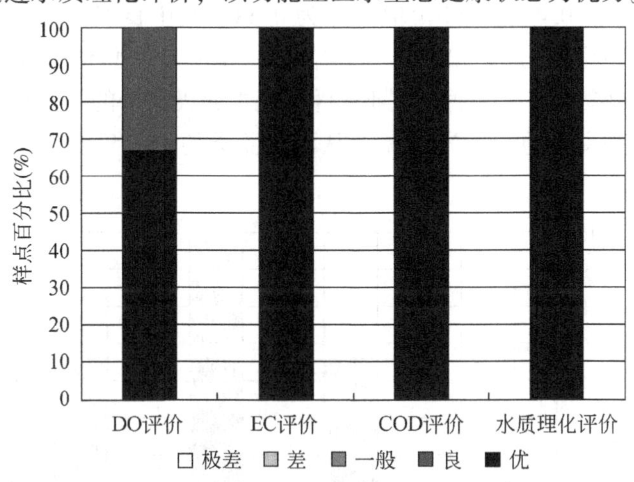

图 7-51　RFⅢ$_2$水生态亚区水质理化指标健康等级比例

（3）营养盐评价

该区 TP 浓度为 0.01 ~ 0.16mg/L，平均浓度为 0.08mg/L；通过 TP 分级评价结果显示，TP 评价值得分为 0.77，其中优秀的比例为 67%（图 7-52），一般的比例为 33%。TN 浓度为 0.12 ~ 0.31mg/L，平均浓度为 0.25mg/L；TN 的评价值得分为 0.94，全部样点为优秀。NH_3-N 浓度为 0.10 ~ 0.35mg/L，平均浓度为 0.20mg/L；NH_3-N 评价值得分为

0.95，全部样点为优秀。通过该亚区营养盐指标评价的结果显示，营养盐指标评价值得分为0.89，样点集中在优秀和良好等级，通过营养盐评价，该功能亚区水生态健康状态为优秀。

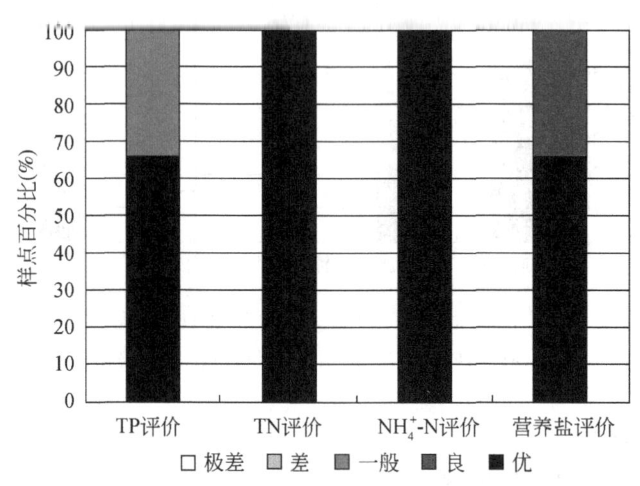

图 7-52　RFⅢ$_2$水生态亚区营养盐指标健康等级比例

（4）浮游藻类评价

该区浮游藻类分类单元数（S）为12～29，平均值为20；S评价值得分为0.34，其中优秀的比例为34%（图7-53），差和极差的比例各为33%。优势度指数（D）的范围为0.27～0.70，平均值为0.43；D评价值得分为0.58，其中良好的比例为67%。Shannon-Wiener指数（H'）范围为1.81～3.95，平均值为3.04；H'评价值得分为0.87，样点主要集中在优秀和良好两个等级上。通过该亚区浮游藻类分级评价的结果显示，浮游藻类评价值得分为0.60，其中良好的比例为67%。从浮游藻类的评价角度，该功能亚区水生态系统健康状态为一般。

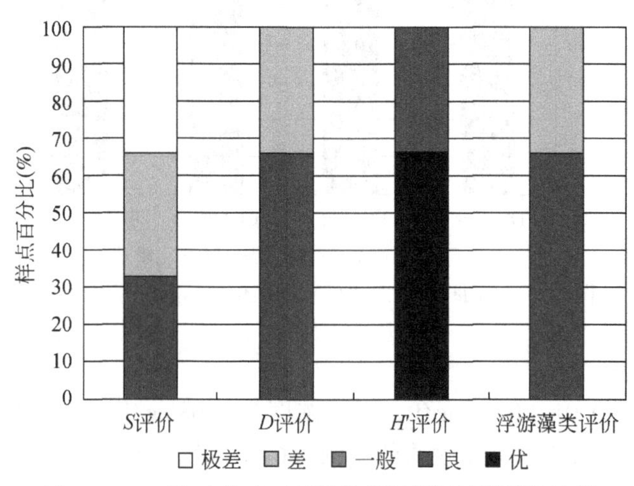

图 7-53　RFⅢ$_2$水生态亚区浮游藻类指标健康等级比例

(5) 底栖动物评价

该亚区内底栖动物分类单元数（S）平均为7，高于RFⅢ平均分类单元数，S评价值得分为0.32。各样点优势度指数（D）均值为0.5，低于RFⅢ平均水平，D评价值得分为0.50。由于无EPT种类出现。BMWP得分在平均为37，高于RFⅢ平均水平，BMWP评价值得分为0.46。底栖动物评价值为0.33，整体情况是差级。综合来看，RFⅢ$_2$西枝江中下游岭谷农林生态系统曲流水生态调节亚区评价值得分为0.33，虽然整体属于差级（图7-54），但相对于该一级功能区内其他亚区水生态健康状况较好。

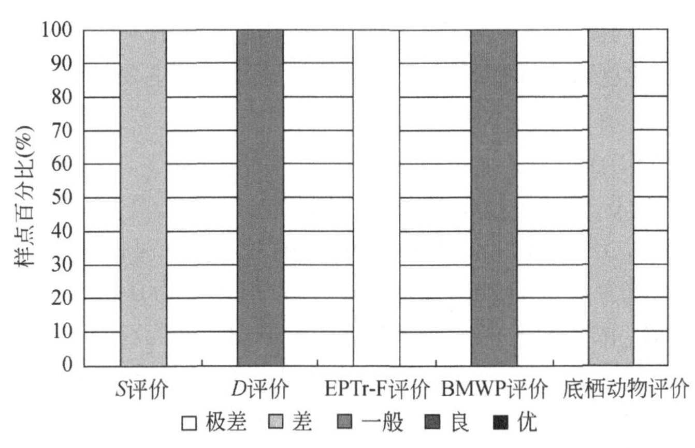

图7-54　RFⅢ$_2$ 水生态亚区底栖生物指标健康等级比例

(6) 综合评价

通过对西枝江中下游岭谷农林生态系统曲流水生态调节亚区水质理化指标、营养盐指标、浮游藻类和底栖动物的综合评价得出（图7-55）：该功能亚区综合评价值得分为0.77，样点主要集中在优秀和良好两个等级上，说明该功能区水生态系统健康状态为良好。

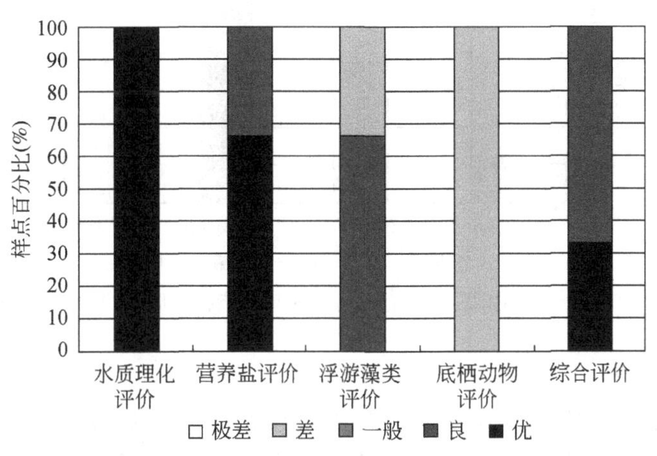

图7-55　RFⅢ$_2$水生态亚区综合指标健康等级比例

7.3.3.3 石马河淡水河平原丘陵城市生态系统河渠水生态恢复亚区（RFⅢ$_3$）河流生态健康评价结果

（1）亚区概况

该亚区少有起伏山地分布，最主要地貌类型为平原，全区海拔介于0～200m的区域占亚区总面积的91.22%，其中海拔介于0～50m的区域占55.58%。水质分析结果显示，高锰酸钾指数均优于Ⅲ类水质标准，溶解氧平均值优于Ⅳ类水质标准，总磷、氨氮及总氮平均值均为劣Ⅴ类水质标准。如果以平均值进行比较，总磷平均值超标3.8倍，总氮平均值超标10.4倍，氨氮平均值超标9.5倍，是所有水功能亚区中水体污染最严重的区域，也是所有亚区中河岸硬化度最大、植被覆盖度最低的区域。其主要原因是该亚区受人类活动特别是工业、农业及生活污水的多重影响。

（2）水质理化评价

该亚区DO浓度为0.32～5.13mg/L，平均浓度为2.93mg/L；DO评价值得分为0.11，一般和差的比例各为13%（图7-56），极差的比例为74%。EC浓度为308.00～636.00μm/cm，平均值为477.58μm/cm；EC的评价值得分为0.09，差和极差的比例分别为38%和62%。COD_{Mn}浓度为3.05～19.47mg/L，平均浓度为6.10mg/L；COD_{Mn}评价值得分为0.63，优秀和良好的比例各为38%，一般和极差的比例各为12%。通过该亚区水质理化指标评价的结果显示，水质理化指标评价值得分为0.18，其中一般的比例为13%，差和极差的比例分别为37%和50%，通过水质理化评价，该功能亚区水生态健康状态为极差。

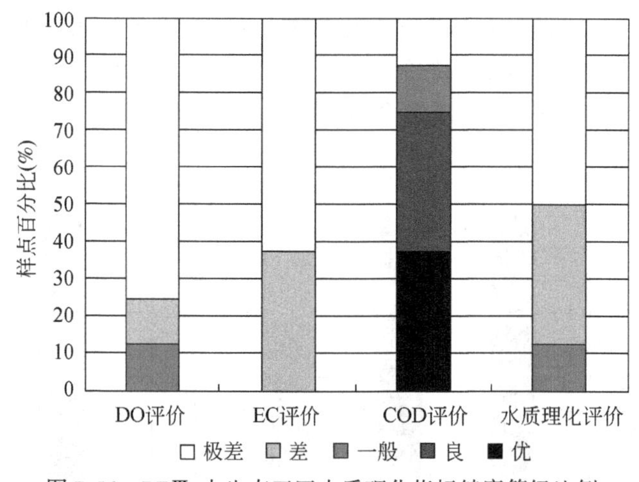

图7-56 RFⅢ$_3$水生态亚区水质理化指标健康等级比例

（3）营养盐评价

该区TP浓度为0.21～2.10mg/L，平均浓度为1.02mg/L；通过TP分级评价结果显示，TP评价值得分为0.05，差和极差的比例分别为13%和87%（图7-57）。TN浓度为8.23～25.10mg/L，平均浓度为13.93mg/L；TN的评价值得分为0，全部样点都在极差等级，并且超标严重。NH_3-N浓度为1.46～21.44mg/L，平均浓度为14.39mg/L；NH_3-N

评价值得分为0，全部样点都在极差等级，并且超标严重。通过该亚区营养盐指标评价的结果显示，营养盐指标评价值得分0.01，全部样点都在极差等级，通过营养盐评价，该功能亚区水生态健康状态为极差，水质污染严重，水生态环境受到严重威胁。

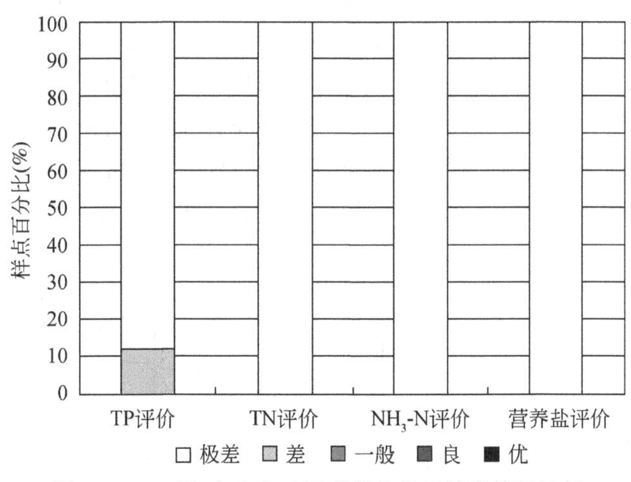

图7-57 RFⅢ$_3$水生态亚区营养盐指标健康等级比例

（4）浮游藻类评价

该区浮游藻类分类单元数（S）为12～39，平均值为23；分类单元数（S）评价值得分为0.45，其中优秀和良好的比例分别为12%和25%（图7-58），差和极差的比例分别为25%和38%。优势度指数（D）的范围为0.13～0.56，平均值为0.36；D评价值得分为0.65，其中优秀的比例为24%，良好和一般的比例各为38%。Shannon-Wiener指数（H'）范围为1.54～4.37，平均值为2.95；H'评价值得分为0.85，其中优秀和良好的比例分别为62%和25%，一般的比例为13%。通过该亚区浮游藻类评价的结果显示，浮游藻类评价值得分为0.65，其中优秀的比例为38%，良好和一般的比例各为25%，差的比例为12%。通过浮游藻类评价，该功能亚区水生态健康状态为良好。

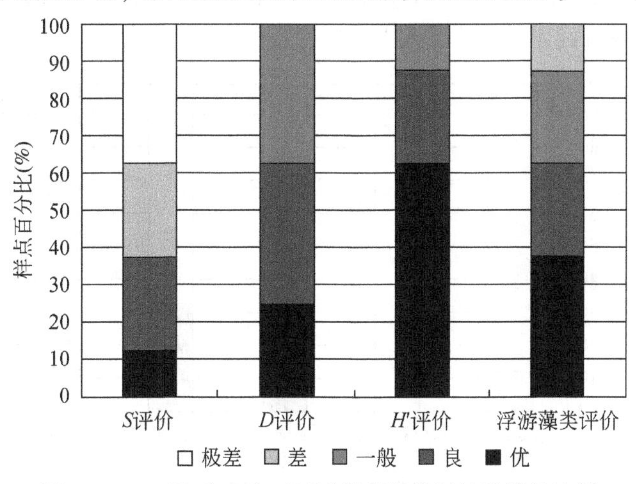

图7-58 RFⅢ$_3$水生态亚区浮游藻类指标健康等级比例

(5) 底栖动物评价

该亚区底栖动物分类单元数(S)为2~13，平均为6，和RFⅢ平均分类单元数一致，S评价值得分为0.24。通过分级评价显示，良好级别占33%(图7-59)，其他样点全部属于极差等级，比例分别为67%，说明该区域内大部分样点底栖动物多样性较低。各样点优势度指数(D)范围为0.42~0.89，均值为0.68，低于RFⅢ平均水平；D评价值得分为0.30，其中一般、差和极差的比例各占33.3%。总体属于差级。由于无EPT种类出现，因此EPT-F评价结果为极差，EPT-F评价值得分为0.03。BMWP得分为4~45，平均为19，高于RFⅢ平均水平；BMWP评价值得分为0.23，一般和极差的比例相应为33%和67%。底栖动物评价值得分为0.20，RFⅢ$_3$总体属于一级区内相对中等健康状况的一个亚区，优于RFⅢ$_1$但劣于RFⅢ$_2$。

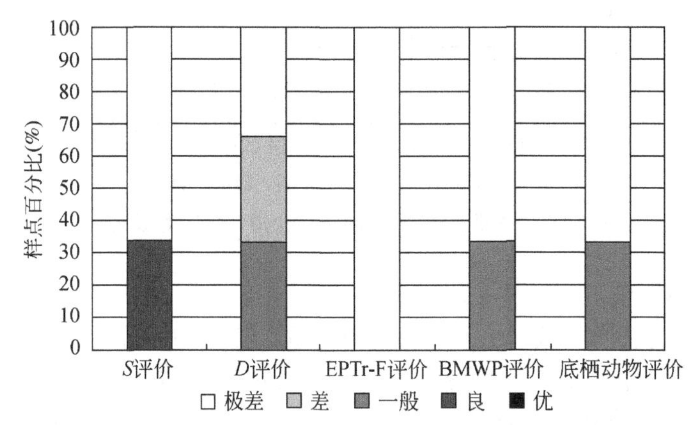

图7-59 RFⅢ$_3$水生态亚区底栖动物指标健康等级比例

(6) 综合评价

通过对东江下游三角洲城镇生态系统河网水生态恢复亚区水质理化指标、营养盐指标、浮游藻类和底栖动物的综合评价得出：该功能区综合评价值得分为0.26，一般的比例为25%，差和极差的比例分别为50%和25%(图7-60)，说明该功能区水生态系统健康状态为差，水生态系统健康受到严重威胁。

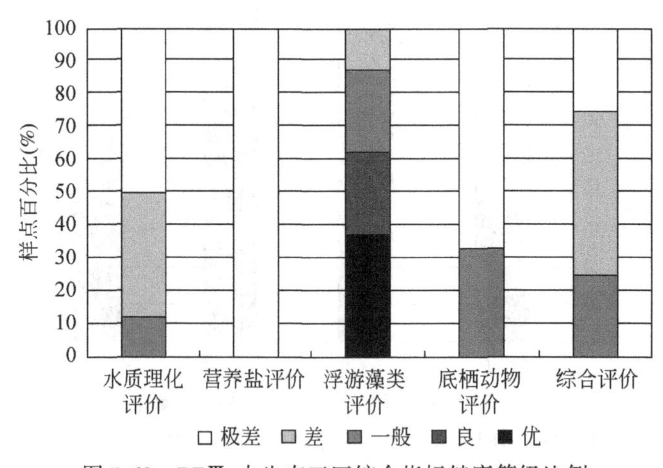

图7-60 RFⅢ$_3$水生态亚区综合指标健康等级比例

7.4　东江流域水生态健康总体评价

7.4.1　水生态健康总体评价

(1) 水质理化评价

东江流域水质理化各指标浓度及评价值的健康等级百分比有以下结果（图 7-61）：全流域 DO 浓度为 0.32 ~ 9.34mg/L，平均浓度为 5.56mg/L；通过 DO 分级评价结果显示，DO 评价值得分为 0.57，其中优秀和良好的比例共为 56%，一般及差的比例共为 22%，值得注意的是，极差的比例为 22%。EC 浓度为 20.93 ~ 636μm/cm，平均值为 115.56μm/cm；通过 EC 分级评价结果显示，EC 的评价值得分为 0.80，其中优秀和良好的比例分别为 70% 和 18%，而一般、差及极差的比例分别为 2%、4% 和 6%。COD_{Mn}浓度为 0.23 ~ 19.47mg/L，平均浓度为 2.75mg/L；通过 COD_{Mn}分级评价结果显示，COD_{Mn}评价值得分为 0.88，其中优秀和良好的比例分别为 80% 和 12%，而一般、差及极差的比例分别仅占 4%、2% 和 1%。通过东江流域水质理化指标分级评价的结果显示，水质理化指标评价值得分为 0.71，其中优秀及良好的比例分别为 57% 和 18%，一般、差及极差的比例分别为 11%、3% 和 11%，通过水质理化健康评价，东江流域水生态健康呈良好状态。

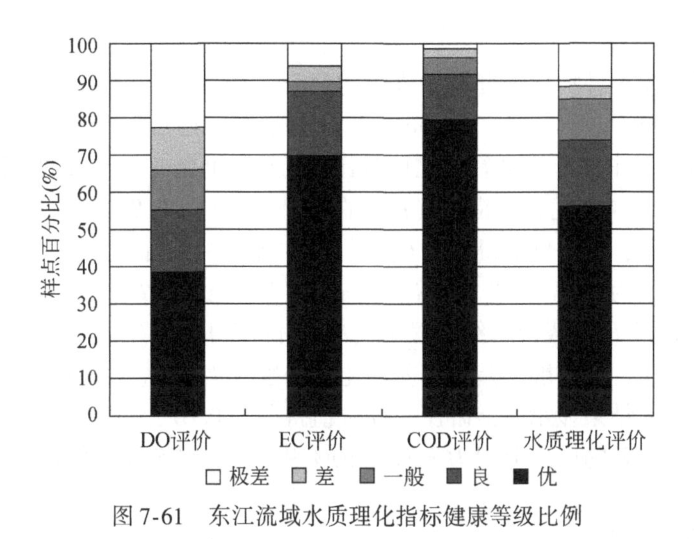

图 7-61　东江流域水质理化指标健康等级比例

(2) 营养盐评价

东江流域整体水质营养盐各指标浓度及评价值的健康等级百分比有以下结果（图 7-62）：全流域 TP 浓度为 0.001 ~ 2.10mg/L，平均浓度为 0.18mg/L；通过 TP 分级评价结果显示，TP 评价值得分为 0.70，其中优秀和良好的比例分比别为 52% 和 22%，一般、差及极差的比例分别为 10%，2% 和 13%。TN 浓度为 0.001 ~ 25.10mg/L，平均浓度为 2.55mg/L；通过 TN 分级评价结果显示，TN 的评价值得分为 0.36，其中优秀和良好的比例共为 31%，而一般、差的比例共为 20%，极差的比例为 49%。NH_3-N 浓度为 0.04 ~

22.20mg/L，平均浓度为2.14mg/L；通过 NH_3-N 分级评价结果显示，NH_3-N 评价值得分为0.68，其中优秀和良好的比例分别为60%和9%，而一般、差及极差的比例分别为3%、2%和26%。通过东江流域营养盐指标分级评价的结果显示，营养盐指标评价值得分为0.56，其中优秀及良好的比例共为59%，一般、差及极差的比例分别为13%、4%和23%，水质营养盐的健康评价说明流域健康呈现一般状态，存在健康风险。

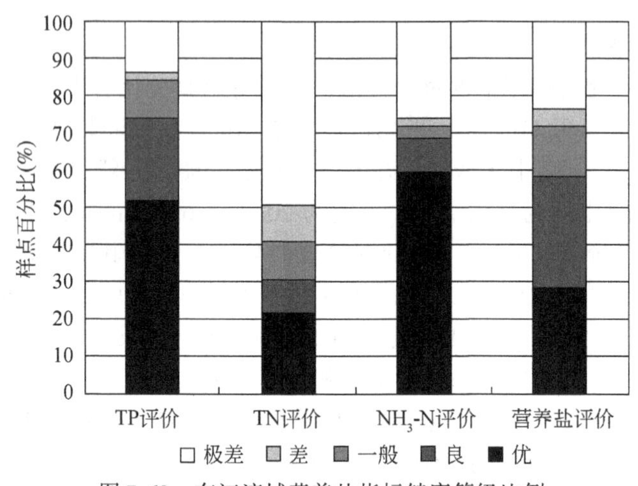

图7-62　东江流域营养盐指标健康等级比例

(3) 浮游藻类评价

东江流域浮游藻类各指标浓度及评价值的健康等级百分比有以下结果（图7-63）：全流域浮游藻类分类单元数（*S*）为4～56，平均值为22；通过 *S* 分级评价结果显示，*S* 评价值得分为0.41，其中优秀和良好的比例分比别为9%和16%，一般的比例为18%，而差及极差的比例共为58%。优势度指数（*D*）的范围为0.11～0.94，平均值为0.33；通过 *D* 的分级评价结果显示，*D* 评价值得分为0.69，其中优秀和良好的比例共为78%，而一般、差及极差的比例分别为15%、4%和3%。Shannon-Wiener 指数（*H′*）范围为0.44～4.53，平均值为3.24；通过 *H′* 分级评价结果显示，*H′* 评价值得分为0.92，其中优秀和良好的比例分别为85%和6%，而一般、差及极差的比例分别仅占7%、1%和1%。通过东江流域浮游藻类分级评价的结果显示，浮游藻类评价值得分为0.67，其中优秀及良好的比例共为78%，一般、差及极差的比例分别为11%、10%和1%，浮游藻类的健康评价说明流域水生态健康呈良好状态。

(4) 底栖动物评价

东江流域底栖动物各指标浓度及评价值的健康等级百分比有以下结果（图7-64）：全流域底栖动物分类单元数（*S*）为2～36，均值为8；通过 *S* 分级评价显示，*S* 评价值得分为0.35，其中优秀、良好和一般的比例分别为10%、16%和6%，差和极差比例共为68%。全流域各样点优势度指数（*D*）范围为0.16～1.00，均值为0.58；*D* 评价值得分为0.41，其中优秀和良好的比例仅占28%，一般、差和极差的比例分别为29%、18%和25%。全流域 EPT-F 范围为0～0.36，均值为0.04；EPT-F 评价值得分为0.07，其中优秀比例仅占2%，差和极差的比例为6%和92%，可见全流域清洁指示种比例较小，导致

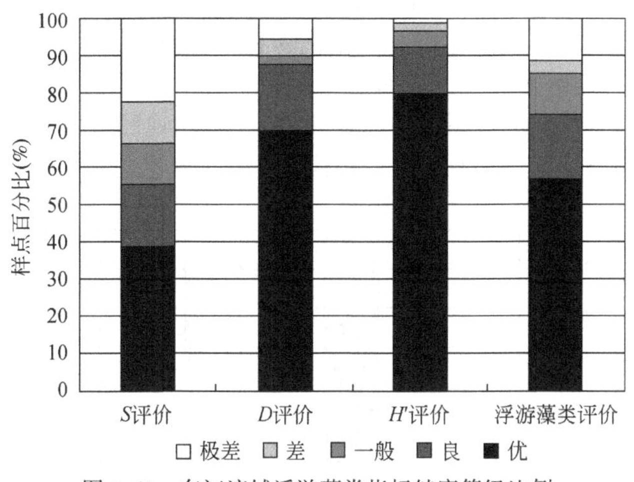

图 7-63　东江流域浮游藻类指标健康等级比例

该项评价指标总体较差。全流域 BMWP 得分为 4 ~ 211.3，样点间得分差异较大，均值为 35.71；BMWP 评价值得分为 0.34，优秀和良好的比例仅占 14%；一般、差和极差的比例分别为 25%、29% 和 31%。底栖评价值得分为 0.30，优秀和良好的比例仅占 6%，一般、差和极差的比例分别为 24%、35% 和 35%。综合来看，东江流域底栖生物多样性低，清洁指示种少，底栖的健康评价说明流域水生态健康呈差的状态。

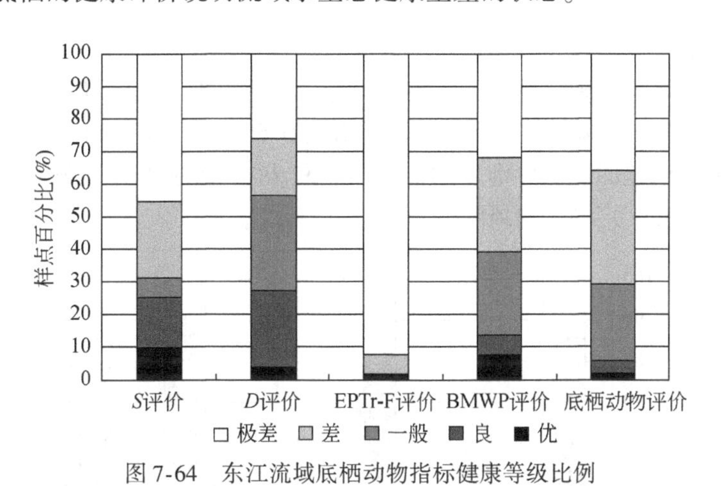

图 7-64　东江流域底栖动物指标健康等级比例

(5) 鱼类评价

东江流域鱼类各指标浓度及评价值的健康等级百分比有以下结果（图 7-65）：全流域鱼类分类单元数（*S*）为 0 ~ 48，均值为 25；通过 *S* 分级评价显示，*S* 评价值得分为 0.43，其中优秀、良好和一般的比例分别为 14%、21% 和 7%，差和极差比例共为 58%。全流域各样点优势度指数（*D*）范围为 0 ~ 0.38，均值为 0.19；*D* 评价值得分为 0.85，评价等级均分布于优秀和良好的等级。Shannon-Wiener 指数（*H'*）范围为 0 ~ 4.72，平均值为 3.79；通过 *H'* 分级评价结果显示，*H'* 评价值得分 0.58，其中优秀和良好的比例分别为

21%和35%，而一般、差的比例分别占30%、14%。通过东江流域鱼类分级评价的结果显示，东江流域鱼类评价得分为0.62，其中优秀和良好的比例分别为21%和34%，一般的比例为31%，差的比例为14%。表明流域鱼类多样性高，评价结果呈良好状态。东江鱼类等级较差的区域主要分布在下游平原城市区，上游山地区域也有极少数分布，这主要由于外来物种的侵入导致单一物种上升，物种分类单元数较少，生物多样性功能下降。

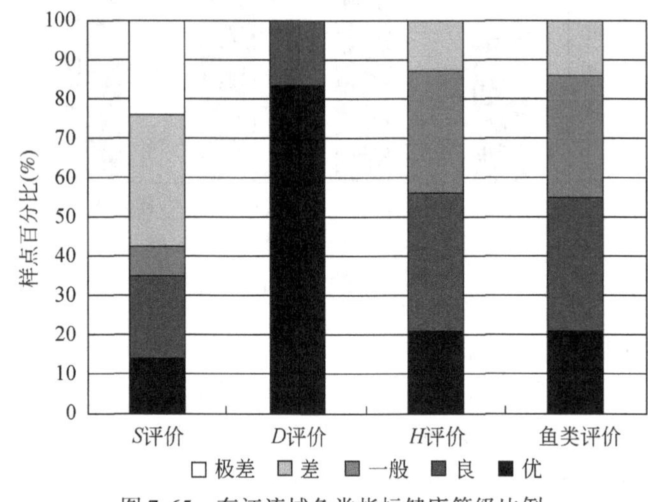

图7-65　东江流域鱼类指标健康等级比例

(6) 综合评价

通过对东江流域水质理化指标、营养盐指标、浮游藻类、底栖动物和鱼类的综合评价得出（图7-66）：东江全流域综合评价平均得分为0.60，优秀和良好的比例分别为17%和44%，一般、差和极差的比例分别为21%、14%和3%，说明东江流域水生态系统健康整体呈一般状态，存在一定的健康风险。

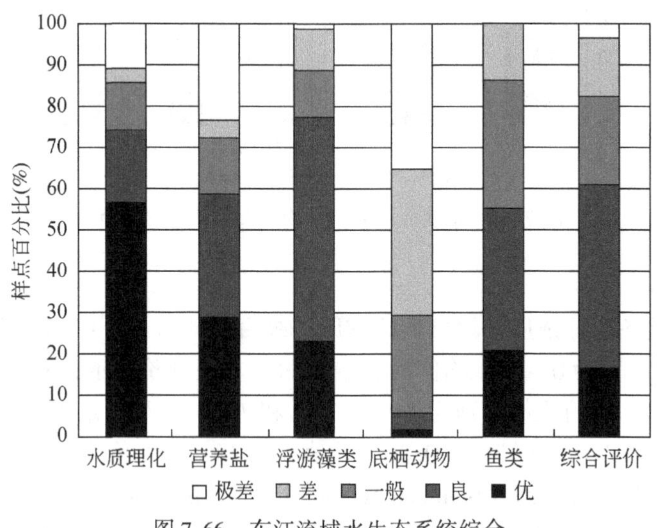

图7-66　东江流域水生态系统综合

从流域空间的分布趋势来看（图 7-67），东江流域河流生态系统健康表现出来明显的区域差异，即河流生态健康程度表现出从北部向南部逐渐下降的趋势，下游城市区域污染较重、水生态健康等级差，而极差的等级基本分布于下游支流石马河流域；而从地形差异分异来看，上游山区源头溪流明显优于下游平原大河类型，并呈现出一定的随着海拔降低、坡度增大，健康等级逐渐变差的趋势。

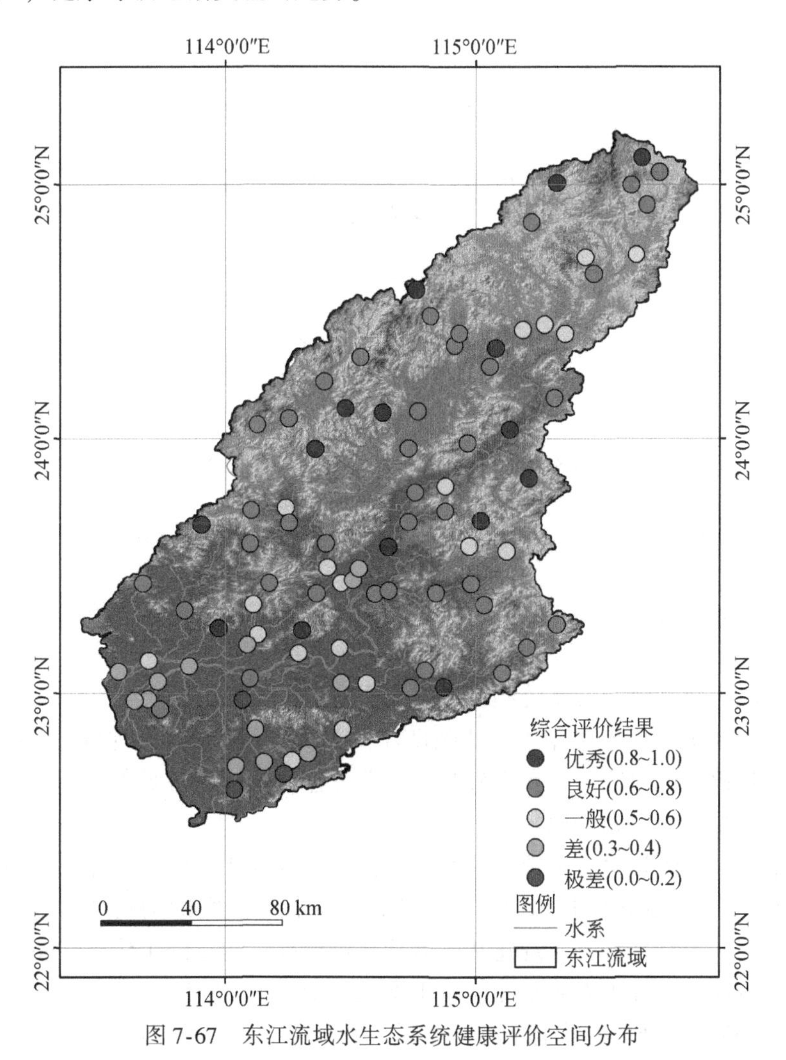

图 7-67　东江流域水生态系统健康评价空间分布

7.4.2　东江河流生态健康的区域差异

对比分析东江流域 3 个水生态功能区和 9 个水生态功能亚区的河流健康评价结果可以看出，河流生态健康整体良好。9 个生态功能亚区中有 6 个亚区的水生态系统健康达到了良好的状态，仅有 3 个亚区水生态系统健康相对较差，其中东江下游三角洲城镇生态系统河网水生态恢复亚区（$RFⅢ_1$）和东江中游宽谷农业城镇生态系统曲流水生态调节亚区

（RFⅡ$_3$）水生态系统健康为一般状态，石马河淡水河平原丘陵城市生态系统河渠水生态恢复亚区（RFⅢ$_3$）健康状态为差，亟须引起更多关注。各亚区综合对比结果如图 7-68 所示。

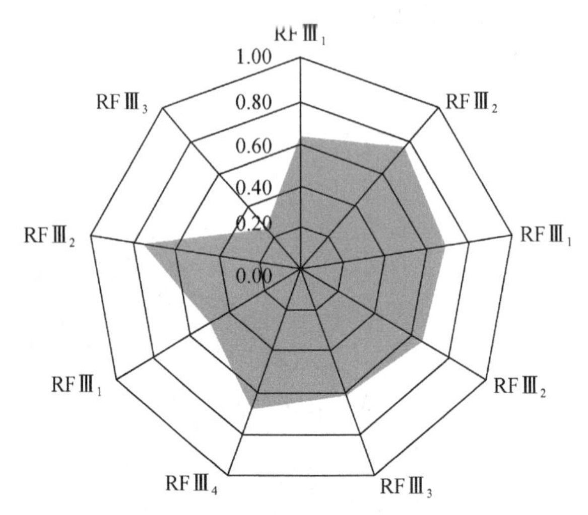

图 7-68　各亚区水生态系统健康等级综合对比

图中代码注释：RFⅢ$_1$——东江下游三角洲城镇生态系统河网水生态恢复亚区；RFⅢ$_2$——西枝江中下游岭谷农林生态系统曲流水生态调节亚区；RFⅢ$_3$——石马河淡水河平原丘陵城市生态系统河渠水生态恢复亚区

东江流域河流生态系统健康也表现出来明显的区域差异，河流生态健康程度表现出从北部向南部逐渐下降的趋势（图 7-69），具体对比分析结果如下。

枫树坝上游山地林果生态系统溪流水生态保育亚区（RF Ⅰ$_1$）水生态系统健康综合评价值（0.64）在各亚区中属于中等，达到良好状态。其中浮游藻类评价值最高，达到优秀状态。水质理化评价值中等，达到良好状态。营养盐评价值中等偏低，为一般状态。底栖动物评价值相对稍好，达到一般状态。

新丰江上游山地森林生态系统溪流水生态保护亚区（RF Ⅰ$_2$）水生态系统健康综合评价值高（0.76），在各亚区中排名第二位，达到良好状态。底栖动物评价值较低。浮游藻类评价值中等，处于良好状态。理化和营养盐评价值高，均达到了优秀状态。

东江中上游丘陵农林生态系统曲流水生态调节亚区（RFⅡ$_1$）水生态系统健康综合评价值较高（0.69），达到良好状态。其中水质理化评价值高，达到优秀状态。营养盐和浮游藻类评价值中等，处于良好状态。底栖动物评价值为各亚区内最高。

增江中上游山地森林生态系统溪流水生态保育亚区（RFⅡ$_2$）水生态系统健康综合评价值中等（0.65），达到良好状态。浮游藻类和底栖动物评价值相对较低，但理化评价相对较高，营养盐评价值为中等，处于良好状态。

东江中游宽谷农业城镇生态系统曲流水生态调节亚区（RFⅡ$_3$）水生态系统健康综合评价值（0.60）在各亚区中偏低，为一般状态。水质理化和浮游藻类评价值中等，为良好状态。营养盐评价值中等偏低，为一般状态。底栖动物评价值较低，属于差的状态。

秋香江中上游山地林农生态系统溪流水生态保育亚区（RFⅡ$_4$）水生态系统健康综合

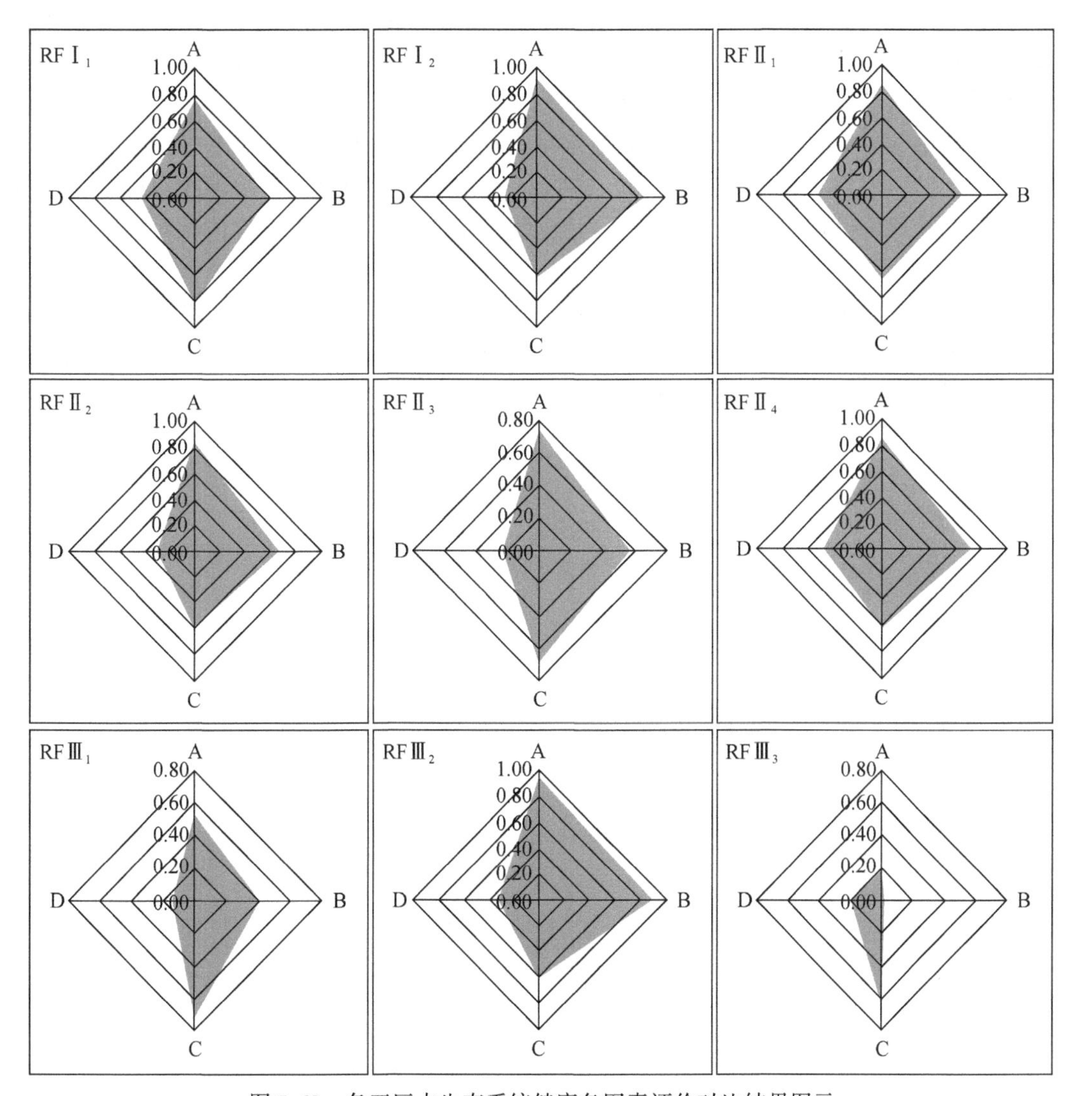

图7-69　各亚区水生态系统健康各因素评价对比结果图示

图中代码注释：RF Ⅰ$_1$——枫树坝上游山地林果生态系统溪流水生态保育亚区；RF Ⅰ$_2$——新丰江上游山地森林生态系统溪流水生态保护亚区；RF Ⅱ$_1$——东江中上游丘陵农林生态系统曲流水生态调节亚区；RF Ⅱ$_2$——增江中上游山地森林生态系统溪流水生态保育亚区；RF Ⅱ$_3$——东江中游宽谷农业城镇生态系统曲流水生态调节亚区；RF Ⅱ$_4$——秋香江中上游山地林农生态系统溪流水生态保育亚区；RF Ⅲ$_1$——东江下游三角洲城镇生态系统河网水生态恢复亚区；RF Ⅲ$_2$——西枝江中下游岭谷农林生态系统曲流水生态调节亚区；RF Ⅲ$_3$——石马河淡水河平原丘陵城市生态系统河渠水生态恢复亚区

A——水质理化评价；B——营养盐评价；C——浮游藻类评价；D——底栖动物评价

评价值（0.67）在各亚区中位列中等，达到良好状态。水质理化评价值较高，达到优秀状态。营养盐和浮游藻类评价值中等，处于良好状态。底栖动物评价值相对较好，处于一般状态。

东江下游三角洲城镇生态系统河网水生态恢复亚区（RF Ⅲ$_1$）水生态系统健康综合评

价值较低（0.49），在各亚区中排名倒数第二位，处于一般状态。水质理化、营养盐和底栖动物评价值均较低，仅浮游藻类评价值为中等。因位于东江干流下游，受上游来水的稀释，水质评价值稍好于后面的 RFⅢ$_3$亚区。

西枝江中下游岭谷农林生态系统曲流水生态调节亚区（RFⅢ$_2$）水生态系统健康综合评价值（0.77）在各亚区中排在第一位，达到良好状态，底栖动物评价值相对稍好，水质理化和营养盐评价值均为各亚区中最高，达到优秀状态。浮游藻类评价值相对偏低，为一般状态。

石马河淡水河平原丘陵城市生态系统河渠水生态恢复亚区（RFⅢ$_3$）水生态系统健康综合评价值（0.26）在各亚区中最低，处于差的健康状态。除了浮游藻类评价值为中等，其余各方面评价值均低，处于极差状态。

第 8 章　流域水生系统健康保护对策

8.1　流域内的主要水生态问题

8.1.1　水污染加剧，水质下降显现

东江是珠江三大支流之一，地处我国最发达的珠江三角洲及其周边地区。最近 30 年以来人口数量和经济总量增长非常迅速，区域经济结构从以第一产业为主导迅速向以第二和第三产业为主导转变，再加上以往资源开发、产业发展中生态环境保护措施和力度相对不足，导致水环境的污染负荷加剧，其污染状况尤以中、下游地区严重。

区域污染负荷的持续增长，使河流污染物超标已成普遍现象。流域生态系统生产中，特别是果园和农田大量施用化肥、农药，价值快速发展的养殖业所产生的牲畜粪便处理不当等，使水环境污染表现出从下游向中上游地区蔓延趋势，其污染态势已经从点状向带状、面状转变。在整个流域中，水体氮类指标，特别是 NO_3-N 与 NH_3-N 浓度上升较快，已逐步成为主要污染物。长期以来，东江流域内各县市均对其行政界内的上游发展可能带来的污染非常重视，而对保障下游用水需求考虑不足，将污染性企业布置在流域的下游，部分地区超标排放废水或偷排废水的情况依然时有发生，导致跨区污染问题突出。

8.1.2　水资源数量不足，饮用水源受威胁

由于东江流域径流水量的年际、年内变化和流域内降雨基本同步，洪水期水量太大难以蓄贮，加重放洪负担，冬春枯水期水量较小。在流域植被保护不好的区域，非汛期小河川甚至造成断流，水体自净能力下降，水质和水量出现双重危机。同时，由于缺乏大型水库最优调度规则和联合调度研究，流域径流调控能力未达到最优，加之流域内用水浪费严重，水重复利用率低，缺乏有效节水措施等，更加剧了水资源短缺问题。随着东江流域经济建设的发展，需水量日益增加，水资源的供给范围不断加大。此外，东江下游地区开发强度高，水资源需求量大，水源地保护任务艰巨，饮用水源地受到污染的风险较高。

8.1.3　流域水生态系统服务功能降低

8.1.3.1　土地利用配置不合理，水生态屏障功能减弱

由于快速城镇化进程导致自然植被的覆盖度降低，城镇用地和农业用地迅速增加。根

据东江流域1990s、2000s和2009年3期土地利用变化研究结果（任斐鹏等，2011）。近20年东江流域土地利用变化的总体特征表现为，城镇建设用地、园地大面积增加，而耕地、林地和草地大面积减少的基本特点。研究期内建设用地面积比例从1.52%增加为9.39%，其中又以高密度建设用地比例增加最为明显，面积比例由1990年占全流域总面积的0.38%增加为2009年的3.06%，园地面积比例从4.12%增加为5.67%；与此同时耕地、林地、草地比例由1990年的10.69%、78.07%和2.12%下降为2009年的8.42%、71.35%和0.73%。东江流域土地利用结构变化导致了生态系统服务总价值呈减少，由2000年的1595.26×10^8元减少到2009年的1556.62×10^8元（段锦等，2012）。

东江流域为珠江三角洲重要的水源涵养、水土保持和生物多样性保护区。但由于早期不合理的滥垦、滥伐，自然林已经损失殆尽，目前主要以人工林为主；森林生态系统受到破坏，连通性低，水涵养功能受损，生物多样性保护受到威胁；林相结构较差，纯林多，混交林少，针叶林多，阔叶林少；疏林、灌木林、未成林和无林地区比例较高；从总体看，商品林与低质林比例偏高，导致生态防护功能降低，水土流失问题严重。河道沿岸林地与湿地保存率低，缺乏河岸与农田防护林体系建设，丘坡旱地与经济林果开发造成地表覆盖度降低，增加了水土流失的潜在威胁，造成河流上游水源区水环境的破坏。

8.1.3.2 人类活动导致流域水生态功能下降，生境日益破坏

随着经济的发展，人类活动日益加剧，近年来流域内人工涵闸扩张建设、河流底质过度挖沙、人类的过度捕捞以及外来物种的人工放养等活动，严重干扰了东江流域水生生物的生存环境，使得水生生物生存空间被大量挤占，洄游通道被切断、栖息地及生态环境遭到破坏。生存条件的不断恶化，导致稀有和珍稀保护物种逐渐减少。此外，开山采矿、挖石、修路等人为活动造成东江流域的土壤侵蚀现象也趋于加重，水土流失导致河岸带水生生物生境遭到不同程度影响，食物链等水生态系统结构发生变化，这些均增加了水生态系统失衡的潜在风险。

8.1.4 流域管理机制整体协调不足

从区域协作方面看，不同行政区政府协作机制不足，上、下游之间跨行政区的联动机制尚未建立。东江流域上、下游地区的经济发展状况差异显著，上、中、下游地区的经济发展水平呈递增趋势，且越靠近上游，与下游地区的经济发展差距越大。位于江西省赣州境内的源区（主要为寻乌县、安远县、定南县）国民生产总值及工业总产值远低于广东省境内各地区，且到2008年，经济发展差距与其他地区有拉大的趋势，国民经济总量与相邻的下游河源地区的差距由4倍扩大到5倍，工业生产总值落差则由不到2倍拉大为超过10倍，工业发展明显落后。而在广东省境内，相邻地区之间的国民生产总值差距从上游到下游逐步缩小，河源与深圳等地从4倍的差距，逐步缩小为2倍差距，工业产值则由近10倍的差距，缩小为2倍左右的差距。若考虑人均GDP和单位土地面积的GDP产值，上、下游地区之间的经济发展状况的差别将更加明显。

从三大产业的总体结构来看，上游地区的第一产业比例高，而第二、第三产比例低；

下游地区则相反。从 1990 年到 2008 年，第三产业结构的变化来看，所有地区第一产业在 GDP 中所占的比例，都呈现逐年下降的趋势；而第二产业所占比例，在上游的源区、河源呈现稳步增加的趋势，中游的惠州由增长变为逐步稳定，下游的东莞和深圳则基本稳定，后期还略有下降；第三产业所占比例变化相对复杂，源区和河源先增后降，惠州先降后升，东莞逐步增加，而深圳基本稳定，但从总体趋势来看，第三产业比例有所增加。可见随着经济发展，GDP 中第一产业的比例明显下降，第二、第三产业比例则相应增加。

目前流域的区域协调主要表现在广东省内部的上、下游协调，上游新丰江流域为保证东江优质的水源做出了很多贡献，广东省在财政转移支付方面，以不同形式给予了一定的直接和间接生态补偿，使河源以下江段的水质获得改善。但在补偿强度和流域污染管理方面仍然有待加强。枫树坝水库以上的东江上游地区，大部分隶属于江西省管辖，存在生态补偿的空缺，缺乏有效的区域间协调规划，矿山污染、农业面源污染和畜禽养殖业污染等问题严重，河流水质偏差。此外，对流域整体的系统认识不足，流域规划综合决策能力低，流域水生态治理一直处于就水治水的状态，以流域生态管理为导向的水生态保护工作相对薄弱。

8.2　流域水生态保护对策

8.2.1　保证水环境质量安全

水质保护措施的目的主要是确保现状水质较好的河段的安全达标，不再恶化，而对现状水质较差的、不达标的河段进行水质改善，从水体感官度、质量状况等多方面保障水质。东江流域下游平原地区的水生态健康等级较差，氨氮污染依然严峻，导致水质安全度不高，所以加强水污染防治工作仍然是提高水生态健康等级的首要任务。

在工程防治方面，东江流域水污染防治应加强城市污水集中处理工程建设，特别是下游平原地区的城市和城镇要加强污水处理设施建设，提高污水处理率，最大限度地削减氮、磷等污染物的入河、入湖、入海量；在技术防治方面，水环境安全预警预测系统已成为水生态安全保障体系的核心内容。建立起东江流域水环境安全预警系统，首先需要完善加强水质监控网络，对流域水环境质量进行定期动态分析，对水生态安全态势的进行评价和预测；其次需要补充先进设备，安装实施远程监控系统和水质、流量等自动监测系统，最终实现信息采集自动化、水质监测标准化、涵闸管理规范化、水量调度科学化；在制度方面，加强污染控制、削减河流内外源污染物，严格执行取水许可制度和建设项目环境评价论证制度，结合产业结构调整和清洁生产，严格控制新污染源，同时调整工业和行业结构，全面推进工业清洁生产，引导工业产业向轻污染、无污染、低能耗方向发展，扼制地区水污染日益加重的趋势。

8.2.2　保护水生态系统功能，维护东江水生态健康

加强东江水生态系统的保护与恢复，是维护东江水生态健康的必然要求。在流域陆域

管理和规划方面，首先应加强流域植被保护与恢复，对于东江各支流的源头地区应注重植被建设，发挥植被水源涵养功能和过滤功能；其次应该高度重视流域内部的土地利用结构调整，坚持以水定陆原则，通过合理的土地利用类型比例、科学的景观配置格局以、有效的土地利用方式管理和生态恢复措施等，减少流域土壤流失量，控制面源污染过程，维护水体生态安全；在河岸带保护方面，抓紧恢复或人工重建河岸植被带，同时在重要保护区建立一定缓冲带，充分发挥水生植被净化、降解功能，为水生生物提供完整的栖息地环境。

水生生物既是水生态系统重要组成部分，也构成了水生态系统健康维持过程中不可缺少的节点。东江水系中分布有多种重要的珍惜和特有两栖类及水生生物物种，如大鲵（娃娃鱼）、金钱龟（三线闭壳龟）、河源鼋等，其他还有山瑞鳖、虎纹蛙等。鱼类组成中，除了整个流域中常见的种类之外，东南光唇鱼、褐栉鰕虎鱼是流域山区溪流中的特色种类，中国特有种麦氏拟腹吸鳅在流域上游的连平、新丰等山涧溪流也有分布。此外，该流域尚有一些仅分布于广东的中国特有种类，如麦氏拟腹吸鳅、丁氏缨口鳅（广东缨口鳅）、东坡拟腹吸鳅、三线拟鲿、白线纹胸鮡、海丰沙塘鳢、拟平鳅和唐鱼等。合格的生物栖息地是这些物种赖以生存的根本保障，因此在流域范围应当建立起特征水生生物栖息地保障区域，如特征鱼类洄游孵化区域、河岸带水生植物保护区等，将各类珍稀濒危物种列入重点对象加以保护。

此外，鉴于目前东江流域河道底栖动物受扰动较强、藻类植物群落受水质影响明显等问题，在实施水质监测的同时，有必要增加水生生物监测。建议从首先从特征生境开始，加强收集并积累监测和评价所需要的本地数据，建立评价方法、构建适合于河流生态系统特征的评价指标，开展以大型底栖动物、着生藻类与浮游藻类为基础的水生态健康监测与评价。

8.2.3 建立健全水资源统一管理体系

根据水资源自身的特性和国际管理经验，要实现东江流域水资源的有效管理和保护，必须以流域为单元，对水资源实行统一规划、统一调度、统一管理，建立高效、协调的流域水资源管理体制和运行机制。对流域的综合开发与治理、流域上下游以及城乡用水、水资源数量与质量、地表水和地下水、用水和防污等方面，实行统一规划、协调、管理与执法，实行流域管理与区域管理的有机结合。组建权威性的全流域统一的资源配置与环境利用、保护和管理机构，综合协调、处理全流域资源开发、保护与环境治理和管理事宜，达到水资源高效利用和保护生态环境的目的。

建立完善的东江流域水资源统一管理体制，需要配备强有力的管理机构，2006 年成立的东江流域管理局，负责编制流域综合规划和流域水资源保护、治涝、供水等与水利有关的专业规划，实施监督、协调东江流域区域和行业之间的水事关系；此外，采取强制措施和有效的经济政策，厉行节约用水，以水定产，限制发展高用水产业，对现有灌区实施节水改造，加强工业和城市生活节水工作，通过经济手段，加强东江水资源的宏观调控；东江流域枫树坝、新丰江、白盆珠水库具有很强的水资源调度作用，利用水库调节实施蓄丰补枯，期确保东江流域上、下游地区的用水需求。

8.2.4 推动科学管理措施

8.2.4.1 实施流域协同管理与完善生态补偿

东江流域分属江西、广东两省，随着流域生态环境恶化，生态安全问题已经引起流域内各省市的普遍关注，在资源利用与生态保护方面各方均有互利合作，实现利益最大化的相互需要。针对现行涉水部门职能交叉、区域管理与流域管理未完全理顺的问题，应当综合运用行政、市场、规划、法律等手段，逐步完善流域水环境污染综合治理与管理的政策体系和科学决策基础。为保证有效的协调，在国家层面中央政府应加强对地方政府行为的规范，建立一种规范的地方政府间利益关系的“利益分享和利益调节机制”，在此基础上流域内各级行政区之间通过建立双边或多边的协商机制，促进水资源优化配置与河流生态环境保护。

近年来，各界一致看好粤赣两省合作、构建东江上游源区生态环境补偿机制。“下游补偿上游”也被视为解决东江源区水质保护问题的有效途径。在今后的流域协同发展中，应制定相应的政策，采取多种形式筹集资金，实现生态补偿的社会化、市场化和法制化；同时也应在相关领域加强科学研究，建立科学完善的生态补偿核算方法，厘定补偿标准。此外，还应在流域范围内建立生态产业扶持机制，保障江河源区拥有公平合理的发展权，从根本上解决上、下游地区之间的保护与发展问题。

8.2.4.2 实施分类评价、分区规划与管理

不同流域/区域具有不同的自然生态条件和水生态系统结构，同时也承受着不同类型和不同强度的环境压力。鉴于目前国际上水环境和水生态系统保护与管理成效突出国家和地区的经验，也鉴于区域差异和类型的不同，实施“分区、分类、分级、分期”的水环境与水生态健康管理模式，已经成为实现水环境与生态保护的必然选择。根据对东江水生态系统的调查与分析，本研究将东江流域水生态系统划分为 16 个类型，鉴于这 16 个水生态系统类型在空间分布上的差异性，东江流域可被划分为 3 个水生态功能区和 9 个水生态功能亚区。

由于水生态系统类型的特征不同，流域水生态功能区域的内部结构差异显著，在水生态系统管理与河流生态健康保护中，建议实施同时监测、分类评价，通过对不同水生态系统类型的研究与分析，分别建立水生态健康参照基准值；在区域水生态与水环境治理中，需要充分考虑区域差异特征和区域合作目标，对流域水环境整治和管理进行分区规划、分级管理。

对于东江流域上游地区水生态功能区域而言，水生态问题主要体现在以下几个方面：第一，该区域土地利用的变化趋势对其发挥水源涵养主体水生态功能具一定不利影响。1990 年到 2009 年，对水源涵养具有重要意义的中、高密度林地的面积减少幅度较大，并且主要转变为低密度林地，共计减少了 1149 km^2；此外，园地增加幅度较大，大约增加了

163 km^2；第二，在水生生物及其生境保护方面，由于河流两岸大多已经开垦为农田或者成为城镇用地，因此近岸生境变化明显；第三，新丰江和枫树坝水库水质虽然优良，但局部河段由于采矿影响，河流水体明显受到严重污染。此外，由于土地利用结构变化，农业面源污染的威胁也在不断增大。

该区在水生态功能保护方面，制定合理的土地利用规划是重要环节，需要采用生态规划、生态补偿等方式，保护现有植被并逐步增加森林植被，同时要重视农业面源污染对水质的影响，严格矿区环境管理和生态恢复管理。

对位于中游地区的水生态功能区而言，中高密度林地不断减少，1990 年到 2009 年，分别减少了大约 4% 和 25%，虽然在三个一级水生态功能区域中属于减少幅度较少的，但也应该给予重视。园地和城镇用地的大幅度增加，使该区域中水生态系统面临的水生态与水环境污染风险增加。由于东江较早被多处拦河坝截断，洄游性鱼类通道丧失，最明显的影响是一级保护物种鲥鱼绝迹、花鳗潜踪、四大家鱼鱼花也受到严重威胁。此外，该区域在过去 20 年中滩涂生境减少了 29%，使之对水生态系统的水情调节和生境维持功能有所减弱。

该区域内山地、丘陵、台地、平川交错分布，城镇一般坐落在山间盆地处。在区域城市化过程中，土地利用结构和产业结构都正在经历明显变化，以至于对水生态系统造成多方面影响。因此该区应加强对水生态系统的保护，做到流域和水系的保护与合理利用并重。为此，首先是做好城市化过程中城乡一体化的点源污染治理，做好污水收集管网以及污水处理厂规划和建设，控制工业和生活废水排放影响；其次，该区地处流域内部的暴雨中心，在土地利用方面，应该加强中高密度林地保护和滩涂湿地保护，降低暴雨造成的洪水威胁。园地面积的增加，将会导致土壤侵蚀量增加和面源污染增加，因此，有必要通过景观规划在河岸带和近岸地区规划和建设防护林和湿地，减少土壤侵蚀和进入河流、湖库等水体的污染物质；此外，由于水资源的开发利用严重影响到东江生态系统的稳定和生物多样性的维持，一些特殊生境或局部生态系统需特别进行保护，必要时可建立自然保护区，或提高现有自然保护区的级别，以及扩大自然保护区的保护内容。

对于下游水生态功能区而言，水生态系统面临的最大问题，是来自多方面的人类活动影响的压力。在河流系统形态方面，由于通航、挖沙活动和防洪需要，河道被剧烈改变。近几十年来东江下游及东江三角洲一带采沙量巨大，不仅改变了河岸以及底栖生物的生境，也改变了水流的性质。1980～2002 年，采沙总量达到了 3.32×10^8 m^3，其结果大幅度扩大了河槽容积，使河道中河床平均高程显著降低、水深明显增加、纵比降减小。河道变化进而使下游潮汐动力得到明显增强，潮汐动力作用范围向上延伸，潮汐传播速度加快，潮区界、潮流界、咸潮界等上移。

流域生态系统方面，耕地和林地面积大幅减少，1990～2009 年分别减少了 32% 和 40%，而同期内高密度和低密度城镇用地则分别增加了 679% 和 438%。土地利用的变化，一方面使水体污染负荷增加；另一方面也导致流域自身的水源涵养和水文调节能力下降，致水生态系统健康受到严重威胁。这些变化的直接结果是污染河段占比例增高，水体普遍受到较严重的有机污染，主要污染物是氨氮、总磷、生化需氧量、高锰酸盐指数和石油类。在很多地区（如深圳），这些河流污染基本都属于本地污染，其中下游水质常劣于国家地表水Ⅴ类标准。加上潮汐作用，污染物在河网间来回往复，不易疏散而形成高浓度区，因而该区域已成为全广东省水污染最严重的地区。珠江三角洲地区河道纵横交错、港汊湿地众多，本来是许多咸淡水鱼类的共同繁殖场所。然而由于该区围垦造田，带来的直接后果是鱼类产卵场的丧失，接着是物种的濒危，进而造成生态系统生物多样性的丧失，如不及时遏制此趋势，后果将非常严重。

鉴于以上问题，该地区水生态系统的污染治理成为水生态系统管理的重中之重。应该实施严格的流域生态管理政策，禁止破坏森林植被，加强污水收集与污水治理和净化。在水资源方面，区域内部水源涵养能力相对较弱，但整体经济水平较高，有条件通过改变现有设施条件，提高降水和雨洪径流利用率，提高水资源循环利用率等，实现对水资源的有效补充。

三角洲河道区域是极为重要的湿地生态系统，河网纵横密布，兼有淡水及河口咸淡水鱼类，品种多、种群大、生物量丰富，兼具产卵场、孵化场、索饵育肥场和洄游通道等功能，因而从水生态系统生物多样性和渔业种质资源保护的角度来说具有极为重要的意义。由于该区人口密集、城市密集和高度开发等，导致污染物密集、水质变差，严重影响到三角洲河道区域的生态系统稳定和生物多样性保育。鉴于该区河网密集，河流普遍水质较差并受到强烈改造的特点，建议选择典型地域，建立三角洲河网区水生态系统自然保护区。此外，对于外来入侵生物的监测与防御也应给予高度关注。

8.2.5 提高法律保障和公众保护意识

实现水生态保护措施必须具有法律保证，健全执法机构，不断加强管理。建立健全法律、法规，制定东江水资源保护、水污染防治、水量调度等相关管理办法、条例、规范性文件，形成东江流域水资源保护的法律法规体系，为实现东江流域水生态保护、水资源可持续利用奠定法律基础。

公众参与是水环境和水生态健康保护不可缺少的部分。公众的广泛参与，是提高水环境和水生态健康保护措施有效实施的基本保证，东江流域目前面临的重要环境和生态问题，如水源地保护问题、水资源协调调度问题、水生生物保护问题等，都离不开公众参与。公众是最好的监督者，水生态和环境保护措施的执行状况，仅仅依靠环境保护部门进行检查是不够的，如果公众及时发现问题、积极举报偷排违法现象，将有助于提高水环境污染和水生态破坏行为的监管力度。公众是受益者，在以人为本、生态文明建设目标的指导下，加强公众参与有利于流域生态建设与环境保护行动更加关注人居环境和公众利益，环境保护与公众直接利益联系越紧密，越有利于调动公众参与水环境监督和水生生态健康保护行动。促进公众参与需要在以下几个方面做出努力。

一是公众参与需要尽早介入。对于任何一项环境保护措施和生态建设计划，需要尽早听取公众意见。早期介入有利于公众充分认识措施和计划内容，也有利于根据公众意见及时进行调整和修改。当措施和计划已经付诸实施，再进行调整不仅难度较大，通常也会导致人、财、物力的过多消耗，甚至可能已经错过调整的最佳时期。

二是要保持正常互动。政府在公众参与的过程中，应及时与公众进行互动。例如，对公众参与的意见与建议及时进行总结和分析，对公众质询的问题给予及时答复和必要解释，对公众建议的采纳与否及其处理方案及时给予说明等，努力形成真正的良性互动机制。只有保持互动，才能起到公众参与的真正作用，使公众看到参与的价值，提高参与积极性。

三是保证公开透明。在任何涉水行动的评价、决策中保持透明是公众参与的必要条件。为此，政府应该提高各类信息的透明度，其中既包括对水环境和水生态健康监测与保护规划的透明，也包括对一些规划、环境影响评价报告的公布，还应该包括对某些保护实施效果的透明和环境政策、环境执法的透明等。将真实的行动和效果呈现给公众，让公众充分了解各类信息，能够使公众更好地进行判断，并且提出建议，实现共同监督。公众和政府获取信息的不对称，有可能导致双方对话困难。政府一方可能因为公众掌握的信息不足而对公众参与不予重视，公众方面则可能因为缺少信息而失去参与的兴趣。

四是要提供足够的技术支持。实现水环境和水生态健康信息透明，不仅需要政府制定相关政策以保证及时发布信息，还需要强有力的技术支持，使更多缺少专业知识的公众能够对问题有所认识。为此，政府应该尽量利用现代化信息技术，建立公众网站及时发布相关信息，同时可以考虑使用多媒体技术以及河流、湖泊等水体三维空间模型技术，将文字信息转变为图形信息，将枯燥的数字变为生动的形象表达，将看不见的信息，如空间变化、水下环境变化等转变为可视信息，并对各类行动给予形象的情景效果模拟。通过高技术手段的支持，可以让缺少专业知识的公众，形象地了解各类信息，对问题作出判断并发表建议。为了更加方便公众发表意见，在三维模型显示方面应设计公众友好界面，并设计便于公众发表建议的相关功能。

五是合理采纳。公众建议是否能够被采纳，影响着公众参与的可持续性。因此，在对公众建议的处理方面，首先，应该建立畅通的信息上传下达途径，及时对公众建议进行统计报道，并对问题的处理给予说明；其次，及时将公众意见传达给相关部门和业主，针对问题协商修改方案和错措施，并将结果及时向公众进行反馈。

六是长期教育。通过多手段、多介质开展水环境与水生态健康保护宣传教育，引导清洁生产和绿色消费、建设水生态健康管理体制与机制，构筑东江流域生态型社会建设平台等，在宏观上逐步影响和引导决策管理行为和社会风尚，在微观上逐渐引导人们的价值取向、生产方式和消费行为，促进居民普及和提高生态和环境意识和责任。通过多种形式的教育，提高市民的水环保和水生态健康保护知识水平，并向市民宣传水环境保护和水生态健康保护信息的发布和获取途径，让市民充分了解其在相关方面的知情权、议论权和赔索权，提高市民的环保参与能力和动力。

参考文献

白晓慧，张晓江，许彭鹏 . 2008. 城市景观河道不同驳岸界面水生生物多样性 . 南京林业大学学报（自然科学版），(1)：111-114.

段锦，康慕谊，江源 . 2012. 东江流域生态系统服务价值变化研究 . 自然资源学报，27（1）：90-103.

冯佳，沈红梅，谢树莲 . 2011. 汾河太原段浮游藻类群落结构特征及水质分析 . 资源科学，（6）：1111-1117.

付贵萍，朱闻博，李朝方，等 . 2008. 深圳观澜河清湖段生态修复工程研究 . 中国农村水利水电，(5)：

57-61.

黄报远，李秋华，陈桐生 . 2009. 广东连江梯级电站开发后春季河流浮游生物群落特征 . 安徽农业科学，(7)：3137-3140.

计勇，张洁，樊后保，等 . 2012. 赣江中下游浮游藻类群落结构与水质评价 . 中国农村水利水电，(5)：28-31.

邱绍扬，许忠能，陈业志，等 . 2005. 英德西南部旅游区水源河流水质与浮游生物群落特征 . 生态科学，(2)：127-131.

任斐鹏，江源，熊兴，等 . 2011. 东江流域近 20 年土地利用变化的时空差异特征分析 . 资源科学，33 (1)：143-152.

宋全伟，郑正，任洪强，等 . 2007. 镇江滨水区生态修复对浮游生物多样性影响的研究 . 河南科学，(4)：668-671.

禹娜，刘一，姜雪芹，等 . 2010. 上海城区小型河道生物组成特征及生物链结构分析 . 华东师范大学学报（自然科学版），(6)：91-100.

张学才，詹冬玲，陈春亮，等 . 2010. 小东江茂名段浮游生物及污染状况分析 . 广东海洋大学学报，(4)：22-28.

朱江，许木启 . 1995. 利用大型底栖无脊椎动物的群落结构特征监测评价唐河污水库的净化功能 . 动物学集刊，(12)：121-127.

Abonyi A，Leitao M，Lancon A M，et al. 2012. phytoplankton functional aronps as indicators of human impacts along the River Loire (France) . Hydrobiologia，681 (1)：233-249.

Chardler J R. 1970. A biological approach to water quality management. Water Pollution Control，69：415-422.

Davies N M，Norris R H，Thomas M C. 2000. Prediction and assessment of local stream habitat featcizes using large-scale catchment characteristics. Freshwater Biology，45：343-369.

Karr J R. 1981. Assessments of biotio integrity using fish communities. Fisheries (Bethesda)，20 (6)：21-27.

Karr J R，Chu E W. 1999. Restoring life in running waters：better biological monitoring. Washington D C：Island press.

Palmer C M. 1969. A composite rating of algae tolerating organic pollution. Journal of phycology. 5：78-82.

Simpson J C. Norris R H，Wright J F，et al. 2000. Biological assessment of river quality：development of Ausrivas models and outputs. In Assessing the biological quality of fresh waters：Rivpacs and other techniques. Proceedings of an international workshop held in Oxford，UK，on 16-18 September 1997. Freshwater Biological Association (FBA)：125-142.

Simon T P，Lyons J. 1995. Application of the index of biotic integrity to evaluate water resource integrity in freshwater ecosystems. Biological Assessment and Criteria：Tools for Water Resource Planning and Decision Making. UK：CRE press.

Wu N，Schmal Z B，Fohror N. 2012. Development and testing of a phytoplankton index of biotic integrity (P-ZBZ) for a German lowland river. Ecological indicators，13：158-167.